精銳戰士：

從斯巴達到阿富汗戰爭的 2500 年歷史

THE ELITE

The Story of Special Forces – From Ancient Sparta to the War on Terror

雷諾夫．費恩斯爵士__著

Ranulph Fiennes

許綬南__譯

波斯宮殿中波斯士兵的浮雕，有認為他們的衣著與長生軍的描述頗為相近。（Jakub Ha un）

1291 年發生了激烈而關鍵的阿克里戰役，十字軍所擁有的封邑至此全數喪失，醫院騎士團因此遷往塞浦路斯。

1666年6月，英國皇家海軍在「四日海戰」中，被荷蘭史上最教人敬畏的海軍將領德魯伊特所率領的艦隊痛宰。

英國輕步兵，他們的建立奠定了英國陸軍在拿破崙戰爭期間的勝利。

來自威斯康辛州的德裔美國人所組成的第六威斯康辛團官兵，不畏懼南軍的砲火，朝向狹窄的特納峽進攻，從此立下了「鐵旅」之名。

一戰期間德軍成立的暴風突擊隊，他們在戰爭最後期為德國的推進帶來了影響重大，但無法贏得戰爭的成果。

偽裝成德國驅逐艦的英軍坎貝爾鎮號，這時正卡在聖納塞港船塢沉箱上，這是英國突擊隊最為人知的一役。

美國傘兵在二戰期間的大規模空降行動，地面上是機降團利用滑翔機降落在地面，傘兵則在飛機上直接跳傘降落，兩種空降方式，共同組成當時英美的空降師。

在美國班寧堡 250 英尺高的跳傘塔，傘兵訓練充滿了許多驚險的畫面。

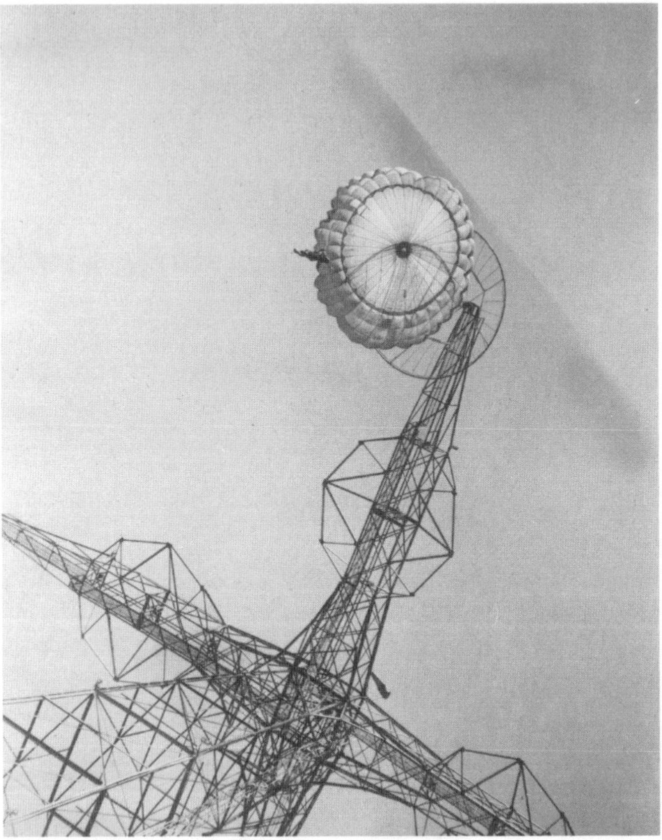

1980 年，SAS 在眾目睽睽之下攻入倫敦的伊朗大使館，從此揭開了他們神秘面紗，也因此開啟了世界各國成立類似的人質解救部隊。（Crown）

英國 SAS 部隊，作者曾在冷戰時期是這個部隊的一員。他們一開始，是在北非戰場以破壞德軍戰機為主要任務。

美國陸軍綠扁帽部隊 ODA 595 的其中 11 名官兵，是最早投入阿富汗戰爭的美國部隊。

騎在馬背上的綠扁帽官兵，他們就是這樣一路攻入塔利班的據點。

今天豎立在紐約原世貿雙子星位置的馬兵紀念碑，紀念 ODA 595 引領北方聯盟在阿富汗的勝利。

嚴峻的遴選與訓練制度，使得美國海軍海豹部隊可以挑選出最精銳的特戰人員。

美國官方製作的賓拉登居所比例模型，提供白宮以及軍方作全盤的規劃及了解現地狀況所用。2011 年 5 月 1 日，海豹部隊成功擊斃賓拉登，完成海王之矛行動。（September 11 Memorial & Museum）

For Charlie Burton –

brave and adventurous and a great companion in adversity.

推薦序

陸軍少將 郭力升

英國著名的探險作家費恩斯爵士，畢生的經歷可以說是多采多姿，並深具傳奇色彩，其探險與旅行足跡，遍及了南、北極與全球各大洲，相關暢銷著作達數十本之多。他早年曾在英軍服役八年，並一度成為精銳的「空降特勤團」（21/22 SAS）隊員，亦曾奉派至中東地區，協助執行綏靖掃蕩任務。退役後，因在探險旅行期間，舉辦多次慈善募款，成果斐然，獲頒授大英帝國卓越勳章（OBE）。本書屬費恩斯後期作品，書中提列人類歷史上，自公元前五世紀末波斯希臘戰爭時期，迄廿一世紀全球反恐戰爭，歐、亞洲歷代各國廿五個精銳部隊簡史或英勇事蹟，其中，不乏費氏實際造訪古文明遺址或古戰場的回憶與見解。

綜觀歷史，精銳部隊之專業性與忠誠度，向為國家權力核心所倚重，最常見到的類型，就是遠征軍與禁衛軍，對外能執行遠程征討、抵禦強敵，維護和平與國家利益，對內則可迅速出動，成為穩定政局、鞏固政權（君權）的王牌支柱，其功能與重要性自不在話下。而除了傳統地面部隊，海、空軍亦被費氏收錄在本書精銳部隊之列，自能呼應前述論點。到了二十世紀，由於二戰期間各國特種部隊戰果豐碩，益加凸顯了特種作戰之需求與重要性，而具備戰略性、全域性、全天候、多功能之特種部隊，自此刻起遂備受關注。

當今，特種部隊不僅須能在平時、戰時，執行軍事與非軍事任務，亦必須在國內與境外嚴苛環境下行動，因應處理國家級危機，或藉以開拓、應援與協力主戰部隊，遂行決勝任務。故各種危機或作戰場景，從濕熱的東南亞叢林到非洲沙漠，從北愛爾蘭城市到寒冷的福克蘭群島，無論空中、水域、陸地甚至網路空間，都是這些現代精銳部隊的擅長領域。尤其，當代作戰環境，非常講求創新與不對稱性，特種部隊因其用力小、收效大、價值高，具有隱匿、長程、機動快速等特性，得以充分發揮震撼、奇襲與嚇阻效益，遂成為不對稱作戰首選。另書中除了費氏的老東家英國空降特勤團，也收錄渠較為熟悉的美軍綠扁帽與海豹部隊等精銳部隊。

個人竊以費氏著書主要目的，非在引介精銳戰士與特種部隊，而是在眾人熟悉歷史中，增加個人的見聞與見解，意欲帶領讀者，一同走進時光長廊，探索分享歷史的傳奇與奧妙。據此，本書自非入門讀物，故不建議採用傳統「戰史研究」的角度來閱讀，因事件考證、人物誌、數據資料、文獻引用，均非編寫本書之重點。此外，基於作者個人獨特風格，或礙於付梓期限與篇幅，仍有諸多驍勇善戰、極負傳奇盛名之精銳部隊，未能列在章節內容，或有些許遺珠之憾，畢竟本書並非「特種部隊百科大全」（"SpeForspedia"），吾人亦期待，費氏未來在遨遊名山大澤之餘，仍有補遺寫作規劃，這是後話。

目錄

推薦序 …… 013
作者序 …… 017
第一章　波斯長生軍（西元前五三九年）…… 025
第二章　斯巴達戰士（西元前四八〇年）…… 035
第三章　底比斯聖軍（西元前三七九年）…… 047
第四章　亞歷山大大帝和粟特岩（西元前三二八年）…… 061
第五章　羅馬禁衛軍（西元四一年）…… 075
第六章　維京瓦蘭吉衛隊（西元九八八年）…… 087
第七章　聖殿騎士團和醫院騎士團（一〇七三年）…… 099
第八章　阿薩辛（一一九二年）…… 117
第九章　蒙古怯薛（一一六二年）…… 129
第十章　馬木路克（一二四二年）…… 145
第十一章　耶尼切里軍團（一四五三年）…… 153

第十二章　國土傭僕兵團（一四七四年）……165
第十三章　忍者（一五六二年）……177
第十四章　克倫威爾的新模範軍（一六四四年）……187
第十五章　荷蘭海兵團（一六六七年）……203
第十六章　英國輕步兵（一八〇九年）……217
第十七章　鐵旅（一八六二年）……233
第十八章　暴風突擊隊（一九一四年）……243
第十九章　皇家空軍與不列顛空戰（一九四〇年）……253
第二十章　英國突擊隊（一九四一年）……271
第二十一章　希特勒的布蘭登堡部隊（一九四二年）……287
第二十二章　傘兵部隊（一九四四年）……301
第二十三章　空降特勤團（一九八〇年）……321
第二十四章　綠扁帽部隊（二〇〇一年）……337
第二十五章　海豹部隊（二〇一一年）……357
第二十六章　未來的精銳戰士……367
參考書目……378

作者序

有關一些在面對逆境，卻能夠展現驚人勇氣的故事，向來都能啟發我。打從我在伊頓公學求學的日子起，我就會全神貫注地坐著，入神地聆聽諸如史考特、沙克爾頓，和希拉里等人的事蹟[1]，這些人都冒險前往遠方的國度，嘗試完成一般人認為不可能辦到的偉大之舉。受到這些冒險故事的激勵，我最後也展開了個人的環球探險旅程。大體上，他們的英勇範例，幫助我度過了許多令我驚恐的關卡。不過，「拉格斯上校」（Colonel Lugs）和皇家蘇格蘭灰騎兵團（Royal Scots Greys）的故事最令我著迷。拉格斯上校是家父，雖然不曾見過面，我彷彿一生都想要模仿他，寫這本書也是因為他的影響。

家父剛滿十八歲就加入了皇家蘇格蘭灰騎兵團。那時候，這支部隊還未轉型，他們因為在戰鬥中——特別是滑鐵盧之役——騎乘灰色的馬匹而知名。在那泥濘的比利時戰場上，正當威靈頓公爵的英國部隊眼看就要被拿破崙的步兵壓制時，皇家蘇格蘭灰騎兵團像雷霆般衝進法軍的陣線。他們不顧一切，發狠用騎兵刀把一個個法軍解決，甚至不放過鼓手跟吹笛手，毫不手軟。看到這項戲劇性的逆轉，之前已經

---

1 編註：分別指的是羅伯特．史考特（Robert Falcon Scott）、歐內斯特．沙克爾頓（Sir Ernest Shackleton）、艾德蒙．希拉里（Sir Edmund Hillary），他們都是著名的極地探險家，作者受到他們的啟發，也熱衷於極地探險與登上高峰。

喪失鬥志、身穿蘇格蘭裙的第九十二高地團官兵大喊：「蘇格蘭萬歲！」接著，一邊嘶吼一邊投入戰鬥。這股強大的攻擊力量迫使法軍後撤，給了聯軍必要的時間來重新集結，最後是以最戲劇性的方式逆轉命運，進而取得了「拿破崙戰爭」的勝利。因為他們的英勇行徑，皇家蘇格蘭灰騎兵團損失特別慘重。但也因為這是發生在英軍眼看就要落敗之際，他們的犧牲也因此名留青史，成為軍事歷史的一部分。

這類故事想當然耳提振了皇家蘇格蘭灰騎兵團的地位，而他們美麗的灰色坐騎也遠近馳名。基於這個原因，家父決心加入這支部隊。不過，等到一九三九年第二次世界大戰爆發時，該團正遇上重大的變革，也必須面對它最嚴厲的考驗——家父在這件事情上扮演了關鍵的角色。

二戰爆發時，皇家蘇格蘭灰騎兵團先是奉命前往巴勒斯坦，協助維持猶太人跟阿拉伯人和平相處，顯然他們作為精銳部隊戰鬥的日子已經畫上句點。第一次世界大戰期間，面對壕溝戰與機關槍，他們的馬匹可說是毫無用武之地。在這同時，兩次大戰之間，戰車與飛機的快速進步，也改變了作戰環境。在現代戰場上，馬匹似乎已經成為了過去。

不過，當皇家蘇格蘭灰騎兵團被派到巴勒斯坦從事非戰鬥任務時，北非的戰事正轉趨對英軍不利。由於義大利軍隊的敗退，隆美爾的裝甲部隊因此前來救援。他們在各戰線推進，擊潰英國火力虛弱、人力不足，又裝甲過薄的戰車。德軍看來勢不可擋。

由於英軍慌了手腳，眼看就要敗北，皇家蘇格蘭灰騎兵團奉命調派，並齊頭執行多項事務。首先，家父跟他的同僚被派去北非。其次，因為在這類的戰鬥中，他們的灰毛馬匹派不上用場，因此做出重大決定，把官兵重新訓練成為裝甲兵。邱吉爾首相曾經是騎兵軍官，在提到這件事情時，他說：「眼看那些耀眼的部隊一整年下來的每況愈下，直教我心碎……在這場戰爭裡，這些有光輝歷史的騎兵團，應該有權利打一場屬於男人的戰爭。」

皇家蘇格蘭灰騎兵團面對的是艱鉅的任務。家父跟他的弟兄不但必須調較、甚或掌控那些機器怪獸，他們還得跟隆美爾手下可怕的戰鬥師對戰，畢竟對方至今依然所向無敵。心理上，這必定構成沉重的壓力。人們加入皇家蘇格蘭灰騎兵團的一大理由，是要體驗在廣闊的天空下，騎馬加入戰鬥的快感。現在他們必須跟心愛的馬匹道別，其中有些人還已經跟牠們培養出深厚的情感了。先前是忍受刮臉的強風，現在必須忍受被塞進又小又熱的鐵殼子。為了防止手榴彈被扔進來，艙蓋必須要時刻關緊，如此使得沙漠的炎熱更是令人難以忍受。有時候，很難有什麼新鮮空氣，感覺人就像是在烤箱裡烘焙的麵包。就跟其他人一樣，家父最後也把制服脫了，身上只剩下短褲跟帆布鞋。車裡的味道教人不舒服，這還不是因為汗水的關係，而是因為抽風機在主砲發射之後，吃力地把燃燒的火藥給排出去。隨著時間過去，皇家蘇格蘭灰騎兵團的弟兄會習慣這些情況，不過他們更多是懷念早先騎馬的日子。

訓練相當嚴格，通常一天結束之時，身上都是一塊青一塊黑。經常必須翻越崎嶇不平的艱難地面，連續數小時大家身體的關節部位，就會不停地碰撞到凸出又滾燙的車輛金屬部分。當然也享受不到如同家中般的舒適。物料短缺，因此訓練用的戰車都沒有安裝車內對講機，教官都用繩子綁住駕駛學員的手臂來進行引導。儘管有這些障礙，家父和他的弟兄們都不抱怨。這場仗必須要贏，而且他們知道，要想打敗隆美爾的裝甲部隊，必須把一切精力投注在眼前的工作之上。

然而，在短暫幾個月的訓練之後，英國軍方已經無法再等下去了。皇家蘇格蘭灰騎兵團是否準備就緒，已經無關緊要。如果他們不趕快跟隆美爾的裝甲部隊交手就錯失時機了。好消息是，在這段期間裡，英軍已經汰換劣等的戰車，現在用的是非常優異的美國製 M3 格蘭特戰車（Grant）。雖然皇家蘇格蘭灰騎兵團作戰經驗不足，但他們所擁有的機器，至少終於配備了足以跟德方戰車匹敵的裝甲和火砲。

沒多久，皇家蘇格蘭灰騎兵團被派往介於開羅跟的黎波里之間、長達一千四百英里，佈滿石塊與灌木的沙漠。儘管一切不利的因素——四射的砲彈，劃過的曳光彈，以及無所不在的雷區——他們設法在阿蘭哈法（Alam el Halfa）擋下隆美爾的裝甲部隊，接著再在艾拉敏戰役（El Alamein）擊敗德軍，扭轉戰局。

就在那三天當中，這些人經歷了最嚇人的處境。官兵在戰車裡不眠不休，設法穿越了雷區和被雨水泡透的爛泥。這段時間，他們不停跟兇猛的德軍戰車戰鬥，還得拚死命躲開上方義大利軍機拋下的炸彈。這段期間家父雖然一再受傷，卻不以為意。最嚴重的，要算是一塊砲彈碎片差一點切斷了他的股動脈，以及他在一封給我母親的家書中提到的「其他的重要的部分」。但是皇家蘇格蘭灰騎兵團靠著他們的訓練、火力，以及不屈不撓的毅力，沒多久就迫使隆美爾裝甲部隊難堪地撤退。才不過四個月以前，德國戰車在利比亞輾過盟軍，抓了兩千五百名戰俘。現在換成是他們倉皇奔逃。

邱吉爾後來稱這場戰役「轉動了命運的樞紐」。他寫道：「在艾拉敏之前，我們不曾贏過；在艾拉敏之後，我們不曾敗過。」當想到家父率領弟兄們取得這場英雄式的勝利時，我會因為驕傲而眼睛發亮，我相信要真正了解父親，要從事後來回顧。艾登・斯普羅特中校（Aidan Sprot）在他的奇妙著作《比禿鷹還快捷》（*Swifter Than Eagles*）中這麼寫：

> 在一次攻擊暫歇時，拉格斯上校看到兩名義大利傷兵躺在戰場上。他帶阿斯特拉（Astra）手槍前去救他們，而在這一刻，敵方的砲火都朝他射來。他和阿萊克（Alec）很幸運，因為唯一造成損害的，就是射穿履帶承載輪的二〇公厘子彈，和一發五公厘的爆炸子彈，後者擊中了防空砲，碎片噴濺到他們臉上。

當家父英勇地率領弟兄們投入戰鬥之時，就是像以下這類的事情，使他成為我的偶像：冒犧牲性命的可能性，在火線不分敵我拯救傷患。不過，儘管在北非有這些重大的勝利，戰火持續在歐洲延燒。對家父來說，可以輕鬆得意一下的時間少之又少，因為他很快就奉派去執行另一項艱鉅的任務：進攻義大利。

正如後來在法國的D日登陸，盟軍在登上義大利的沙勒諾（Salerno）海灘時，多少是出乎德軍的預料，也因而防衛的火力有限。皇家蘇格蘭灰騎兵團和他們全新的雪曼II型（Sherman II）戰車帶頭進入內陸大約兩英里後，敵軍才完成重新集結，迫使一隊英軍步兵撤回灘頭。據說，他們撤退時家父站在路中央，當一群逃離的士兵們問他：「哪條路通往灘頭？」他平靜地說：「你們走錯方向了，灘頭在那邊。」

他的手指向前線。士兵們順從地轉過身，協助把德軍給壓制下來。

這時候，家父似乎遇到了我一生也會面對的相同難題——我們的姓要怎麼唸。斯普羅特這麼寫：

> 兩名被俘的士兵逃了回來，告訴我們說，當德軍軍官盤問他們時問道：「我們知道你們中隊裡的長官有鮑威克（Borwick）、羅勃羅（Roborough），以及史都華（Stewart），還有你們的指揮官是 F-I-N-N-E-S，不過我們不知道要怎麼唸，是菲恩斯（Fee-ens），還是費恩斯（Fines）？

為了避免不必要疑問，我要在此一次講個清楚，這是為了本人，也是為了家父。正確的唸法是「費恩斯」。二〇一一年，《紐約客》（*New Yorker*）甚至刊出一篇文章，文內提到我那戲劇性的表兄弟拉爾夫（Ralph）時，還把這一點指了出來。似乎我們費恩斯家族向來注定有些事必須去處理。

不管怎樣，正當眼看德軍就要把英軍趕回大海之時，皇家蘇格蘭灰騎兵團展開了壓倒性的反攻。掃過敵軍的側翼，奪回陣地，接著追趕敗逃的德軍到義大利的底部，直到他們可以俯視整片的那不勒斯平原。

幾天前還眼看避免不了要面臨一場屈辱的敗仗，現在皇家蘇格蘭灰騎兵團在百姓的感謝歡呼聲中進入那不勒斯。即便在這個歡慶的時刻，家父並沒有時間享受這份榮耀。斯普羅特回憶說：「當我們勉強穿過混亂的人群時，可以看到上校用鶴嘴鋤的木柄把百姓從戰車上趕走！」

後來，主掌一切的盟軍司令，邁克里將軍（Richard Loudon McCreery），會因為皇家蘇格蘭灰騎兵團在沙勒諾所扮演的關鍵角色而向他們致謝。他表示要不是因為灰騎兵團，盟軍會被從海灘驅離。之後葛蘭姆少將（Douglas Graham）登陸時英軍第五十六步兵師師長也向他們致敬。他這麼寫：

在登陸沙勒諾時，個人有幸獲得像皇家蘇格蘭灰騎兵團這麼棒的部隊跟我的師一起作戰。我永遠不會忘記他們當時的表現。雖然曾有令人憂心的時刻，但最終一切順利。能夠有這樣的結局，主要是靠貴團的毅力和無畏的精神。在歷史上你們有許多光榮的時刻，但在沙勒諾的表現卻是無與倫比的。

這次勝利過後，家父返鄉跟我母親住了幾天，也就這樣有了我。然而，他卻永遠都不會知道這件事。幾個月之後他回到團部，搭乘野犬式偵察車（Dingo）探查敵軍陣地時遇到地雷。雖然沒有當場死亡，幾天後還是在醫院過世了。斯普羅特語帶溫馨寫到家父過世的事情：「令人悲傷的一天，上校是全團又敬又愛的人，團裡不曾有過比他更優秀的軍官。」

我所讀到或聽到的一切，都告訴我家父不但是個傳奇性的指揮官，還是一個優秀的人物。沒辦法再跟他碰面，對我是一大遺憾。隨著年歲增長，我聽到了更多關於他的事蹟，覺得此生只希望有一天可以追隨他的腳步，在遠方的沙漠和叢林，跟皇家蘇格蘭灰騎兵團併肩作戰，對抗國家的敵人。在冷戰時期，這個敵人就是蘇聯。

基於這個抱負，我終於去奧德勺特（Aldershot）的蒙斯見習軍官學校（Mons Officer Cadet School），不久之後設法進入皇家蘇格蘭灰騎兵團，擔任少尉軍官。三年來我擔任過排長，手下有十二個弟兄跟三輛征服者戰車（Conqueror）。因為天生喜歡冒險，同時又夢想要在英軍最精銳的單位服務，不久就把加入空降特勤團（SAS）設定為目標。只不過在完成訓練過後，被以不榮譽的方式趕了出去，令我很悲傷（這點容後再述）。我並沒有因此喪氣。我志願到朵法爾的阿曼王國的皇家部隊服務兩年，當時中國和蘇聯的共產黨正對那裡虎視眈眈。

由於上述這一切的影響——家父的英勇事蹟、個人在精銳作戰單位的經驗，加上我熱愛著那些包含不可能達成的事蹟，和極端英勇行為的故事——我因此起了寫這本書的念頭。

我興致高昂地回顧二千五百年的歷史，分享史上最傑出軍隊的故事。不論是戰場上的戰鬥、攻擊據點與城堡、拯救人質、高危險的偵察任務，或是戲劇性的刺殺敵軍首領，這些參與任務的人們經常能夠克服不可能超越的障礙，經常也因為這些行為而改變了歷史的面貌。他們成功的關鍵是什麼？又是什麼造成他們最終的失敗？我試圖回答以上的這些，以及其他更多的問題。同時我也把一些受到遺忘的英勇人物寫了進來，賦予他們所應該得到的關注，其中包含了家父。

第一章　波斯長生軍（西元前五三九年）

在古巴比倫的底格里斯河的沙岸上，居魯士大帝（Cyrus the Great）手下龐大的波斯軍隊聚集在防衛堅強的奧匹斯（Opis）城外。對居魯士來說，這地方具有相當高的戰略價值。只要他可以拿下奧匹斯，巴比倫就必定會淪陷，之前有很多國家都發現過這一點。但是奧匹斯有巴比倫國王那波尼德（Nabonidus）設下的堅強防禦，而居魯士又一直沒有辦法單靠軍事力量拿下這個地方。簡單來說，毫無辦法破城而入。然而一直以來，居魯士總是能夠克服所有的難關。光是他能活到現在，就已經是個奇蹟了。

希臘史家希羅多德說居魯士的祖父、米底亞（Media）的國王亞斯太亞濟（Astyages），曾經做過一個夢，顯示他尚未出生的孫子會威脅到他的統治。由於不想要冒任何風險，亞斯太亞濟遂下令最信任的手下之一，哈爾帕格（Harpagus）在嬰兒出生時殺了他。

可想而知，哈爾帕格對這項任務沒有興趣。他把這工作轉交給國王手下的牧羊人密特里達（Mithradates）。不過密特里達也不想殺害一個嬰兒，何況他的妻子還在為難產喪子而悲痛。密特里達把自己難產的孩子帶到王室巡捕那裡，聲稱那是居魯士的屍體。後者沒有理由不相信他，也就接受他的說辭。就這樣，密特里達把居魯士當成自己的孩子撫養。

雖然居魯士有必要對他的身世保持高度的機密，但這小孩在跟同伴玩耍時，還是會扮演國王的角色。事實上，他演得有點太過頭了。有一次在玩遊戲時，他對一位在米底亞民眾當中很受尊敬的人物的兒子，非常嚴厲的處罰，以致於亞斯太亞濟國王把他召喚到跟前。在看到十歲的居魯士時，國王當下就認出了這就是他的孫子。哈爾帕格顯然沒有執行他的命令。對於這種欺騙行為的處罰是很嚴厲的。希羅多德寫說，亞斯太亞濟接著邀請哈爾帕格共餐。席間亞斯太亞濟殘忍地端上後者親生兒的肉要他食用。

儘管如此，亞斯太亞濟還是決定放過居魯士，把他送到波斯去跟家人團聚。但過不久，亞斯太亞濟就為這項決定感到後悔了，因為有關他的那個預示似乎是真的。西元前五五三年，居魯士反叛亞斯太亞濟，支持他的還有一心想要復仇的哈爾帕格。出兵征服米底亞帝國後，居魯士放過了祖父，但是把他關在宮中直到死為止。毫無疑問，亞斯太亞濟一定後悔當初沒有確定孫子的生死。

在成為波斯和米底亞聯合王國的新統治者以後，不管是透過聯姻、談判，直接的屠殺或陰謀詭計，居魯士迅速擴展了他的帝國。舉例來說，西元前五四六年遭遇利底亞（Lydia）的部隊時，居魯士臨時用他的輜重部隊創建出一支駱駝兵團。他把這些嗚叫的野獸放在部隊前方。據說這些駱駝不尋常的氣味，以及牠們的意外出現，使得利底亞騎兵陷入混亂，也幫助了居魯士部隊取得勝利。

這種精彩絕倫的戰術，很快使得波斯帝國的領土延伸到了今天的土耳其、亞美尼亞、亞塞拜然、伊朗、吉爾吉斯和阿富汗。在近東唯一還沒有拿下的重要國家是新巴比倫帝國，該地控制了美索不達米亞，還有一些王國，諸如敘利亞、猶地亞（Judea）、腓尼基，和阿拉伯的一部分。居魯士打算把它們全都拿下，靠的是他精銳的特種部隊，「長生軍」（Immortals）。

不幸的是，除了希羅多德的文章，以及波斯的繪畫或雕刻，有關長生軍的所知歷史頗為有限，也不大一致。希羅多德如此表示：

統領這精挑細選的一萬名波斯人的將領，是老海爾達尼斯（Hydarnes）之子、海爾達尼斯（Hydarnes）將軍；這些波斯人被稱為「長生軍」，因為只要有人因病或死亡而使數目短缺，另一個人便會獲選遞補他的位子，人數始終不會多過或少於一萬人。

有關訓練或招募的特定細節有限，希羅多德說，從五歲開始，所有的波斯男孩會被「教騎馬，學弓箭，以及說實話」。這類技能要實踐、磨練到二十歲。其中最重要的是如何馴服野馬，畢竟波斯人向來是以他們的騎術著稱。

希臘哲學家史特拉博（Strabo）告訴我們，二十到二十四歲為強制服役的年齡，每一連隊有五十個年輕人，各歸屬一個貴族的兒子統領。史特拉博指出，役期滿後，雖然這些年輕人解甲返鄉，但是到五十歲之前都列為預備役。當中最優秀的，會被徵召擔任居魯士精銳的殺人機器。

由於資訊相當有限，關於長生軍如何組織，以及他們實際上如何運作的論述說法不一，甚至相互衝突。許多人相信長生軍大體上擔任步兵，但有可能有些是騎兵。有些人主張在精銳部隊之上還有更上乘的部隊，如此，一千個最出色的長生軍士兵被挑選擔任國王的護衛，這些人的長矛垂有對稱的蘋果以資識別。那個年代的畫作跟雕刻明白顯示他們攜帶長矛，至於一般正規軍的九千名長生軍長矛上則是吊有對稱的金、銀色石榴。他們當然享有良好的照顧。搭乘豪華的車隊前赴戰場，有僕人照應一切需要，總是可以取得高品質的食物跟飲料，也有美女充當隨軍侍奉。不管他們個人的目的是為什麼，居魯士可以把一個個王國拿下來，靠的正是長生軍卓越的戰技。接下來就是要拿下巴比倫了。

幾個月以來，那波尼德使居魯士跟長生軍一籌莫展。奧匹斯要塞有三面城牆是有完善的防禦工事，第四面則延伸到底格里斯河。但這一點是居魯士打算要利用的弱點。只要可以克服這道河流，就可以從巴比倫防禦工事中最為脆弱的部分來攻打這座城。

居魯士的工兵花費了好幾週的時間，設法使河水改道。現在要塞外的河流已經乾涸，前往奧匹斯以及更過去的整個巴比倫的道路，都在居魯士眼前敞開了。唯一擋住他的是那波尼德的部隊。就像以前面對許多的障礙那樣，居魯士跟長生軍有信心可以再度克服困難，為不斷擴張的波斯帝國增添另一個王國。

在炙熱的陽光下，一萬名長生軍等待他們的國王下達攻擊命令。在他周遭是一千名精銳護衛，他們六英尺長矛尾端懸有對稱的蘋果。很難確定這些矛上裝飾著蘋果的是不是正式的「長生軍」，但是國王信任他們，把自己的性命交給他們。在他們面前站著長生軍的主要部隊，陽光閃爍在他們銅製的胸甲跟頭盔之上。為了保護面龐免於沙漠風颼起、或馬蹄揚起的沙塵，有些人會戴上稱為波斯頭冠的布帽，用來把臉遮住。手持六英尺長矛，有些有金色對稱的金色石榴，有些是銀色的，他們的指關節因為期待著戰鬥緊握而轉白。此時波斯弓箭手站在前方及騎兵隊的兩側，弓箭蓄勢待發。

突然之間，攻擊命令在整道陣線此起彼落。弓箭手射出遮蓋太陽，彷彿暴雨般的箭支，刺穿那波尼德成千上萬戰士的身軀。隨著空氣中充斥的尖叫聲，騎兵部隊隆隆前進。手中的投石器彈無虛發，把敵軍擊倒在地，或擊中眼睛，或者在爆裂聲中粉碎他們的頭骨。接下來就是長生軍。有些把長矛從頭頂上方擲出，轟然穿過空中，刺入敵軍的胸膛。其他人則衝入戰陣，一手舉起盾牌防禦，另一手持長矛戳刺，毫不留情地前進。要是他們的人數不如敵軍，他們一手持長矛戳刺，另一手抓住原本在矛上的沉重的平衡物擊昏敵人，由於有些長矛會在戰鬥中折斷，他們就會改用刀劍、投石器、鎚矛或弓箭來殺害或重傷前方的敵軍。

這種攻擊向來凶暴有效。不用過多久，敵人就幾乎都倒下了，長生軍中只要有任何的傷亡，立刻就有新人遞補。

目光橫掃過戰場上堆積的屍體，居魯士滿意地看向地平線——奧匹斯已是垂手可得，現在通往巴比倫的道路已開通。幾天以後，他拿下了這座城市，自稱為「巴比倫王、蘇美（Sumer）和阿卡德（Akkad）王，全世界的主宰」。

雖然居魯士在巴比倫逐漸受到愛戴，並且讓長生軍繼續拓展版圖，他卻在西元前五三〇年橫死。有關居魯士死亡的確切說法眾說紛紜，但希羅多德認為，在跟馬薩格泰（Massagetae）部落進行一場漫長又野蠻的戰役之後，敵方的托米麗斯皇后（Tomyris）將居魯士斬首，把頭扔進裝滿血的桶中，看來意思是要凸顯他的噬血和好戰。

然而，就算居魯士事後由他的兒子繼承，也就是岡比西斯二世（Cambyses II），長生軍依然存在。除了繼續護衛國王，拓展帝國版圖，他們不久即面臨了一個光憑軍事力量無法解決的狀況。

固然在岡比西斯二世統治初期大抵風平浪靜，但是因為擔心弟弟斯梅爾迪斯（Smerdis）會威脅到王位，他就把弟弟給殺了，而這時候國內也就有了些跡象顯示未來不會太過平靜。希羅多德曾經這麼說，岡比西斯二世「據說從出生起，就染有重病，有些人稱之為神聖的病，」而「我是完全相信岡比西斯二世根本就精神不正常。」，也就是因為悔婚這件事令他暴怒，岡比西斯二世才會開啟人生中的第一場重大勝仗。

希羅多德表示，這件事源起於埃及的法老王阿瑪西斯二世（Amasis II）違背承諾，決定不把女兒嫁給岡比西斯二世。替代的做法是把前法老王阿普瑞斯（Apries）的女兒嫁過去。這長公主覺得既悲傷又受到羞辱，一到岡比西斯二世的宮廷，就揭發了阿瑪西斯的騙局。

岡比西斯大發雷霆，誓言要雪恥復仇。就在他動員部隊時，阿瑪西斯突然過世，埃及落入兒子普薩美提克三世（Psametik III）手中。可是這項改變並沒有動搖岡比西斯的決定。事已至此，他心意已決，就是要征服埃及，而且阿瑪西斯過世這件事，只會使整件事情變得比原先設想的更為容易。畢竟普薩美提克三世大致上只是依靠他父親的影響過活。每過一天，對普薩美提克不利的因素，只會愈來愈多。在獲悉波斯人打算入侵之時，普薩美提克的希臘盟友就拋棄了他。這時候，他的軍事參謀哈利卡納索斯的法涅斯（Phanes of Haalicarnassus），眼看大屠殺即將來臨卻背叛主子，投入波斯人的陣營，成為波斯主要的情報來源。

由於沒有其他的選擇，普薩美提克決定採取前人在類似狀況下用過、而且有效的防禦方法：他強化接近尼羅河口位於貝魯西亞（Pelusium）的陣地。他一邊等待波斯人展開攻擊，一邊希望可以把敵軍擋下好一段時間，以找出更好的解決之道。到現在，長生軍已經很清楚，要改變眼前攻城的情況，光靠蠻力顯然不夠。如果他們強力攻城，會遭遇大量的箭矢、長矛，和滾燙的熱油。儘管如此，岡比西斯還是急著要把這座城拿下，享受征服後的戰利品。

關於後續的發展，說法各異，我最喜歡的是西元二世紀波利艾努斯（Polyaenus）所寫的。在他的《作戰方略》（*Strategems*）裡，雖然埃及軍隊起先成功擋下波斯的攻勢，但最終導致波斯勝利的關鍵，則是岡比西斯了解埃及的信仰和傳統。

在古埃及，貓不但是受歡迎的寵物，更是受到尊崇，因為貓跟芭絲特女神（Bastet）有密切的關聯。這女神在埃及的繪畫當中，不是貓首女人身，就是採取君王坐姿的貓咪。據說要是侮辱到她，她就會給人們帶來瘟疫或大災難。傷害貓是一定會侮辱到芭絲特女神的。希羅多德寫說在古埃及因為貓深受尊重，殺害貓的人會遭到處死。也有些故事提到說在房子失火時，埃及人會先救貓再求自救。（順便補充一下，由於我的妻子露易絲（Louise）很喜歡貓，我相信她在同樣的情況下，會做同樣的事。此外，要是有貓在屋子裡面自然死亡，古埃及的居民會剃掉雙眉，以示哀悼。這倒是一個我不會跟我妻子一起遵守的傳統。）

就是出於對埃及文化與價值的這種了解，岡比西斯突然有了個高明的點子。他迅速下令長生軍在盾牌上繪上芭絲特的圖像，然後盡可能捕捉貓。想像這些精銳部隊在鄉下四處搜捕這些動物就令人覺得好笑，但是事實證明，他們的努力沒有白費。

遵照岡比西斯的命令，長生軍朝貝魯西亞前進，後方則是一排成千上萬發出喵喵或尖叫聲的貓咪。這令埃及的軍隊陷入困惑。他們既不敢射殺這些動物，也不敢冒險射長生軍盾牌上的芭絲特圖像，怕侮辱到女神。他們陷入緊張與慌亂，而同時長生軍則是在貓部隊的率領下，持續逼近。當我寫到這件事時，可以想見妻子那十四隻貓（是的，您沒看錯，十四隻！）在房子跟花園的周遭巡查。十四隻聯合起來對付我，可不是個會教人快樂的想法。想到成千上萬的這種動物加入戰鬥，令人為接下來將發生的事情感到同情。

難以相信的事情發生了。當長生軍迫近要塞時，埃及人放棄了陣地、逃跑了。看到這個弱點，長生軍卻毫無憐憫慈悲之心，兇猛地砍倒企圖逃跑的戰士。屠殺規模非常大，希羅多德在許多年後還寫說可以在沙地中看到埃及軍人的屍骸。此外，那些沒有在貝魯西亞喪命的埃及官兵逃到安全的孟斐斯（Memphis），波斯軍隊全力追擊，沒多久就連孟斐斯也拿下了。殺戮的慘況，跟之前一樣血腥。普薩美提克在被俘後遭到處決。

此舉使岡比西斯和長生軍結束了埃及的霸權，並把它併入波斯。不過，岡比西斯實在是瞧不起埃及人的信仰以及他們脆弱可悲的防線。在那場戰役之後，他把貓咪朝敗軍的臉上扔過去。他無法相信他們竟然會為了這些普通的動物，放棄了自己的國家與自由。

從這個行為來看，也就難怪為何岡比西斯不久之後變成大家所孰悉的那個瘋瘋癲癲的國王。除了污損、焚燒阿瑪西斯法老王的屍體，他還屠殺了一頭新生的阿庇斯（Apis）小牛——依照埃及的宗教，這動物可是受到神一般的尊崇。他最終還是被所嘲弄的那些信仰所反噬了。希羅多德寫說，在西元前五二二年四月，岡比西斯的劍滑出刀鞘，刺到自己的大腿，正是好些年前那頭聖阿庇斯牛被他劍刺的部位。岡比西斯死於這次刀傷。

雖然岡比西斯的繼承者們使波斯帝國持續壯大，越來越多的國家和更多的各洲大陸都受到他們所管轄，卻有一個國家避開了這一切：希臘。

當薛西斯一世（Xerxes I）在西元前四八六年接下波斯王位時，他滿心想的就是希臘。不過，要使希臘向他臣服，聽他擺佈，光靠貓咪是不夠的。雖然僅有三百人擋在他的大軍前方，這些人可是這個世界上不曾出現過，最偉大的精銳部隊之一……

第二章　斯巴達戰士（西元前四八〇年）

當兇猛的陽光曝曬著古希臘的斯巴達大地時，數以萬計的波斯步兵正朝著溫泉關（Thermopylae）那狹窄的海岸挺進。拿下希臘的首都雅典以後，波斯帝王薛西斯現在想的是要徹底征服希臘。對他來說，征服希臘有個人的意義，畢竟十年前他父親在馬拉松戰役落敗，沒能拿下希臘。據說在這場希臘勝仗之後，雅典的官方傳令一路跑（二十六英里）回雅典宣布波斯人戰敗。這是馬拉松賽跑的起源，我個人體會過這種教人非常痛苦疲憊的經驗。二〇〇三年，也就是在心臟病發前幾個月，我在七天之內跑過七大洲的七場馬拉松。所幸我活過了這場令人痛苦的煎熬。但是那一位可憐的雅典傳令並沒有。

不管怎樣，波斯入侵希臘的行動已經籌備數年。在檢視修改計畫的最後階段，大規模的徵召使得波斯大軍的人數逼近百萬人。一支殺人毫不手軟的部隊，擋住薛西斯的計畫，是一群由三百人所構成的部隊，他們留著油膩的長髮和濃密的鬍鬚。

這些人看守大海跟高山之間的一條狹窄通道，擋住了唯一前往洛克里斯（Lokris）和色薩利（Thessaly）南部地區的路線。可是這些人看起來微不足道。像埃及和印度這樣的國家都已經臣服於薛西斯，只有木製盾牌與長矛的這三百人必定也會屈服。但是頂著科林斯（Corinthian）頭盔、夾雜白髮的臉龐又展現出，不管機會有多麼渺茫，他們做好了為信念犧牲的準備。前歐里龐提德（Eurypontid）國王狄摩拉士斯（Demaratus）後來在談到陷身這類處境的斯巴達人時說：「他們依命令行動，而這個命令向來都一樣，不論敵軍人數多寡，戰鬥中不得脫逃，只能挺身去取得勝利，或死亡。」

薛西斯表示願意善待對待這些人，這差不多就意謂憐憫這些可能是守衛最後據點的戰士。薛西斯派了一者去見列奧尼達斯（Leonidas）──他年已六旬，擅長鼓舞斯巴達戰士鬥志的領導人──請他們交出武器投降。列奧尼達斯的回答成為傳奇：「自己過來拿。」

薛西斯不打算拒絕這個邀請。但不想浪費他手下長生軍的力量在這些異教徒身上，他派出一萬名二線的部隊去終結這些人。但是，當第一波的波斯軍隊攻向斯巴達人時，列奧尼達斯突然下令部隊集結。幾秒鐘前像是散沙的那三百人現在化成一個堅實的方陣，構成一面由盾牌跟長矛組成的城牆，而且隨著這個轉變，成為一具兇猛的戰鬥機器。

在波斯軍隊還搞不清楚所要對抗的是什麼之前，最前方的戰士已經感受到斯巴達銳利的長矛尖端撕扯入他們的身軀。在吐出最後一口氣之前，眼前面對的是敵軍黑色冷酷的眼神。斯巴達長矛在插入他們的身體後拔出，再插入下一個前來的波斯人，同樣的動作一再重複。如果長矛折斷，或是卡在敵人的身體內，手邊的利刃就砍向下一個受害者。斯巴達人心如鐵石。從小就接受殺人的訓練，他們是世界上最精銳的戰士。

斯巴達地處拉科尼亞（Laconia）崎嶇的山區，在世界上以培養戰士著名。這些戰士擁有驚人的服從性、毅力強、聰明，而且兇猛嗞血。它是希臘城邦唯一擁有全職軍隊的。從男孩呱呱落地起就接受軍訓。這說法並不誇張，任何一個被視為羸弱，或有可能無法適應日後嚴格訓練的男嬰，會被視為死嬰，遺棄在坑洞當中。「強者生存」這話對他們再適用也不過。不過這說法也不能用在那些大器晚成的人身上，這些人要到比較年長時才能變得出色——我也是這樣。年幼時，我母親經常為我的捲髮繫上一條藍色絲帶，也因此好些人誤以為我是女生。如果是在斯巴達，我一定逃不掉被扔到坑裡的命運！

斯巴達人顯然不是很容易感傷的。從五歲起，斯巴達男童就被送去軍訓。在軍營裡，只要有任何軟弱的表現，很快就會遭到斥責與糾正。在接受戰鬥訓練時，他們被要求赤腳行走各種地形，好讓他們的腳腫硬到足以適應各種堅硬的地貌，這也是要使他們變得更為堅毅。這訓練的目標是要產出服從性高，適應力強，不易屈服的戰士。這些年輕孩童所經歷的某些訓練，經常足以令今天特種部隊的成員感到退縮。

這些男童每年會被送到黛安娜神殿（Diana）一次，一個個接受鞭打。鞭打的過程中，他們必須保持沉默。如果發出叫聲，會被視為是很羞恥的事情。我了解他們會有什麼感覺。一九五〇年代，在就讀伊頓公學時，每當因為做錯事而被資深的舍監責打時，都會儘量咬緊牙關，怕人們笑我懦夫。

有一個令人毛骨悚然的故事，凸顯了斯巴達男孩有多麼看重這件事。故事裡有一個男童偷偷把一隻小狐狸帶到學校。第一堂課時，他把狐狸藏在身上外套裡，狐狸因為拚命想要掙脫，朝男生的胸膛跟腹部又咬又抓，簡直是要他肚破腸流。但是男孩不發一語。下課前，他倒了下來，死了。但是就斯巴達人來看，這男孩保住了他的榮譽。

每個斯巴達男童都有一個年長的監護人——他的「愛人」——來監督看他的進展。男童跟他們的「愛人」之間要是有同性戀的行為，是可以被接受的，但是社會認為每個斯巴達人都應該要結婚。不然斯巴達怎麼能夠提供源源不絕的戰士給他們的殺戮工廠？

除了要學習如何戰鬥，如何抗拒痛苦，男孩們還透過食物管制來學習自給自足。為了讓自己不會餓死，男孩們學習如何尋找或偷竊食物，而且還不能被逮到。為了鼓勵這一類的學習，斯巴達人每年都會有這麼一個節慶，在那一天會有乳酪被放到一些岩石上方，由持有兵器的人看守。如果男孩要安全取得乳酪而脫身，他們就必須偷偷摸摸，機靈行動。要是被抓到，會被毒打一頓，只要成功取得乳酪，除了食物以外，還會贏得尊敬。

十八歲時，男孩奉徵召進斯巴達軍隊，領取盔甲跟武器。不過，他們特別重視的是盾牌。斯巴達的德馬拉特斯（Demaratus）寫說，在戰鬥時，一個重裝備步兵可以失去盔甲或兵器，但要是把盾牌錯置，必須要有人作證他當時這麼做是基於良好的軍事考量，否則「就會因此蒙羞」。

據說在兒子們前赴戰場前，作為母親的會告訴他們：「帶你的盾牌，或者躺在上面回來。」斯巴達人只有兩個選擇：死亡或勝利。的確，斯巴達社會是不容許懦弱的。據說當一個斯巴達逃兵逃亡尋求庇護時，他的母親不會為他懇求原諒，反而會在門口放上一塊磚頭。斯巴達人採取類似的方法，把神廟的門口用磚牆密封，讓叛徒在廟內餓死。逃兵如果就此死掉，算是幸運了。任何一個被控懦弱的軍人，有可能遭到毆打——毆打者無罪——被迫身穿貼有「懦夫」字樣的上衣，刮除一半的鬍鬚。這些軍人不得結婚；或許是擔心後代會遺傳懦弱的特質。盾牌被賦予高度的重要性，是基於相當實際的考量。方陣裡只要有一個人失去他的盾牌，整個方陣結構會因而陷入危險。希臘傳記作者普魯塔克（Plutarch）這麼解釋：「他們為了自我防護而戴上頭盔，攜帶盾牌卻是為了維護整道防線。」尼克·菲爾斯（Nic Fields）在他的《西元前四八〇年的溫泉關：三百人的最後防禦戰》（*Thermopylae 480 BC: Last Stand of the 300*）中，寫出為什麼盾牌在這方面極其重要：

重裝步兵的盾牌使嚴密的方陣編隊存活。有一半盾牌從重裝步兵的左側突出，如果左側的人貼近，重裝步兵就受到重疊盾牌的保護，受到掩護的部分就不需要他再費心。重裝步兵併肩站立，盾牌緊靠。但是一旦編隊受到破壞，盾牌的功用就喪失了；如普魯塔克在（《道德小品·二四一》（*Moralia 241*））所說，重裝步兵的盔甲是為了個人防護，但是重裝步兵的盾牌卻保護了整個方陣。

對那些展現出卓越戰鬥與生存技能的斯巴達人來說，有一項額外的獎勵——加入斯巴達精銳的特種部隊：「三百壯士」。如果能成為這三百人之一還不夠的話，對那些極少數精挑細選的人來說，就是取得機會加入所謂的「克里普提」（Krypteia），這是斯巴達所有軍事團隊當中最精銳的。

可以想像，加入克里普提絕非易事。根據普魯塔克的說法，每年秋天斯巴達的領袖們會對其奴隸們下達戰書。任何想要加入克里普提的軍人可以殺害一個奴隸而不用負責任。也就是說，國家許可對自己的公民進行謀殺，目的則是要強化它的精銳軍事部隊。夜裡，有心人帶刀來到拉科尼亞鄉間，獵殺一名奴隸，好為自己取得軍事能力方面的證明。但光是殺奴隸是不夠的。要證明自己真的有價值，他們必須能夠心狠手辣，把最強壯的奴隸殺掉，然後安全離開。成為克里普提的一員，本身就是地位的象徵，在斯巴達這經常是晉身領導階層的唯一途徑。他們的王，列奧尼達斯，就曾經這麼做過。

據傳說，列奧尼達斯的祖先源自神話中半人半神的海克力斯（Heracles）的那個朝代。這種血統意謂他本來就注定會當上國王。但毫無疑問，列奧尼達斯年輕時就已經是一個極為能幹的戰士與領袖，他是靠血汗所累積的成就贏得手下的尊敬。普魯塔克曾充滿自信地這樣說過：「當有人跟他說：『要不是身為國王，你根本就沒有比我們強的地方，』列奧尼達斯，歐里克拉底德斯（Anaxandridas）之子，克里奧梅內斯（Cleomenes）的兄弟回答道：『但要不是因為我比你強，我就不會成為你的王。』」由於列奧尼達斯在斯巴達以及其他地方的聲望很高，當波斯大軍要攻打希臘時，希臘聯邦議會期待他會提供保護。雅典的政治人物地米斯托克利（Themistocles）認為，若要征服希臘南部，薛西斯跟他的部隊必須要穿過狹隘的溫泉關通道。如果列奧尼達斯跟他的人馬——不管用什麼方法——足以擋住這條路，就可能壓制住薛西斯，讓希臘人有足夠的時間集結部隊。這樣的行動看來成功的機會很低，但是就列奧尼達斯來看，要死得其所，他就必須完成這項命定的任務。希羅多德表示，傳達神諭者（Oracle）——在遠古的世界，人們在做重大的決定前會向其尋求指示——作出如下有關斯巴達領袖的預言：

至於你們，廣大斯巴達的子民，
不是你們偉大光榮的城市遭波斯人摧毀，
就是——如果上述情形沒有發生——拉賽達埃摩（Lacedaemon）的境內，
必須要為一位國王之死悲悼，他源自海克力斯。
蠻牛或猛獅無法用牠們的力量壓制他；因為他擁有宙斯天神的力量。
我說在他徹底毀滅其中之一以前，壓制他是辦不到的。

不過，由於估計波斯軍隊的人數在三十萬到兩百萬之間，列奧尼達斯在挑選手下的斯巴達軍隊時，只從那些家中有一個兒子以上的人當中下手，因為他知道他們幾乎注定要喪命。但也不是充滿絕望，畢竟他比任何人都要更清楚手下有多麼勇敢。

由於這場戰鬥侷限在卡爾利卓諾山（Mount Kallidromo）和大海之間，列奧尼達斯知道，波斯軍要南進，除了跟他的人馬正面衝突，別無選擇。這會是一場疲憊不堪又兇殘的防禦戰。氣溫高過四十度。波斯軍被迫要做大量的衝刺，而斯巴達方陣只要堅持挺住。

第一天，斯巴達的防線並沒有崩解。他們逐退一波波的攻擊，平均每四秒就用長矛刺殺一個波斯戰士。很快的，斯巴達方陣之前，波斯戰士就屍體堆積如山，血流成河。這種情況使得波斯軍隊面臨更大的困難。他們被迫爬過同袍的屍體，當他們終於下來面對像波濤般的長矛時，又處在不平衡的狀態。在他們舉起劍之前，就跌到長矛上，替斯巴達戰士省去了麻煩。

二軍慘敗之後，薛西斯決定把這件事儘快了結，派出「長生軍」。即便是波斯軍隊當中最精銳的成員，也不是三百壯士的對手。斯巴達的長矛二點五公尺長，長生軍的才兩公尺。長生軍不斷陣亡，只是重複之前那成千上萬名步兵的命運。第一天的戰鬥結束時，波斯的傷亡數以萬計，而斯巴達的三百壯士只有些微的損失。

面對力量懸殊的對手，實際上我在這方面有點經驗。一九六〇年代末期，我自願前往阿曼王國的朵法爾（Dhofar, Oman）為蘇丹服務，加入他的部隊，這支部隊正要面對的是馬克思主義者的入侵。我的資源少之又少，可以動用的只有五輛荒原路華（Land Rover）越野車，兵力最多只有三十人，預期要對戰的人數超過這個數字很多、裝備也更好的「阿杜」（Adoo）——阿拉伯語的「敵人」。抵達時，我還發現手下情況很不好。當紹斯沃德-海頓上尉（Southward-Heyton）帶我去見他們時，警告說：「別講出去，以這些人目前的情況，帶他們到接近阿杜所控制的任何地區，根本就是自殺。」我很快就明白，必須要有些不同的想法我們才有機會活下去。

夜間巡邏特別有效，因為我們可以在敵人看不到的情況下發動攻擊，使他們恐懼，還可以使他們誤判，大幅高估我們的實際兵力。夜間行動當然適合我的手下，也適合我，畢竟日間氣溫在有陰影的地方也經常高達五十度，難以忍受。我還學到的一個把戲就是，當我們受到攻擊時，要是我對手下大叫「攻擊」

或「撤退」，他們就必須要做相反的事情。這讓我們有時間逃到夜色裡，到了那個時候，人數居於優勢的敵人，反而會去準備面對他們以為即將要發生的攻擊。

白天的時候，我花了很大的力氣虛張聲勢。在接近阿杜控制的地區，我會發射迫擊砲，並且讓最好的步槍兵進行射擊練習。雖然這些砲擊沒有造成什麼實質的傷害，槍擊也只是打破了些空鐵桶，這些動作還是足以讓我們的敵人想像我們所可能造成的殺傷力。如果要擋下兵力遠遠高過我們的敵人，這樣的心理戰是很重要的。

關於敵人的情報也極其重要。這工作的一個關鍵部分就是僱用當地的貝都因嚮導。他擅長從駱駝的足跡與糞便做出推斷。有時候他只要觀察泥土上留下的蹄痕，就可以知道駱駝的主人是誰。靠檢視駱駝糞便的結構，他甚至可以知道敵人前次在哪裡用餐。這件事教人難以相信，但是對於規劃我們的夜間巡邏相當有幫助。

跟斯巴達人不一樣的是，我必須承認，我認為要在近戰中殺害敵人是件很不容易的事情。我第一次這麼做時，對方還來不及對我開槍，我就朝他射擊，對方臉上流露出驚訝又悲傷的神情，令我久久無法釋懷。之前說過，我覺得在那一天身體裡有某個部分也跟著他一起死去了。

經過一天兇猛的戰鬥之後，列奧尼達斯和他的人馬進入山區過夜並且重新集結。繞著營火，他們不但是為了能夠實踐諾言——幫希臘同胞爭取到時間——而感到欣喜，也為了能夠在世上多活一天而感到慶幸。他們都接受一件事實：除非有奇蹟，他們最終都會喪命。他們只能儘量擋住波斯軍隊，能擋多久，就擋多久。

不過，在他們休息時，一則消息令列奧尼達斯大為吃驚：有一條經過山區，可以穿越斯巴達防線的秘徑。如果波斯軍發現這條路，他們就可以繞過斯巴達人，從背後圍繞過來，使方陣失去功用。擔心會有這種情況，列奧尼達斯派了一隊希臘戰士去守住這條路。如果波斯人找到這條路，而且成功穿越，那就大勢盡失。

這時候，薛西斯則是在他的帳篷裡訓誡他的將領。第一天是大敗了。除了步兵損失成千上萬，就連精銳的長生軍也沒能突破斯巴達防線。如果要抵達希臘南部，薛西斯勢必要做些什麼來擊潰頑強的三百壯士。無計可施之下，薛西斯判斷斯巴達人遲早會累倒，防線瓦解只是早晚的問題。手下有近百萬大軍，他認為可以承受犧牲一些三流的步兵去把斯巴達人消耗殆盡。

隔天，薛西斯對斯巴達人發動毫不留情的攻擊。每一分鐘，每一小時地過去，一波波的波斯軍人衝入斯巴達方陣。但是對方的防線依然堅若磐石。氣溫炎熱，幾乎無法休息，斯巴達壯士的肌肉開始抽筋，手腳因為長時間支撐沉重的盾牌跟長矛而疲憊。然而到了這一天日落時，只見現場增加了成千上萬的波斯軍屍體。

災難在當晚降臨到列奧尼達斯的身上。一個名叫厄非阿爾特（Ephialtes）的當地居民前去拜訪薛西斯，並帶去一個重大的消息：在希臘陣線後方有一條可以通往勝利的秘道。薛西斯毫不遲疑，立刻派出長生軍，趁夜處理對付希臘的防線，打算在天亮時包圍斯巴達人。

有一位希臘傳令逃過長生軍的殺戮，趕去見列奧尼達斯，告知防線已經有了缺口。顯然三百壯士的方陣現在已不足以在開闊的戰場上應付四面八方前來的攻擊。列奧尼達斯決定用上克里普提的技能，而目標——不要吃驚——就是薛西斯的人頭。只要能夠殺掉波斯首領，不但可以摧毀敵軍的團結，還可以讓波斯軍隊人人自危。

夜裡逼近忙碌的波斯陣營，克里普提敢死隊把刀刃包覆起來，以免它們在月光中閃爍曝光。在這人山人海的地方，要找到薛西斯的帳篷並不困難。它不但體積最大，還環繞有裝載他的僕人跟女眷的大篷車。但是要穿過成千上萬名波斯戰士和衛兵抵達這座帳篷，而且還不被發現就需要絕高的技巧了。

令人遺憾的是，歷史上沒有記載他們的命運。只知道他們沒有成功，薛西斯活過那一晚，而且在破曉時，下令他的人馬把斯巴達人給殺了。列奧尼達斯和他的手下所能做的，就是進行最後一次英勇的抵抗，為希臘爭取時間。在知道死亡已經無法避免之後，列奧尼達斯把最優秀的戰士留在身邊，放剩下的多數同袍逃跑，以讓他們日後可以再上戰場。展現出他作為領袖該做的事情。

白天時，一支超過一萬人的波斯軍隊攻擊列奧尼達斯殘存的部隊。即便是現在，在幾天戰鬥之後，知道死亡近在眼前，斯巴達人還是拚命戰鬥，直到他們的長矛跟刀劍都折斷為止。然而這些都沒有使他們停止戰鬥，他們邊打邊咬，英勇地殺了薛西斯的兄弟，阿布羅科麥斯（Abrocomes）和海帕蘭西斯（Hyperanthes）。

薛西斯突破了防線。斯巴達軍隊潰散以後，他派出弓箭手去把他們收拾掉。普魯塔克寫說，在看到眼前的情況時，一個斯巴達戰士對列奧尼達斯說：「蠻族的射箭遮蔽了太陽。」列奧尼達斯回答：「這樣不是很好嗎？我們可以在陰涼有遮蔽的地方跟他們交戰。」

成千上萬的弓箭手拉開弓時，列奧尼達斯喊出最後一道命令，「不是死亡，就是勝利！」他們還記得受訓時學過面對大量弓箭時該怎麼做，他們衝向敵軍，縮短面對這些致命箭雨的時間。他們發出戰鬥呼吼——據戰爭詩人艾斯奇勒斯（Aschylus）的描述——就像「大聲叫響的鷹叫聲。」列奧尼達斯和他的手下戰鬥到最後一兵一卒。

固然波斯軍隊宣稱取得了勝利，他們蒙受超過兩萬人的傷亡。儘管三百壯士陣亡了，斯巴達人最後挺過去了。一年後，殘存的斯巴達部隊跟希臘部隊結合，在普拉提亞戰役（Battle of Plataea）擊敗波斯軍隊，讓希臘與波斯之間的波希戰爭有了一個決定性的結果，確立了斯巴達戰士的名聲。他們是古希臘最凶猛、效率最高的精銳部隊。

不過，有一個對手注意到斯巴達人的一舉一動，並打算利用對方的長處來克制他們。斯巴達不久之後將走入歷史……

第三章　底比斯聖軍（西元前三七九年）

雖然波斯沒能成功征服希臘，但是到了西元前四〇〇年時，希臘卻幾乎是要自我毀滅。主要的三個地區——斯巴達、雅典、底比斯（Thebes）——各有其非常不同的政治體制，這使得他們有了最為嚴重的意見歧異。雖然雅典被視為民主的典範，斯巴達則是位處光譜的另一端，被看作遠古世界最專制，實施軍事獨裁的國家。在這時期，底比斯可算是介於兩者之間。雖然它的公民吵著要雅典式的民主，統治精英卻盡一切的能力想獨攬大權。

斯巴達密切觀察這場意識形態的抗爭。如果底比斯突然走上了雅典的腳步，斯巴達的兩個國王——阿格西勞斯（Agesilaus）和克里昂布魯突斯（Clombrotus）——的統治，就可能受到威脅。阿格西勞斯無意讓這種情況發生。在他掌權的六十年間，身為斯巴達的領袖，他沒有吃過一場敗仗，被視為史上最強大的國王之一。對阿格西勞斯來說，必須要盡一切的力量摧毀民主的威脅。

因此，斯巴達對希臘的其他城邦實施了單向的侵略性政策。西元前三八二年當底比斯的百姓叛變時，阿格西勞斯終於派兵前往這座城市，設置一個斯巴達傀儡政府，其中成員包括了阿基阿斯（Archias）、列昂提亞德斯（Leontiades）和海帕特（Hypates）等人。所有的異議分子都遭受粗暴對待，許多人因為怕被囚禁或處決，逃離了這座城市。

有一個名叫佩洛皮達斯（Pelopidas）的異議分子也逃到安全的雅典。根據他的希臘傳記作者普魯塔克的說法，佩洛皮達斯家境富有，但是把大多數金錢都給了窮人，寧可過著簡單的生活、投身軍旅。這些舉動使他在底比斯深受愛戴；同樣的，他在戰場上英勇犯難的行為，使他被譽為當地最優秀的戰士之一。他跟埃帕米農達（Epaminondas）是在戰場相識的，這位同袍不但救了他一命，後來還會幫忙推翻斯巴達的統治。

遺憾的是，我們對埃帕米農達所知甚少。我們所知道的，是根據普魯塔克的文章「佩洛皮達斯的一生」（Life of Pelopidas），以及色諾芬（Xenophon）和狄奧多羅斯．西庫路斯（Diodorus Siculus）的簡短敘述所拼湊出來的。從這些資料，我們知道，當佩洛皮達斯逃到希臘時，埃帕米農達人在底比斯，後者已經離開軍隊，並且被認為是當地最受尊敬的哲學家之一。即使如此，支持斯巴達的領導階層並未視他為威脅。事實會證明這是一項嚴重的錯誤。

當佩洛皮達斯在雅典成立了一個小型的反抗團體時，埃帕米農達也在底比斯做同樣的事情。得到包括卡戎（Charon）和高爾吉亞（Gorgidas）等人的助陣，他們查探各地的兵力，再把消息傳回，同時還計畫發動可以撼動底比斯與斯巴達的攻擊行動。到西元前三七九年十二月，他們已經準備好要採取行動了。

阿基阿斯，支持斯巴達的底比斯領袖，在他位於底比斯的豪宅辦了一場喧鬧的宴會。參加的是他的同僚列昂提亞德斯和海帕特，以及其他的貴族跟政治人物。他們認為所有的抵抗都已經遭到殲滅，現在正是時候開始放浪形骸，不顧他人的感受，喝得酩酊大醉，僕人們則努力滿足他們的奇想跟慾望。大吃大喝最好的食物跟酒水，他們渴望夜間要發生的那件大事，就是會有十二個幾乎沒穿衣服的青樓女子——底比斯最美豔的娼妓——突然一邊跳舞一邊進入房間。

阿基阿斯著了迷，立刻召喚她們到身邊，好方便看得更清楚，更方便他挑選。當這些夜色中的女人舞過房間時，酒醉玩弄權術的男人色迷迷地盯著看，等不及要享受她們的肉體。

然而，當其中一個女孩接近阿基阿斯時，他皺起了雙眼；有些不對勁。在還來不及採取行動之前，一把匕首劃過了他的咽喉。這個女孩是佩洛皮達斯喬裝的。當阿基阿斯倒在血泊當中，其他喬裝的妓女則開始屠殺房間裡的每一個人。佩洛皮達斯和埃帕米農達反叛斯巴達的行動已然展開。然而任務還沒完成。還有一件小事要處理，就是鎮上有斯巴達的要塞，那些人會發動反擊的。

當消息在街上傳開，說列昂提亞德斯、海帕特和阿基阿斯都已經喪命，底比斯的民眾決定賭一把。他們闖進城中的軍械庫，把自己給武裝起來，然後朝斯巴達部隊前進。由於人數居於劣勢，面對眼前憤怒的暴民，斯巴達部隊放棄戰鬥，離開了城內，他們那句「死亡或勝利」的名言成為笑話。當下，底比斯已經脫離了斯巴達軍隊的控制。但是每個人都知道，這只是短暫的勝利。阿格西勞斯王絕對不會漠視這場叛變。很快地獄就會降臨這片土地，而且會來得又快又狠。如果他們想活過斯巴達毀滅性的打擊，底比斯人必須做好準備。

底比斯人一百多年以來，沒有任何軍隊曾經在開闊的戰場中擊敗過斯巴達強大的軍隊。正如我們在前一章所述，他們的訓練制度，就是要產出地球上最為強悍的戰士。但在另一邊，底比斯連全職的軍隊都沒有。它有的是接受過最基本訓練的後備人員。要是他們跟發揮全力的斯巴達部隊正面交鋒，是沒什麼好比的。底比斯人不久就在鄰近的波也奧西亞（Boeotia）和更遠的地方找到盟友，而這時佩洛皮達斯、高爾吉亞，和埃帕米農達則決定必須建立一支屬於他們的精銳戰鬥部隊，並稱之為「聖軍」（Sacred Band）。這部隊注定將成為軍事史上最特殊的精銳部隊之一。

同樣的，有關聖軍起源的詳細資料，許多都已經佚失了。但是我們知道，建立聖軍的出發點跟斯巴達軍隊有密切關聯。三百個底比斯最令人畏懼的戰士被組織起來，好對抗斯巴達的三百個戰士——但是有一項關鍵差異。這三百個底比斯人不但是同性戀，還是一百五十對伴侶。

古希臘同性戀是被人們所接受的，把這部隊由伴侶們來組成，似乎是出自審慎的軍事角度考量。斯巴達的三百壯士有完整的訓練，並且多年來一起經歷過戰鬥。這使得成員之間有密切的情誼，也意謂他們會願意為彼此犧牲性命。要在男人們之間建立這類關係需要時間，而底比斯人則沒有足夠的時間，最終以情侶一起戰鬥的做法來推動團隊精神。柏拉圖當然會支持這種決定，他在《會飲》（*Symposium*）中寫說男人們在情人身邊時，說不定戰鬥表現會顯得更好：

如果有某種方法可以使國家或軍隊由情人們組成，這些人將會是城中最好的治理者，棄絕一切恥辱，為榮耀而彼此競爭；並且在併肩戰鬥時，就算只是一小撮人，卻可以征服世界。難道情人們不是寧可被全世界看到，也不願意被愛人目睹他棄守崗位，或扔掉武器？他會寧可死一千次，也不願意承受這種事。還有，誰會願意在危急關頭拋下愛人，對不起對方？

歷史家對《會飲》的確切完成日期有不同的意見，但是有許多人相信是在聖軍成立之前。如此，這作品有可能促生了聖軍的編成。

不過，海克力斯（Hercules）——底比斯曾經擁有過的最出名的人物，絕對有助於這個想法的成形。儘管已婚，這個希臘神話裡著名的人物跟他的戰車伕伊奧勞斯（Iolaus）卻有著濃烈的同性戀情，也因此他們形成一組令人畏懼的戰鬥組合。他們對彼此的高度奉獻，以及傳奇性的勝利，恰恰就是高爾吉亞跟埃帕米農達想要藉由聖軍來複製的。

在過去所有的行動當中，我向來都明白團隊必須要有堅強的凝聚力。當自願在阿曼服務時，我奉命指揮混雜有阿曼人和俾路支人（Baluchis）的一個排，這些人對彼此非常厭惡。當你的焦點應該放在跟敵人戰鬥時，當然不應該被內訌纏身。我只會講最簡單的阿拉伯語，當他們用激烈而不滿的言辭你一言我一語時，我也聽不懂。我覺得就像海上被暴風困住的一品脫機油般沒有用處。當他們爭論輪到誰去站衛兵時，我建議丟硬幣決定。他們看我的眼神，就彷彿我瘋了一樣。這種西方的遊戲是他們聽都沒聽過的。當我嘗試要在他們之間建立起某種和諧的關係失敗以後，我把解決這個問題列為最高優先，免得整個排被拖垮。

要他們彼此相互尊重之前，必須先要使他們尊重他們的長官。我一方面複習我的阿拉伯語，終於讓我能夠了解狀況，我也努力公平對待每一個人，不會較偏向誰。我同時確保記得每一個人的姓名跟背景。在建立這種熟悉感之後，他們對我變得親切，後來更給了我一個外號，英文的意思是「約翰，穿破布的兒子，荊棘的兒子」。我不確定這是不是個親切的名字，但至少他們看起來開始尊敬我了。

在達成這一點之後，我可以開始把官兵像一支部隊——而不是散沙般的個人——來進行訓練。我要每一個人知道為何他們，以及他們可能的敵人，是一台巨大機器中重要的齒輪。只要缺少其中之一，其他人都會垮掉。此外，我也把部下混編，讓阿曼人和俾路支人編在同一隊，而不是個別成軍。我告訴他們：「不論我們是俾路支人，英國人，阿曼人，或桑給巴爾人（Zanzibari），我們現在都屬於里斯（Recce）家。」此後，部下間就沒有發生嚴重的爭端，同時可以還努力保護阿曼免於共產主義的威脅。

不過，若要我從一生當中挑選舉例說明這種強力凝聚感具有何等的重要性，最理想的例子應該就是我多次的極地探險之行。在低於零下五十度的氣溫下，要拖著重逾四百五十磅的雪橇連續行進數百英里，其中最重要的一件事，必須要有不但可以信任，而且還喜歡的人做伴。可想而知，這種艱鉅的情況可以使人暴躁易怒。一些芝麻綠豆的小事情，哪怕是那麼一點點的餅乾屑屑的掉落，都足以點燃持續好幾天的憤恨情緒。如果是跟厭惡的隊友一起遠行，我認為我們撐不了多久。毫無疑問，我過世的妻子金妮（Ginny），也是我探險隊的其中一個重要的成員，負責通訊以及其他的雜務。我們對彼此的愛，以及達成目標的共同決心使我們可以超越自己達到令人難以置信的地步。當金妮成為第一個從女王陛下手中接下眾人羨慕的極地獎章（Polar Medal），表彰她的重要成就之時，我感到極為驕傲。光是這個理由，我相信讓聖軍充斥情侶的決定很聰明，畢竟在我人生最黑暗的時刻，就是金妮使我繼續走下去的。不過，要底比斯擊敗斯巴達，擁有一支忠誠奉獻的軍隊只不過是第一步而已。

現在佩洛皮達斯必須訓練這三百名兼差的戰士，好讓他們足以跟那個時代最可怕的軍隊匹敵。部隊駐紮在卡德米亞（Cadmea），他們住在一起，訓練在一起，戰鬥在一起，做任何事情都要確保像一個團隊般合作，而不是各做各的。強化體力跟忍受痛苦的能力都很重要，這包括讓聖軍在炙熱的希臘大太陽下一小時又一小時地奔跑，還要進行摔角鍛鍊使他們更強壯敏捷。訓練還包括密集學習如何使用劍跟長矛，以及如何——就像斯巴達戰士那樣——編成方陣。

西元前三七八年的夏天，讓聖軍證明價值的時機差不多到來了。在僅僅六個月的訓練之後，兩萬多名斯巴達軍朝底比斯前來，要取回他們的領土，並且消滅民主。帶頭的是斯巴達國王——阿格西勞斯。

佩洛皮達斯知道他的部下還不夠強大，訓練也不足夠，難以對抗斯巴達的方陣。就像橄欖球賽那樣，最能夠列陣爭球的那一隊可以把其他隊趕出球場。佩洛皮達斯必須要爭取時間，這是埃帕米農達展現能力的時候了。

大家都知道斯巴達戰士在溫泉關跟波斯軍隊的那一場傳奇性的戰鬥。但是埃帕米農達了解斯巴達方陣之所以能夠發揮效用，是因為它是在平坦開闊的地形展開。利用這點，當斯巴達軍隊逼近底比斯時，聖軍和他們的雅典盟友選擇站在高地上。如果斯巴達人要戰鬥，就必須依底比斯人的方式來進行。

看到底比斯的編隊時，阿格西勞斯停下了他的部隊。他也清楚方陣在山坡上會派不上用場。要讓方陣有用，他必須誘使底比斯人下山到平地上。他派出一些部隊進行突襲，測試底比斯人跟雅典人的陣線，發現可以輕易擊退這些部隊。不過，他的決心還是沒變。雖然無法展開方陣，也知道底比斯人佔據高地的優勢。他有自信，只要下令全軍進攻，就可以突破敵軍的防線。之前在西元前三九四年的科羅尼亞戰役（Battle of Coronea），這個戰術證明有效，何況他也沒有理由質疑這個戰術會行不通，尤其要對付的是一些他認為的後備部隊。不過，聖軍和他們的盟友已經做好相關準備了。

當斯巴達軍朝他們挺進時，底比斯人把長矛向上高舉，而不是朝敵軍指過去；把盾牌靠向左膝，而非舉起到胸部的位置，準備好要來戰鬥了。這完全出乎阿格西勞斯的意料之外。他不確定是否正在把部隊送入陷阱，他再度下令停止前進。接下來兩軍相隔兩百公尺遠僵持著，雙方都不願先採取行動。

阿格西勞斯先感到不安。接著他下令後撤，離開戰場。這個情況顯然跟他原先所預想的不同，需要多花點時間消化。

底比斯不但多撐過了一天，這件事也帶給了聖軍心理上巨大的信心。雖然還沒有做好跟斯巴達戰鬥的準備，他們至少靠著一些心理戰的手法把對方擋了下來。這種振奮在接下來的幾年內會對他們有所幫助，但是最終還是會別無選擇，投入戰鬥。

當防禦鄰近奧爾霍邁諾斯（Orchomenus）這座城市的斯巴達要塞部隊暫時離開駐防地之時，佩洛皮達斯認為機不可失。聖軍集結，朝奧爾霍邁諾斯前進，卻意外發現要塞部隊回來了。由於人數明顯居於劣勢，佩洛皮達斯認為聖軍還不適合開戰。他下令部隊回到底比斯。

正當他們要回去時，數目在一、兩千之間的斯巴達部隊突然出現在他們前方。底比斯戰士兵力屈居下風，完全沒有做好戰鬥的準備，也無處可逃。據普魯塔克的說法，這時候一個聖軍跟佩洛皮達斯說：「我們已經落入了敵軍的手裡。」佩洛皮達斯直視他的雙眼，回答道：「為什麼不是他們落入我們的手裡？」戰鬥的時候終於到了。

斯巴達人發出噬血的吼叫聲朝他們攻擊過來。佩洛皮達斯大聲叫喊，壓過這一片嘈雜，迅速下令部下排成緊實的戰陣，就照他月復一月，年復一年訓練他們做的那樣。這是斯巴達人所沒有料到的。他們還一直以為是要跟一群兼差的農民戰鬥，而不是和精銳部隊交手。突然之間，聖軍的長矛已經刺穿了他們的行列，殺了他們的指揮官。看到這一切，佩洛皮達斯並沒有鬆手放他們一馬。聖軍繼續進攻，毫不留情又凶狠地前進。殘餘的斯巴達戰士驚惶失措，一片混亂，各自逃生。

雖然這場戰鬥規模不大，還是一次值得重視的勝利。在此之前，斯巴達人從來不曾敗在人數低於己方的敵軍手中。現在聖軍有信心，就算還未必是斯巴達三百壯士的對手，但絕對可以直接跟斯巴達部隊正面交鋒。埃帕米農達可不這麼想。他還是認為必須自我精進，不停地研究斯巴達方陣是否有可以突破的弱點。

透過觀察，再加上間諜的報告，他得知斯巴達軍隊已經今非昔比。這時候，斯巴達隊伍當中真正的斯巴達公民搞不好少於一成。一個真正的斯巴達公民必須出生在斯巴達，擁有足夠的土地以繳納農糧給國家，並且可以運用私人的時間進行訓練，成為戰士。但是一代代過去，使斯巴達人擁有公民權，並且讓他們有時間進行訓練的土地，已經因為繼承法而變得愈來愈少。斯巴達是古希臘少見男女有平等繼承權的國家。隨著時間推移，繼承法所造成的擁有權分割，意謂能夠繼承足夠土地，取得資格擔任公民，並且投入時間進行訓練的男人日漸稀少。這項人口統計數字上的巨大改變，現在威脅到斯巴達長期在戰場上的主宰地位。

為了填補這個空缺，龐大的軍隊變得愈來愈仰賴非斯巴達的盟友，稱之為佩里奧人（Perioeci）。但是這些部隊並不是向來都可靠。基本上是由奴隸，或者是必須為斯巴達領主戰鬥的農民所組成。這些部隊並不會真正對斯巴達效忠。埃帕米農達認為這是他可以利用的弱點。如果底比斯人有方法可以瓦解佩里奧人對斯巴達的忠誠，那整個斯巴達軍隊就會土崩瓦解了。要做到這一點，埃帕米農達必須要使佩里奧人明白，擊敗令人畏懼的斯巴達三百壯士是可以辦得到的。

如雅典史家修昔底德（Thucydides）所詳述的，也如我們在溫泉關所看到的，當斯巴達方陣擺出防禦的陣勢，戰士們的盾牌重疊，製造出他們可以藏身其後、難以穿透的盾牆。為了自保，有些陣線上的戰士會把盾牌稍微偏向身體的右側。左方的戰士看到這情形，就必須做同樣的動作以自保，整條戰線連鎖效應下去，處在右翼最遠端的一方受到的保護就會最少。基於這個理由，斯巴達將領會把最優秀的戰士放在方陣的右方。埃帕米農達認為可以利用這一點。把聖軍放在左方，面對斯巴達軍隊的右翼，一次震撼性的行動可以壓倒他們，促使斯巴達方陣瓦解。埃帕米農達相信，看到斯巴達最優秀的戰士和領隊迅速陣亡時，佩里奧人會受到驚嚇，畢竟他們本來就不想要為領主們戰鬥，會悉數逃亡或投降。

不過，連埃帕米農達也知道，儘管聖軍受過許多的訓練，而且相互間的情誼濃厚，他們還是有可能無法擊敗斯巴達手中最為優秀的戰士。因此，在測試他的戰略之前，必須再找到一個破綻。

他再次分析斯巴達的編隊，明白其縱深從來都少於十二列。如果他可以讓左方的聖軍有五十列的縱深，那麼就有可能擊敗難以對付的斯巴達右翼，橫掃國王及其指揮官們，並且讓斯巴達嘗到超過一個世紀以來第一場在開闊戰場上的敗戰。馬其頓作者波利艾努斯在《作戰方略》（*Stratagems of War*）表示，實際上，埃帕米農達是想要抓到一條蛇，壓碎牠的頭，然後讓他的部隊看看牠身體的其餘部分是多麼沒用。埃帕米農達在西元前三七一年的留克特拉戰役（Battle of Leuctra）中，有機會測試他的論點。

由於歲月不饒人，阿格西勞斯王既年邁又疾病纏身，另一個斯巴達國王，克里昂布魯圖斯（Cleombrotus），遂下令一萬一千名斯巴達和佩里奧的大軍去徹底拿下底比斯。行軍到留克特拉平原時，他們遭遇了佩洛皮達斯聖軍以及七千名部隊。在這片平坦的土地上，克里昂布魯圖斯預期他的方陣可以輕易獲勝，並且永遠終結底比斯的叛變。埃帕米農達一眼就看出，他的部隊在數目上明顯居於劣勢。如果他的計畫無法在短時間之內獲得成果，那麼他們全都會被屠殺。如果要有效，聖軍的攻擊必須夠凶狠、震撼，且令人畏怯。

正如埃帕米農達所想，斯巴達國王、他的將領，以及他最優秀的戰士都排在前方，位居方陣的右翼，這方陣縱深有八列。作為對應，他很快下令編隊中的大部分在左翼、位於聖軍的後方集結。克里昂布魯圖斯看見事情的發生，但是在他採取行動之前，佩洛皮達斯已經發出了攻擊的訊號。這時候聖軍衝入斯巴達方陣的右翼，他們後面擁有超過縱深五十列的盾牌與長矛。

二十個聖軍成員立刻死於斯巴達戰士的長矛下，但他們還是緊貼在一起，藉由隊列的威力，他們穿過方陣，斯巴達的盾牆也因為這壓力而崩解。隨著好些裂縫的出現，大屠殺開始了。很多斯巴達戰士或是遭到刺殺或砍殺，佩里奧人則越過屍體，抓下了克里昂布魯圖斯國王。佩洛皮達斯不想冒任何的風險，他向這個國王一刺再刺，確保克里昂布魯圖斯國王是自從列奧尼達斯以後，第一位戰死沙場的斯巴達國王。國王的死訊撼動了其他的斯巴達士兵。除了說三百壯士已經被擊潰，國王也被殺了，另外的七百名斯巴達公民當中有四百人陣亡。

一如埃帕米農達所料，斯巴達的奴隸和盟友現在決定撤退。他的戰略成功了，代表了斯巴達歷史上最徹底的一場敗仗，也顯示斯巴達主宰戰場的時代已經告終。由於斯巴達公民的人數已經很少了，一半以上喪命也見證了斯巴達軍隊的逐漸瓦解。少了這支軍隊，聖軍繼而成為希臘最精銳的軍事武力，同時也確保底比斯持續是個自由的國度。

不過，底比斯跟已經被削弱的斯巴達還是會繼續幾年的戰爭，而埃帕米農達也在西元前三六二年的孟提尼亞戰役（Battle of Mantinea）中傷重致死。當人們把他重傷的身體抬回安全的底比斯營區時，他問同僚底比斯打贏了沒。當他聽到說他的戰術——跟在留克特拉的類似——再次帶來勝利時，他報以微笑說：「那麼是該過世的時候了。」當他的一位友人說：「埃帕米農達，你還沒有後代就要過世？」他回答道：「不，宙斯為證，正好相反。我留下兩個女兒，留克特拉和孟提尼亞，我的勝利。」

少了埃帕米農達，聖軍不久就遭遇了另一個可怕的敵人。當馬其頓軍隊的力量朝底比斯逼近時，一位年僅十八歲，能力極為出色的少年率領著騎兵，一心只想要在歷史上留名……

第四章　亞歷山大大帝和粟特岩（西元前三三八年）

在一個明亮的八月早晨，兩支部隊在喀羅尼亞（Chaeronea）這座希臘城鎮對峙。希臘的命運再度懸而未決。這一次，是力量日漸壯大的馬其頓想要統治一切，抵擋它的是底比斯跟雅典聯軍。

馬其頓國王菲利普二世（Philip II），很清楚底比斯的軍力。西元前三六七年，底比斯的軍隊曾經把他抓了起來，他在底比斯不但從埃帕米農達那裡習得軍事教育，據信也成為佩洛皮達斯的愛人。這兩層關係使菲利普有了絕佳的機會，研究何以底比斯原本是業餘的軍隊，能夠成為希臘最強大的武力。西元前三五九年回到馬其頓之後，菲利普的國王之路受阻於北方粗野的蠻族部落，以及南方狡猾的希臘城邦。靠著他從聖軍學到的知識，他重新武裝，重新訓練他的步兵，擊退國內的敵人，接著是計畫要在更遠之處取得勝利，大多數時候是馬其頓的方陣扮演了獲勝的關鍵角色。除了從聖軍學到的，菲利普也自行為方陣進行了一些改良。

首先，他用十八到二十英尺的長矛取代過時的重裝步兵所使用的矛，好讓戰士可以刺得更遠。不過，這還只是方陣革命的開始。當他的方陣編隊時，每個人都矛尖朝上持著，然後交戰前，前五列會把他們致命的長矛下降到水平狀態，形成毀滅性的鐵牆。這有連鎖效應，因為稍後的行列會把他們的長矛降到四十五度角，更後方的則是在接戰前，維持矛尖向上。由於這些矛相當長，有四支長矛可以突出在方陣最前方的每一個步兵之前。這使得菲利普跟他的步兵擁有極大的優勢。諸多長矛挺進的進攻力量，足以壓制任何對手。然而菲利普還要確保他的方陣具有變化隊形的彈性。可以排成行或縱列，依照情況調整方陣的縱深，可以緊密聚集，也可以延伸成扁長狀，或者排成楔形編隊，以突穿敵軍的前線。不管怎麼看，他這專家有能力在各種狀況下運用方陣，確定了他的方陣在遠古世界的地位，當時的人們認為它的毀滅力所向披靡。

憑藉訓練精實、裝備良好的方陣，馬其頓的軍隊擊潰了伊利里亞（Illyrians）和希臘的武力，以及色雷斯（Thrace）和皮奧尼亞（Paeonia）強悍的戰士。固然他的方陣和步兵令人生畏，不過菲利普手下還有另外一個秘密武器：他的兒子亞歷山大——領導馬其頓精銳騎兵的那位年方十八歲的指揮官。

有好些關於亞歷山大在西元前三五六年出生時的傳說。根據普魯塔克，他的母親奧林匹亞絲（Olympias）在嫁給菲利普的那個晚上，行房前做了個夢，夢中她的子宮被雷擊中。婚後不久，菲利普也做了個夢，夢到他把刻有雄獅圖樣的章印上他妻子的子宮。之後許多希臘人相信亞歷山大為童貞女所生，這說明他是宙斯的兒子。亞歷山大當然不相信他的家譜是虛構的。當他年紀漸長，他真的以為他是諸神的後裔，後來他的舉止明白顯示他恍如海克力斯和阿基里斯（Achilles）的直系後代。

菲利普也認為兒子與眾不同。亞歷山大出生那天，菲利普接到消息說他的部隊已經打敗伊利里亞和皮奧尼亞聯軍，他的馬也在奧林匹克運動會上跑贏了。不過，這些好兆頭只不過是菲利普那年輕的兒子，先讓父親和他的國家嘗一下他本人在不久之後所會帶給他們的光榮。亞歷山大在米耶薩（Mieza）的女神殿（Temple of the Nymphs）受教於亞里斯多德，跟馬其頓貴族的孩子——譬如托勒密（Ptolemy）、赫菲斯提翁（Hephaistion）和卡山德（Cassander）往來。將來這些年輕的男孩們會成為亞歷山大麾下精銳特種部隊的將領，稱為「夥友們」（Companions）。

出自上流階層，他們有能力取得並照顧最好的盔甲跟馬匹，也擅長使用長矛跟盾牌。最後他們會成為史上最早的衝鋒騎兵。戰鬥時，亞歷山大會先等他的方陣把敵軍鎖定，再派出夥友騎兵，以閃電般的速度跟兇猛的動作，衝擊敵軍的側翼或後方。

西元前三三八年，亞歷山大的夥友騎兵面對著它至今為止最大的考驗。他們在喀羅尼亞鎮外，面對包括聖軍在內的希臘部隊。可惜的是，有關這場戰役的詳細記載甚少，狄奧多羅斯提供了唯一正式的敘述。他寫說：「戰鬥凶狠又血腥」，在亞歷山大加入混戰之前，「勝負難料」。亞歷山大一馬當先在他的夥友前，輸贏未定，他「心中想的就是要讓父親見識到他的英勇」。

從這裡，亞歷山大率領夥友們進攻，並且「帶頭穿透面對他的敵軍主力，殺了許多人；輾壓他前方的所有的人——他的部下緊密跟隨推進，粉碎敵軍的戰線；在地面堆滿屍體以後，迫使抗拒他的敵軍側翼逃亡」。

這個十八歲的奇蹟男孩才剛在一座最大的舞台上，締造出他年輕時破壞力最大的一次勝仗。他不但證明自己是個英勇的戰士，還是一流的統帥。現在他面前的是勝利的戰果——成千上萬具雅典人的屍體，和聖軍血腥的身體。普魯塔克在《亞歷山大的一生》（*Life of Alexander*）寫到這位年輕指揮官的勇氣，「……據說他是第一個衝向底比斯聖軍……這項英勇的行為使得菲利普非常喜歡他，他最高興的就是聽到他的臣民稱自己將軍，而亞歷山大則為他們的國王。」在亞歷山大著名的勝仗之後，雅典被迫跟馬其頓結盟，底比斯則失去在維奧蒂亞（Boeotia）肥沃的農地，聖軍不再存在。據普魯塔克說，聖軍的勇氣教菲利普深受感動，畢竟他曾經跟他們的建立者——埃帕米農達和佩洛皮達斯——關係密切：

> 戰鬥結束之後，菲利普視察死者，停在三百壯士倒下的地方，都是在他們面對方陣長矛的地方，穿著盔甲，屍體交纏，這些教他訝異，然後當他知道這些是情侶組成的聖軍時，他流下淚，說道：「任何人要是認為這些人的行為可恥或是羞辱，都不得好死。」

聖軍的犧牲深深觸動菲利普，他後來為他們建造了一個紀念物，這是西元一八一八年一個英國觀光客發現的。騎馬在古戰場附近觀光時，這名觀光客絆到一塊岩石，經過一輪挖掘之後，這石塊原來是頭巨大的石獅。後來從裡面發現了兩百五十四具屍骸，據信是聖軍成員的，這些愛人的骸骨相互擁抱，直到永遠。

馬其頓在喀羅尼亞的勝利改變了歷史的走向。希臘人被征服以後，菲利普軍事方面的野心轉向波斯。不過，在他實現這個野心之前，他就死於暗殺。亞歷山大繼位，才剛滿二十歲。

儘管還很年輕，亞歷山大發動了一場極為大膽的軍事行動。只用五萬人馬，就開始實踐父親的夢想，要去征服廣袤的波斯帝國。這時候的波斯帝國西起今天的土耳其，當中包括了大部分的中東地區，擁有廣大三百萬平方英里的土地。

亞歷山大在西元前三三四年開始入侵波斯帝國，接下來的四年裡，贏得了一連串具有決定性的戰役，最知名的是格拉尼庫斯河（Battle of the Granicus River）和伊蘇斯戰役（Battle of Issus），這些勝利標示波斯帝國終於要壽終正寢了。當亞歷山大的軍隊在伊蘇斯或殺或俘虜了十萬名以上的波斯戰士後，波斯國王大流士（Darius）表示達成休戰，願意把半壁江山讓給亞歷山大，並且把女兒嫁給他。亞歷山大回答說，他已經得到半個波斯帝國了，而且打算把其餘部分也拿下。

這樣的征服行動預示著亞歷山大是個軍事天才，他的狡猾、機智，和創意使他能夠擊敗比他的部隊兵力要強大很多的對手。許多人開始相信過去的預言有可能是真的：亞歷山大是諸神的後代。他的部下宣誓會追隨亞歷山大到天涯海角，這也的確是他想要帶他們去的地方，畢竟他努力要抵達世界的各個角落和大外海（Great Outer Sea）。

一九七九年，在計畫了七年之後，我的同僚查爾斯．波頓（Charles Burton）和我展開了「環球探險」。我們的目標是要成為第一個環繞極地航行的探險隊，「垂直」越過世界——只用地面及海面的行動，穿越兩個極地。實際上，我們期望抵達那兩個「世界的角落」。我們花了三年多時間，經過十萬英里，越過撒哈拉沙漠，穿過馬利（Mali）跟象牙海岸的沼澤和叢林，跨過南極人煙未至，巨大的冰隙原，通過困難重重的西北水道，面對北極海無法預測的危險。在氣溫高到四十度的撒哈拉和零下五十度的南極之間生活，我們承受數不清的傷害，從鼻子、手指，腳趾凍傷，到水皰和重度的潰瘍，更別提還必須面對北極熊的威脅。亞歷山大很可能全都經歷過了，也可能還有更多，但我不確定極地有沒有滿足他對「世界角落」的預期。我只能說那裡很白很冷。不過，到達那裡所帶來的刺激——這當然是促使我前進的原因之一——就可能足以讓亞歷山大滿意了。畢竟有時候真正重要的並非目的地，而是旅程。

不管怎樣，在他開始實踐前往世界各個角落的野心之前，亞歷山大很快想到了他下一個要征服的目標：印度。這個充滿異國風情的國家，就連他所崇拜的海克力斯都不曾佔有過。此外，這國家是遠古世界裡亞歷山大所唯一還沒拿下的地方。

擋在亞歷山大面前的，是在波斯和印度之間的巴克特里亞（Bactria）和粟特（Sogdia）的諸多荒地——這兩處地方我們今天稱之為阿富汗和塔吉克。這是世界上最難掌控的地方之一——近年來蘇聯和美國在此付出代價之後，也發現了這一點。這些地區的軍閥比誰都更了解這塊土地。他們會消失在眾多的群山當中，然後從陰影中攻擊他們的敵人。

亞歷山大的補給線延伸數千英里到希臘。他倚賴這條補給線來調動軍隊、馬匹和黃金。當要征服一個國家時，這十分重要。阿富汗人了解這一點，而且只要有機會，就會攻擊補給線。攻擊不曾停歇，即使亞歷山大殺掉一個軍閥，彷彿就會有十二個來遞補他。在進行了三年兇殘的壓制以後，他已經盡其所能來克服這些威脅，但還有一個軍閥擋在面前，奧克夏特斯（Oxyartes）。

希臘歷史家，尼科美迪亞（Nicomedia）的阿里安（Arrian），在《亞歷山大遠征記》（*The Anabasis of Alexander*）中講得很詳細，說奧克夏特斯帶他的部落以及他寶貝的十六歲女兒羅克珊娜（Roxana）撤到粟特岩，一座位在巴克特里亞北方高山上的碉堡。這碉堡周長十二英里，向上延伸到三千英尺高的山巔。從那裡，奧克夏特斯依然可以俯衝下來攻擊亞歷山大的補給線，但是要攻擊奧克夏特斯卻是困難重重。亞歷山大知道要先處理奧克夏特斯才可以攻打印度，但是這座高山上的碉堡難以攻克，要拿下它看起來是個不可能的任務。亞歷山大所取得的情報也令人沮喪。

雖然亞歷山大的兵力跟奧克夏特斯相比，佔有十比一的優勢，人們卻告訴他要跟對方正面交鋒是宛如自殺行動。唯一通往這座碉堡的是一條狹隘蜿蜒、毫無遮蔽的走道。要是他的部隊嘗試攻打這座碉堡，他們要不是被弓箭手解決，就是被逼下山。似乎唯一的選擇就是圍攻，但是人們又告訴亞歷山大說奧克夏特斯有足夠的存糧可以撐好幾個月，加上山上的積雪，有源源不盡的新鮮水源可以飲用。

亞歷山大對長期包圍沒有耐心。為了突破困境，他派使者去見奧克夏特斯，承諾說只要他們立即投降，軍閥和他的部落可以安全離開。由於對這座難攻的堡壘十分有信心，奧克夏特斯帶著嘲諷的語氣對亞歷山大的使者說，要抓到他本人，亞歷山大需要「長有翅膀的人們」。這個回答把馬其頓國王給激怒了。但很快，當奧克夏特斯的嘲諷盤據在他的心頭時，亞歷山大卻有了一個想法。

亞歷山大很快就下令給他的指揮官們，要他們從部隊中找出三百個最擅長攀登的士兵。這些人當中有許多之前是在高山上放牧的，習慣攀爬崎嶇的懸崖。又或者是他一流步兵，稱為持盾兵，這些人在進攻敵軍高聳的城牆時，向來是居於第一波。值勤時，他們都待在危險的境地，但是當亞歷山大告知他們他的計畫時，就連高手都吃了一驚。

在夜裡登上三千英尺高的岩石，就算有可能會摔死，也不得發出任何聲音或使敵軍警覺。亞歷山大要他們去到一座可以俯視敵軍基地的高岩。他相信這些人的突然出現，會使反抗軍感受到強大的震撼，不戰而降。畢竟奧克夏特斯認為只有長了翅膀的人才可以到得了山頂，而那正是亞歷山大要他相信的。

也難怪許多人感到憂心。在夜間攀岩無疑是自殺行為，特別是在寒冷又降雪的天氣。同時，要在一個晚上攀登三千英尺是不可能的。也就是說，在天亮時，他們必須在山上藏一整天，入夜才可能繼續攀爬。要攀登這麼一座山，他們的負重愈輕愈好。也就是說衣著和糧食補給能少則少，顯然就至少兩天的辛苦攀岩來說，是不敷使用的。但是有一個必需品亞歷山大堅持他們要隨身攜帶，一條白布，一旦抵達山巔，他們就要揮舞白布傳遞訊號。這令我想到在伊頓公學的日子。我想不起為何迷上了「爬樓」（stegophily）這件事，這是個正式的說法，指的是——特別是在晚間——沿大樓外牆爬上，並且在它們最高的塔尖、圓頂，或避雷針上留下些東西。有一次這類的冒險行為差一點使我被學校退學。那一回我和我的爬友在學校禮堂圓頂的「頂尖」上裝了面旗子。我運氣好，在接下來的追逐中逃脫，但是，唉，我可憐的夥伴被逮到，被要求期末退學。跟亞歷山大那些登山的人比起來，這種逮捕後的處罰相形失色。

不過，對部下的質疑，亞歷山大有了解決的方法。他提供了一個誘因。第一個登上山巔的士兵，可以獲得十二塔冷通（talent）作為獎賞——相當於今天兩百五十萬美元，第二名十一塔冷通，還有第三人一直到第十二人，後者領三百大流克金幣（daric）。

這像是個自殺任務，但是亞歷山大的登山高手無法拒絕誘惑，很顯然這是件危險的事情。他們可能曬死、摔死，或被敵軍的弓箭手當活靶射殺，但此行若能成功，他們可以躋身非常富有的行列。此外，可以使一個無名小卒，列名在有關這個世界上最偉大的征服者的名著當中，這的確是一個值得重視的地位。

跟你們當中的許多人一樣，不確定這個提議是否能夠吸引我。我向來對於處在高處都會感到相當的害怕，這個任務會把我給嚇壞。多年來我嘗試要面對、克服這種恐懼，但是效果有限。我的第一次嘗試，是在攀登聖母峰時發生，當時我的心臟出了問題，必須折返。雖然幾年後再去征服世界最高峰，發現其實沒有解決到問題。當然，登上聖母峰是一件了不起的事情，但這並不需要攀登光禿禿，下方是又深又遠、空蕩蕩的崖壁。我轉而投向會令人暈頭轉向的攀爬活動之首——阿爾卑斯群山中少女峰（Eiger）的北壁。

有超過四十個世界頂尖的攀爬高手喪命於這六千英尺高的垂直石灰岩和黑暗的冰塊當中。著名的《攀越冰峰》（*Touching the Void*）作者喬．辛普生（Joe Simpson）寫過這面所謂的「謀殺牆」：「它並非最難或最高，它只是『少女峰』。光提到這個名字就教我心跳加速。主要的那座山，對登山運動意味著一切的那座高山，是我長大後一直夢想要爬的山路。」

我的任務變得更為困難些，因為我的左手部分手指在之前探險時凍傷切除了。所幸它們並沒有對我造成太大的麻煩。不過，有件事倒是嚇了我一跳。當我的其中一隻靴子在岩壁踩滑，我只能靠著右手上砍入岩壁的手斧，以及極小的踩腳處擺盪支撐。接著我覺得口乾舌燥，而且我還有要面對兩天的行程，要不是有那勉強砍入岩壁的斧頭，還有很多機會可能會失足摔落。有時候我必須避免往下看。滿腦子塞滿各種事情，免得讓恐懼有機可乘鑽入腦海的隙縫，把我變成一個胡言亂語的笨蛋。當防風外套意外掉落的時候，我望著它往下墜落，腸胃中的起伏差點沒把我給淹沒掉。

夜間也是一段試煉。在攀爬了一整天以後，我筋疲力竭。不過，想要休息可不簡單。每一個晚上我們都必須找到一片可以紮營的平台，通常不會超過四英尺寬。在把我的裝備夾到一根岩栓以後，我的鼻子貼著岩壁，背部則突出到岩石平台以外，下方是數千英尺一片空無。我不敢閉上雙眼，擔心一個動作不對，身子就會擺盪到平台外。這當然足以把我給震醒。

當設法要「征服」少女峰時，我還沒有治好暈眩的毛病，似乎始終都無法擺脫這個毛病，但是不能怪我說有意逃避面對這個問題。像亞歷山大的手下一樣，貧乏裝備去攀登粟特岩，當然是會讓人猶豫再三的。

當夜晚籠罩在粟特岩時，人們開始準備。眼前是至少兩天的攀登路程，他們卻不能帶太多的裝備。為了降低所需要的口糧，在出發前他們盡可能的吃喝。儘管是寒冷的春夜，卻必須儘量穿得少。攀登赤裸的岩石，任何額外的重量都可能是成敗的關鍵。就他們的情況來說，失敗就代表死亡。

黑暗裡，這些人很快著手攀登山岩，拚命尋找可以抓住或踏足的地點，每一個動作都會是決定是生或死。由於清楚不可以發出任何聲響，這些人不可以把金屬釘入岩壁，以穩住攀繩或提供額外的抓處。在這種情況下，他們攜帶各種尺寸的岩石，用以塞入岩縫，以用來鞏固繩索，或作為手腳的著力點。不過，有些人選擇徒手攀爬。這不但可以降低噪音，也可以提高速度。然而，即便在最好的時候，這也是無比危險，更遑論是在漆黑的夜裡。想到這就足以讓我冒一身冷汗。不過在黑暗中，你至少看不見下方的黑暗。

但是亞歷山大的攀登大軍不久就面對新的威脅。他們本就沒有遮蔽處，現在還要面對橫掃而來的冰冷雨水。他們的手很快變得僵硬，岩石也變得濕滑危險，要找到可以抓緊的地方變得更加困難。人們在黑暗中盲目摸索可以抓住的地點，好些人沒能成功而跌下摔死。這些英勇的人遵守承諾，在摔落時並沒有發出尖叫，令敵軍警覺。他們倖存的夥伴們，繼續往上攀爬，一吋一吋前進。

亞歷山大在位於山腳的基地收到傷亡報告。黎明時已經有十二個人摔死。這令他感到悲傷，但至少還有兩百八十八人在岩壁攀爬。但是現在又有了新的考驗。隨著天亮，這些人必須整天藏身在岩石當中，要等到日落才可以繼續危險的攀爬行動。少了夜晚的掩蔽，他們身處險境，暴露在外，也可能被奧克夏特斯的衛兵察覺。亞歷山大的行動要奏效，關鍵在於出其不意。這些人躲在岩石的角落或縫隙中，用雪水補充水份，等待夜晚降臨。

還好，當白天過去，奧克夏特斯方面並沒有看到或懷疑有亞歷山大的士兵在攀爬這座山岩。隨著夜晚降臨，這些又飢又渴又疲憊的人們再度攀爬。當他們愈是接近山巔時，他們也愈靠近人數遠多於他們的敵軍。如果被發現，他們會遭遇如大雨般的箭矢長矛。如果被俘，接下來面對的就是拷問跟處決。但是他們依然繼續前進，亞歷山大所提供的獎金是他們前進的動力。

隔天破曉時，亞歷山大望著山巔尋找白色布條。什麼也沒有。看來所有的人都在夜裡喪命了。這是重大的挫敗，也使攻打計畫陷入危機。不過，從粟特岩的基地，亞歷山大突然見到一條白布飄揚，然後隨著有越來越多戰士登上高聳山巔，白布一條又接一條。這令人難以置信，三百人當中有兩百七十人突破了不可能的障礙來到了山巔。

現在機不可失。隨著這個信號，亞歷山大展開了他的雙鋒進攻。正當奧克夏特斯和他的叛軍發覺來自上方的威脅時，亞歷山大的地面部隊迅速攻上山岩。軍閥看到亞歷山大的部隊從上方跟下方前來包圍他的基地，感到大為吃驚。他相信了亞歷山大的戰士長有翅膀。看到這一幕，他的信心盡失，不戰而降，一切如亞歷山大所願。

終於，亞歷山大征服了這一片作亂的地區，可以攻入印度了。他曉得要維持這種控制，現在必須改變方法。正好，據說奧克夏特斯的女兒羅克珊娜（Roxana）是當地最美麗的女人，亞歷山大對她是一見傾心。他也明白，如果他們聯姻，此舉可讓他在當地擁有強固的家族立足點。很順利，羅克珊娜同意嫁他。為了進一步鞏固他的立足點，亞歷山大任命奧克夏特斯為鄰近印度的興都庫什（Hindu Kush）地區的總督。過去的敵人現在成了自己成敗的賭注。這是個高明的做法，奧克夏特斯說服了其他的軍閥跟他的女婿站在同一邊了。

西元前三七二年，亞歷山大在粟特岩的勝利，清除了入侵印度的障礙，進而在印度德希達斯皮斯戰役（Battle of the Hydaspes）獲得了重大的勝利。不過，當東進越過旁遮普（Punjab），抵達貝阿斯河（Hyphasis River）時，他的部隊終於爆發了叛亂，多年的征戰把他們累壞了，他們拒絕再前進。亞歷山大雖不情願，但同意結束這場了不起的遠征，開始返回馬其頓的危險路程。

返鄉途中，一枝箭射入胸膛，令他重傷。儘管撐過了這次傷害，他最後還是在西元前三二三年六月過世，年僅三十二歲。史學家對他的死因並不清楚。有些人認為是某種疾病或受到像瘧疾、霍亂之類的感染。有些人表示他被毒藥暗殺，有些人則主張他是因為沮喪而自殺。

不管怎樣，在不到二十年內，亞歷山大贏得「全世界最危險的人」的稱號。就他擔任國王、指揮官、政治家、學者，以及探險家來說，他率領部隊越過一萬一千英里，建立了七十多座城市，並且創造了一個越過三大洲，涵蓋兩百萬平方英里的帝國。儘管經常兵力懸殊，從來沒有吃過敗仗，這不但證明他的領導能力，也證明手下精銳特種部隊——夥伴騎兵——的實力，以及粟特岩那些攀登者的傑出。

在亞歷山大逝世之後沒多久，慘烈的權力鬥爭就爆發了。當時羅克珊娜懷有他唯一的後代。由於決心要讓腹中的兒子有一條明顯可以通往王位的道路，而謀殺了亞歷山大的另一個妻子斯妲特拉（Stateira），以及她的妹妹和她的表妹（亞歷山大的第三任妻子）。王子誕生之後，羅克珊娜為他取了父親的名字，似乎認為他也會踏上父親跟祖父的道路。然而權力鬥爭依然如火如荼地進行，導致羅克珊娜和小亞歷山大遭到四名馬其頓將領謀殺。這些將領後來瓜分了帝國，直到三百年後羅馬軍團前來為止才統一。羅馬也會有屬於它的精銳部隊用來拓展其帝國的版圖，這些部隊後來會從帝國的內部來摧毀它，畢竟不是所有的精銳部隊都會完全效忠其領導人……

第五章　羅馬禁衛軍（西元四一年）

當羅馬皇帝卡利古拉（Caligula）坐在帝國皇宮的王座上，看著一連串的表演和戲劇演出時，精銳的皇家禁衛軍都環繞著他。他們戴著名的阿提卡（Attic）頭盔，身穿護甲，攜帶的長形盾。對於龐大嘈雜的人群來說，他們傳遞了一則訊息，如果想要接近國王，就必須先越過他們。從西元前一三三年提比略・格拉古（Tiberius Gracchus）過世到西元前四四年凱撒被刺殺，有一個事件實際上改變了羅馬共和國，使奧古斯都在西元前二七年成為羅馬的第一位皇帝。羅馬向來充斥陰謀，也不缺執行陰謀的人。基於這個理由，奧古斯都才會有建立禁衛軍的想法。

到奧古斯都掌權時，羅馬的世界起自中東，包括許多西歐、中歐，跟南歐的土地，以及非洲北部跟土耳其。正常來說，羅馬帝國的首腦向來都是個目標，隨時需要保護。奧古斯都比大多數人更懂這一點。他的性命在衝突期間總是受到威脅，就算是在羅馬街頭行走也不安全。西元前三九年，因為穀物供應短缺，飢餓的暴民用石塊砸他，是靠著隨從的協助才勉強逃過一劫。

對一個地位如奧古斯都的人來說，成立貼身護衛隊，談不上是什麼劃時代的事情。在之前的好些世紀，那些在羅馬處於高位的人向來都會僱用某種形式的護衛。不過，禁衛軍是比以往那些更為固定、更正規、更有協調性的部隊。唯一的工作就是隨時保護皇帝和他的家人，他們不但隨侍左右，還必須找出並消滅任何反叛的威脅。隨著權力上升（預示共和國的結束），奧古斯都必須強化他的權威性，並且擁有足以信賴的衛隊來執行他的需求。固然沒有人明說實施軍事獨裁，禁衛軍使他可以用鐵腕的手段維持權力，同時假裝維護民主政治。

但是，隨著禁衛軍的壯大——卡西烏斯．迪奧（Cassius Dio）估計到西元五年時，多達一萬人——他們的職責變得越來越多樣化。看守監獄、收稅，據說有時候還必須充當羅馬的消防隊——由於皇帝派貼身衛隊去城裡救火，可以讓市民覺得他關心他們的福祉。在一位名叫維紐斯．瓦倫斯（Vinnius Valens）的禁衛軍的墓碑上，甚至記載他會在人們搬清載酒的貨車時，用手擋住車子，或者單手停下運貨車輛。禁衛軍顯然在羅馬佔有一些據點，都是一些極高重要性的位置。不過，他們的主要任務始終是確保帝王的安全。

在這個溫和的冬日，卡利古拉的性命由卡西烏斯．卡瑞亞（Cassius Chaerea）負責，他是通過了嚴格的禁衛軍招募及熬過了訓練過程才取得信賴，才被交付這樣有地位的職務。卡瑞亞符合最基本的要求：他來自義大利中部，年紀介於規定的十五到三十二歲之間，身體狀況良好，品德沒有瑕疵，並且出生自一個有地位的家庭。此外，他還設法從社會上重要的領導人物那裡取得推薦函。他駐紮在碉堡般的禁衛軍營（Castra Praetoria），就在羅馬的郊外，在那裡他跟超過一萬五千名的禁衛軍一起生活和訓練。不幸的是，有關禁衛軍訓練的特定細節已經佚失，許多關於卡瑞亞工作的細節也同樣如此，但透過古代史學家塔西陀（Tacitus）得知，他在日耳曼邊境曾英勇作戰。

像許多在他之前的人一樣，卡瑞亞因為禁衛軍這個角色所能提供的好處而加入其中。禁衛軍不但是在神聖羅馬的中樞唯一獲准攜帶武器的人，他們的義務役期要遠比軍團的少很多，不是二十年，而是十六年。此外，他們的收入據說要高很多，至少是軍團的兩倍。這還要加上每一個新皇帝給禁衛軍的賞賜。這可抵上相當好幾年的薪水，而且有時候在重大事件時還會重複發放。加入禁衛軍也提供了像卡瑞亞這種人一條向上晉升的路。禁衛軍的士兵可以晉階，最多升到禁衛軍司令，可以擔任皇帝的代表。有些禁衛軍甚至在退休後投入政治，打著取代皇帝的算盤。也難怪禁衛軍自視為比羅馬其他的軍事機構更高一等，這使得他們在軍事團體當中地位相當不錯。

然而卡瑞亞的工作並不輕鬆。護衛皇帝向來就是個挑戰，尤其要護衛像卡利古拉這樣情緒多變的人時更是如此。這個皇帝既粗魯又要求嚴苛，從來不會錯過嘲笑卡瑞亞說話聲音的機會，還會設計令他感到羞辱或尷尬的口令。蘇埃托尼烏斯（Suetonius）說過，每回卡利古拉要卡瑞亞親吻他的戒指時，卡利古拉「伸出手給他親，並且用猥褻的方式做出手勢或移動他的手」。儘管不放過每一個機會羞辱守護他生命的這些人，實際上卡利古拉能登上王座，還是要感謝禁衛軍。

卡利古拉的父親，日耳曼尼庫斯（Germanicus），是奧古斯都的繼承人提比略（Tiberius）的外甥兼養子。不過，他被指定為提比略的繼承人，排名甚至在後者的親生兒子德魯蘇斯（Drusus）之前。提比略承認說，日耳曼尼庫斯不但有來自奧古斯都的血統，還是個著名的軍事將領，在壓制日耳曼尼亞

（Germania）武裝叛變的行動當中，扮演了關鍵的角色。他對提比略的忠誠也不容置疑。

不過，提比略的禁衛軍司令塞揚努斯（Sejanus）也對王座有興趣。為了取得這個位置，他必須進行一連串的權力遊戲來除掉他的對手。首先，他向提比略謊稱卡利古拉的父親日耳曼尼庫斯有意謀叛。這令提比略大怒，毒殺了本來立為繼承者的人。卡利古拉的母親想要報復提比略，但是她跟她的兒子們不是行動受到控制，就是遭到囚禁。由於卡利古拉年紀尚輕，提比略選擇放過他，把他送去跟他的母親共住。

在排除了日耳曼尼庫斯跟他的家人以後，塞揚努斯著手殺害提比略的下一個繼承人——他的兒子德魯蘇斯。提比略西元二六年離開羅馬住到卡布里（Capri）以後，塞揚努斯被留下來攝政，提比略稱其為「我工作的夥伴」。似乎塞揚努斯的計畫奏效了。他現在排王位繼承第一順位。

這時候，塞揚努斯在羅馬城內成立禁衛軍，地點就在市郊新建的禁衛軍營。雖然此舉使他更能夠掌控羅馬最精銳的部隊，他還想要讓整個羅馬都知道這件事。為了證明這一點，他下令禁衛軍在諸位元老面前展示他們的訓練。這項展示令全部人都警覺到塞揚努斯大權在握。他控制任何想接觸提比略的管道，確保提比略只能發佈他喜歡的訊息，而忽略不想發佈的。不久就沒有任何繼承人或對手挑戰塞揚努斯在羅馬的勢力，他想要取得皇位只是時間的問題。

西元三一年，提比略發現了塞揚努斯的計畫，下令把他處決。他的屍體被扔下羅馬古城的哲莫尼安階梯（Gemonian Stairs），這從卡比托利歐山（Capitoline Hill）延伸到市中心的羅馬廣場（Roman

Forum），他的子女和任何相關人等均全遭誅殺。

到這個時候唯一還存活的王位繼承人是卡利古拉，因為塞揚努斯已經把所有其他的對手都除掉了。卡利古拉被送到卡布里島跟提比略共住，謀害他父親的人卻收養了他。不過提比略對他的繼承人並沒有不切實際的幻想。他說：「我為羅馬人民養了一條毒蛇，為世界養了法厄同（Phaethon）[1]。」西元三七年提比略過世，卡利古拉僅二十五歲，成為羅馬的皇帝，他說出的話令他的祖母感到心寒：「我可以對任何人做任何我想做的事。」

儘管如此，卡利古拉起初非常受到愛戴。他提供津貼給軍人——包括禁衛軍——免除不公的賦稅，並且釋放不應當囚禁的犯人。他還努力確保羅馬永遠不乏娛樂，花大錢在戰車賽，格鬥士賽和運動，同時還建造一座稱為蓋烏斯競技場（Circus of Gaius）的賽馬場，還大量投資基礎建設。開新路、修整既有道路，卡利古拉在利基翁港（Rhegium）和西西里改良港口措施，使得更多穀物可以從埃及進口，這樣百姓才永遠不會挨餓。克勞狄水道（Aqua Claudia）和新阿尼歐水道（Anio Novus）在當時也被視為工程奇蹟。

不過，到西元四一年的皇宮，這些成就現在來看已經像遙遠的回憶。雖然有卡瑞亞及其禁衛軍夥伴，但卡利古拉身邊還有一隊身穿簡單寬外袍，以便掩人耳目的護衛。他們被稱為密探（Speculatores），擔任卡利古拉的秘密警察，專門打聽任何對皇帝的批評，必要的話，還會逮捕被視為威脅的那些人。有這

1 編註：希臘神話中太陽神的兒子。

麼一天，他們要處理的事情出現了。議會期間，有些百姓利用機會要求卡利古拉寬免他們的賦稅，好多少減輕負擔。與其回應這些問題，卡利古拉朝著他的密探們點了點頭。不一會兒，他們逮捕了所有還在對皇帝叫喊的人們，一路邊拖邊踢，直至這些人慘叫到死為止。

看到這一幕，大多數人都選擇把想法埋藏在心底。他們都很清楚，之前在競賽中，據說卡利古拉下令要他的護衛把一大堆觀眾扔到競技場內，結果這些人在那裡被野獸給吃掉了。有時候，他也會為了自娛，逼迫禁衛軍跟野獸戰鬥。這類故事凸顯卡利古拉的統治是如何地無法無天。

他的問題似乎是在他掌權後沒幾個月就開始了。那時候他生了場重病，有人說是被下毒。雖然後來康復了，據說他的心理卻受到嚴重的影響。

這場重病之後，卡利古拉突然變得愛羞辱周遭的人。他最喜歡的消遣之一，就是跟其他男人的妻子上床，然後對外吹噓這些事，要是這些丈夫抱怨，他就殺了他們。蘇埃托尼烏斯和卡西烏斯．迪奧也指責說卡利古拉跟他的姊妹相姦，並且自稱把她們送給其他男人睡。

由於妄想症，卡利古拉也開始處決所有身旁的人。因為支持他的人減少了，他花大錢買人來支持他，但這也使羅馬在西元三九年陷入嚴重的財務危機。古歷史學者蘇埃托尼烏斯在《羅馬十二王傳》（*The Lives of the Twelve Caesars*）裡寫說，為了從錢坑裡解脫出來，卡利古拉開始誣告、罰款，甚至透過殺人來取得別人的家產。據說他也針對訴訟、結婚和嫖妓徵稅。在他統治的頭一年，卡利古拉揮霍了超過二十七億的賽斯特提烏斯幣（sesterces）。

儘管財政困難，有些百姓也過著捱餓的日子，卡利古拉繼續揮霍去滿足一堆奇思異想。舉例來說，只因為曼德斯的斯拉蘇盧斯（Thrasyllus of Mendes）聲稱卡利古拉已經「沒有機會再當皇帝，此事的可能性低於騎馬越過拜爾湖灣（Bay of Baiae）」。卡利古拉因此搭建了一座臨時浮橋，用一艘艘的船隻當做浮筒，浮橋延伸兩英里多，從拜爾湖的渡假區到鄰近的布丟利港（Puteoli）。當橋完成時，卡利古拉——他不會游泳——開始騎著最心愛的馬兒——英西塔土斯（Incitatus）越過水面，身上穿的是亞歷山大大帝的盔甲。這可是非常浪費金錢的行為，而且這座橋，當然，只是臨時性的，除了滿足卡利古拉的自我欲望之外，沒有其他用途。

卡利古拉和羅馬元老院之間的關係突然變得緊繃。當皇帝以叛國之名處決一些元老時，他要其他的元老們侍奉他，或者在他的戰車旁奔跑，直到他們倒下為止。他要殺雞儆猴。

從這時候起，卡利古拉的心理健康迅速惡化。他不但任命自己的馬——英西塔土斯為教士，而且還產生誇大的幻想。他會穿著不同神祇的服裝——諸如海克力斯、墨邱利（Mercury）、維納斯和阿波羅——出現在公眾場合。西元四〇年，卡利古拉甚至向元老院宣稱他要永遠離開羅馬，前去埃及的亞歷山卓，並期待在那裡會被當成活神來尊崇。對許多元老來說，顯然王位要有新的皇帝來坐了。卡利古拉現在是身陷險境，許多人都等著要接下他的位子。

禁衛軍很快就充斥著各種不利於皇帝的陰謀。阿尼庫斯・塞拉里斯（Anicus Ceralis）和塞提圖斯・帕皮尼烏斯（Sextus Papinius）已經因為圖謀殺害卡利古拉而遭到處決，據知埃米利烏斯・雷古魯斯（Aemilius

Regulus）也打算有所動作。還有一個想要取卡利古拉性命的，是阿尼烏斯・米努齊阿努斯（Annius Minucianus），他的密友萊皮杜斯（Lepidus）——在羅馬鮮少有人可以跟他相比——之前死在卡利古拉手中。似乎在卡利古拉統治的每一天，想要暗殺他的人名單不斷增長。

但是坐在寶座上的卡利古拉卻根本毫無知覺。他相信自己是個神，儘管有一切相反的證據，他難以相信百姓竟然會不珍惜或崇拜他。然而競賽和戲劇就取悅一個新手神祇來說還是太沉悶了點。無聊又閒不下來的卡利古拉從王座站起身，對卡瑞亞發出不高興的咕噥聲，緊張的群眾看著他準備離開皇宮。

卡利古拉走向一座地下通道，卡瑞亞和他的禁衛軍同袍則依照程序在兩側護衛。現在的他們都了解作業程序，也學會漠視皇帝無法預測的行為，這時卡利古拉卻抱怨自己的時間被浪費了，也痛罵任何阻擋到他前進的人。當出口在前方隱約出現時，有些禁衛軍瞄了瞄他們的指揮官，卡西烏斯・卡瑞亞。他點頭回應，與此同時把手握在他的劍柄上。

卡瑞亞突然加快了腳步。當他來到卡利古拉身旁，皇帝轉過身，發出一陣辱罵，但是在他還沒罵完以前，負責保護他性命的這個人，已經把劍插進後背。由於卡利古拉的舉止令人驚駭，教卡瑞亞感到厭惡，他之前已經取得元老院的支持，要除掉卡利古拉。皇帝的眼睛因為震驚而睜得碩大的，其他的護衛則像蝗蟲般同時撲上，一刺再刺，確保刺殺成功。他們全都很清楚，如果皇帝沒有死於這次暗殺，他們要面對的處決，不會快速且又不痛苦。沒多久就證明，殺死這個皇帝還算是容易的部分。

在獲知卡利古拉的死訊時，軍方感到沮喪。這不但是因為在他統治時，軍人的收入都很高，而同時他們也知道元老院打算趁皇帝過世的這個機會，恢復共和、重新掌權。對軍人，尤其是對某些禁衛軍，這是無法想像的事情。如果共和國恢復了，那麼禁衛軍可能就得面臨解散。因此，許多重要的軍方人士拒絕支持卡瑞亞的軍事政變，於是他只剩下一個選擇：把所有有資格繼承王位的人都找出來殺掉。

在接下來的日子裡，卡瑞亞和他的護衛隊同袍們展開屠殺。如果他們要除掉所有卡利古拉的繼承人，同時又要能活過這場浩劫的話，除了回歸共和國體制以外就別無選擇了。或許更重要的是，如果沒有任何卡利古拉的繼承人存活，他們也就不必為他的死負責。他們找到卡利古拉的妻子凱索妮亞（Caesonia），殺了她，也找到她的女兒茱莉亞．杜路西拉（Julia Drusilla），抓她頭撞牆致死。任何有權繼承王位的人，不管這權利有多薄弱，都逃不過類似的處理方式。

不過，當禁衛軍裡的一個敵對派系因為擔心餘日無多、高薪不再，而闖進皇宮掠奪時，他們發現了卡利古拉的舅舅克勞迪烏斯（Claudius）躲在帷幕後。儘管克勞迪烏斯據傳有腦性麻痺，而且有些人還因為他講話結巴、步履蹣跚，視他為白癡，但這些禁衛軍知道克勞迪烏斯對他們的存活有重大影響。這些禁衛軍宣布克勞迪烏斯為新的皇帝，圍捕了卡瑞亞跟他們所知道的其他共謀，將其處決。雖然卡瑞亞的謀劃失敗了，但在接下來的好些年裡，禁衛軍依然繼續涉入更多的醜聞和陰謀，特別是在西元一九三年。

據卡西烏斯．迪奧所說，在謀害佩蒂耐克斯皇帝（Pertinax）以後，禁衛軍試圖利用權力真空圖利，要把羅馬的寶座賣給出最高價的人。最後是把帝國的控制權以每人兩萬五千羅馬賽斯特提烏斯幣的鉅額賣給了前執政官——迪迪烏斯．尤利安努斯（Didius Julianus），一場內戰爆發了，稱為五帝之年（Year of the Five Emperors）。在買到王座不過三個月，尤利安努斯就遭到了處決。

由於這一類的醜聞，在西元二世紀後期，那支慣壞了、享有特權，卻又不忠貞的禁衛軍，已經是完全變了個樣，回不去了。這一年，塞提米烏斯・塞維魯斯皇帝（Septimius Severus）將其解散，並且直接從軍團招募護衛。不過，他們保護羅馬帝王的工作要到四世紀才正式告終。西元三〇六年，禁衛軍最後一次嘗試扮演帝王製造者的角色。

在馬克森提烏斯（Maxentius）和他的禁衛軍於米爾維安大橋戰役（Battle of Milvian Bridge）遭遇君士坦丁以前，推舉馬克森提烏斯為羅馬的西部皇帝這件事，引爆了令人頭暈目眩的一連串內戰，以及對手們自稱有皇權的爭執。雖然禁衛軍據說沿著台伯河（Tiber River）進行英勇的最後反抗，他們還是被徹底擊潰，馬克森提烏斯被殺。君士坦丁認為禁衛軍不再值得信賴，徹底解散這個單位，把成員重新派駐到帝國的邊疆，並且確切把禁衛軍營區搗毀。禁衛軍的末日並沒有令多少人感到悲傷。畢竟到這時候，禁衛軍已經聲名狼藉，被視為享有特權的惡棍，自以為不受法律管束的一群。

必須坦白說，我曾經差一點就因為不夠小心而捲入一場軍事政變。當我在阿曼工作的那段時間，我的朋友兼前輩提姆・蘭登上尉（Tim Landon），因為曾經跟王子卡布斯・賓・薩伊德（Qaboos bin Said）一起就讀英國桑赫斯特皇家軍事學院（Sandhurst），而有特別的交情。不過，考慮到圖謀政變和謀殺的次數太多，為了自保，蘇丹決定把卡布斯關在家裡。不過，他獲准每週可以接受提姆訪視一次。

當時阿曼還是一個很貧窮的國家，大多數的百姓都在髒亂的環境裡過活。石油剛發現還沒多久，所帶來的財富鮮少流到百姓身上。這個國家跟中古時期相比，沒有太大的改變。雖然有一些關於電力、水力和幾家醫院的不明確規劃，卻似乎沒有具體的動作或成效。在整個阿曼，只有三所醫院和十二間學校。此外，當我跟弟兄們在營區餐廳用餐時，才知道朵法爾居民依法不得到海外工作，我嚇了一跳。要是他們被發現這麼做，會被終生驅逐出境。這段時間，老蘇丹遠離外面的世界，不顧活在黑暗世紀的子民，獨自過他的快活日子。如果說他能為子民做的就只有這些，也難怪傳說中的共產主義者所提供的誘惑，能夠吸引這麼多的百姓。

這件事當然令我感到內心衝突。到處都可以看到極端貧窮的景象，但是我——雖然是遵照英國政府的命令——卻在阿曼保護人們口中該為這狀況負責的人。曾經有段時候，我因為相當沮喪，揚言要回家鄉去。不過，當我跟一個弟兄討論這件事時——我叫他大鬍子穆罕默德（Mohammed of the Beard）——他說：「有人說卡布斯王子不久之後就會掌握統治權，靠著很快就可以帶來金錢的石油，感謝老天，他將會給共產黨人目前所承諾給人民的一切，而且我們也不需要放棄伊斯蘭教。如果在那之前你們英國人就離開了，那麼毫無疑問共產黨人將會接管一切。他們會逼迫我們放棄宗教，不然就會殺了我們。」腦中惦記這件事，加上想起我是奉派保護蘇丹的英軍，因此我決定留下來。

不久之後，當我在撒拉拉宮（Salalah）當面遇到蘇丹時，我是被更進一步說服了。他身軀矮小，臉龐跟聲音都很溫和，白色的鬍子上方，棕色的雙眼閃爍著溫暖。他跟我之前所想的暴君大不相同。事實上，他的外表和舉止令我想到聖誕老人。由於已經下定決心，我的工作就是要為他而戰，甚至戰死，我發現——儘管我擔心的一切——我對他的喜愛出自本能的反應。

然而，我並不知道提姆・蘭登和王子正謀劃發動政變。就在我結束阿曼的工作後幾週，他們展開了行動。就在蘇丹休息時，十個阿曼人直闖皇宮大院。在蘇丹護衛跟這些人一陣槍戰之後，蘇丹本人受了傷，被迫簽署一封退位信，繼承人是卡布斯。蘇丹獲准離開皇宮，搭乘英國皇家空軍的飛機前往倫敦。放逐住在多切斯特飯店（Dorchester Hotel）度過餘生。他在一九七二年過世，臨終前終於跟他的兒子言歸於好。

只花了短短三年，卡布斯就解決了共產黨人的威脅，使阿曼脫離落後的中世紀般的生活。由於石油帶來的收益大量成長，他花了許多錢做基礎建設，包括在村落挖掘水井，蓋了六十間全民均可免費看病的醫院，並且不分性別使三萬四千人受教育。也難怪他深受愛戴，到今天都還是如此。當人還在阿曼時，我當然有察覺到蘇丹的勢力正在下降，但無法確定我會想要捲入之後的政變。因此，我離開阿曼的時間應該算是剛剛好。我的工作就只是協助保護這個國家對抗共產黨人，而那也是我最重視的部分。所幸在我離開後，這個國家就繁榮了起來，顯示這場政變是一股正向的力量。我為弟兄們——以及我帶領的那個排——所扮演的角色感到驕傲。就是因為他們消弭了共產主義者的威脅，卡布斯後來才可以接掌國家。

在古羅馬，禁衛軍被消滅之後，帝王的性命繼續受到威脅。不久他們就往其他地方尋求保護。令人難以置信的是，有一個帝王竟然向一個被人放逐的國王在挪威所領導的、冷血的傭兵尋求協助……

第六章　維京瓦蘭吉衛隊（西元九八八年）

自西元七〇〇年起，斯堪地那維亞的維京人就已經是惡名昭彰的惡棍。他們在北歐跟西歐追逐財富，而且無意停止其暴力行為。他們蓄有濃密的鬍鬚，頂上戴有尖角的頭盔，身穿鎖子甲，令所有遭遇到他們的人都感到畏懼。據知為了使自己更為兇猛，他們攻擊前還會吸毒。他們也擁有許多厲害的武器，包括長斧（外型類似切肉刀），還有丹麥斧（Dane axe）——斧刃銳利，劈一次就足以斬斷人頭。不過，他們以使用雙刃劍最為知名。不同於劍客，維京人不會用劍來刺，而是劈砍，企圖切斷敵人的腦袋或手腳。

他們所發動的一連串襲擊令歐洲人害怕，然而沒有人知道他們怎麼能夠找到這些地方。他們沒有磁鐵羅盤引導，也沒有證據顯示他們使用原始的日晷，以便航行穿過長時間的霧和兇猛的海浪。一九八〇年代初期，我利用無甲板船從因紐維克（Inuvik）航行到艾厄士米爾島（Ellesmere Island），完成以這種船穿越西北水道的創舉。期間，我遭遇到大麻煩，因為靠近磁力強大的極區會使得羅盤無法正常運作。此外，海上毫不停歇的濃霧，我連太陽都看不清楚。要不是一位贊助者幫忙，發明一種手持的紅外線設備，我是無法偵測到太陽的大約位置，而且只有十五度以內的準確性。不管怎樣，維京人找到了這些海岸，而他們也靠奇襲變得相當富有。

雖然有些維京人毫無忌憚地在歐洲強暴與掠奪，有些則選擇向東，特別是到俄羅斯。在那兒靠著他們的戰技為軍閥工作。這些人當中最出色的非常搶手，被給予龐大的誘因，也就這樣而變得很富有。隨著時間過去，這些戰士贏得了「瓦蘭吉」（Varangian）的稱號，很多學者相信這稱號意指「宣誓效忠」。毫無疑問這跟他們相互間的無比忠誠有關，也指他們對主子的忠誠，畢竟是後者使他們變得這麼有價值。這說法當然適用在巴西爾二世（Basil II）身上，他是當時拜占庭帝國的皇帝，也被認為是全世界最有權勢的人。

到這時期，羅馬帝國一分為二。羅馬是西半部的首都，而君士坦丁堡（因羅馬皇帝君士坦丁而得名）則是東半部國際化的首都。這變成了拜占庭，帝國橫跨義大利、希臘、巴爾幹諸國和東方的小亞細亞。但是到西元九八八年時，巴西爾的統治遭遇一連串內外叛變的威脅，其中一個重要的叛徒是瓦爾達斯・菲卡斯（Vardhas Phokas）。由於已經遭到他精銳的希臘護衛背叛，巴西爾拚命尋找可以對他效忠的戰士，協助他擊敗敵人，鞏固他的帝國。巴西爾並未在拜占庭帝國裡面找，反而決定要招募沒有任何政治忠誠對象的外國人。在許多最優秀的瓦蘭吉當中，所效命的是基輔（Kiev）的大王子——弗拉基米爾大帝（Vladimir the Great）。他的祖先是瑞典的維京人，不久前才靠瓦蘭吉戰士取得了權力。這件事使得他們頗有名氣，有關他們的消息當然也傳到了巴西爾的耳中。為了達成交易，巴西爾同意把妹妹安娜（Anna）賣給弗拉基米爾，換取六千名瓦蘭吉戰士。顯然巴西爾很重視這件事。這些瓦蘭吉戰士後來為皇帝工作，擔任他的精銳護衛隊，駐紮在接近君士坦丁堡大皇宮的地方。根據阿爾夫・亨利克生（Alf Henrikson）所寫的《瑞典史》（*History of Sweden*），這些人很容易就辨認出來。他們留長髮，左耳懸垂一塊閃爍的紅玉，鎖子甲上縫有龍的圖案裝飾。還不僅如此，這些人不久就被視為是在遠古時代能用金錢所買到的最佳戰士。特別是在西元九八九年，他們迅速弭平了瓦爾達斯．菲卡斯所領導的叛亂。由於他們的攻擊相當兇猛，不但是菲卡斯遭到致命的傷害，他的部隊在轉身逃離時，瓦蘭吉戰士們殘忍追殺，不留全屍。

由於菲卡斯已經被除掉，巴西爾把重心轉為摧毀拜占庭首都君士坦丁堡內所有潛在的叛亂。瓦蘭吉戰士擔任巴西爾的秘密警察，用毫不留情的手段，對待所有反對他的陰謀。他們在這座國際都市的暗巷與酒館蒐查，把視為有反叛嫌疑的人拖到惡名昭彰的努梅拉監獄（Noumera）。在那裡，瓦蘭吉戰士恣意當眾處罰犯人。他們最喜歡的方法，包括割除嫌疑人的鼻或耳，把犯人的臉貼在人類糞便當中磨擦，用強酸弄瞎他們，甚至會剪掉對方的生殖器。

由於君士坦丁的街道變得安全，而且叛徒也已經遭到嚴懲，巴西爾現在開始想到拓展帝國的版圖。他把一些瓦蘭吉戰士納入拜占庭正規軍內，把他們編成每五百人一組的連隊，每一連由一個正規軍官領導。這意謂跟典型的維京人不一樣，瓦蘭吉戰士現在必須學習紀律，這的確使得他們變得相當危險。

不過，這並不是說他們原本不受馴服又兇猛的特性完全消失。大多數的維京人都習慣在戰鬥時帶頭衝入敵陣，巴西爾是以不同的方式來使用他們。他把維京人做為後備，當震撼部隊使用，只有在戰事進入最激烈的階段時才派他們加入戰鬥。維京人會齊聲敲擊盾牌，非常野蠻地撲向敵軍時，發出嗜血的呼喊。

當拜占庭部隊遭遇無法突破的防禦時，他們就會期待瓦蘭吉戰士可以用那臭名遠播的「熊鼻策略」把防線轟掉。跟斯巴達方陣頗像，他們緊密集結，盾牌扣連作為保護，同時把最粗壯、最具攻擊能力的戰士放在前方與中央。不過，這方陣不是防衛編隊，瓦蘭吉戰士接著就衝向敵軍。這樣子所引發的攻勢力量和動能，經常可以穿透敵軍的陣線，並且在他們展開瘋狂的血腥殺戮時，令敵軍戰線驚惶失措。

把瓦蘭吉戰士加入巴西爾的正規部隊，在敘利亞、喬治亞、亞美尼亞、保加利亞、希臘和義大利南部獲得了一連串著名的勝戰。這類的努力與忠誠，使得瓦蘭吉戰士因其成就獲得豐厚的獎賞。每年賺一萬七千到三萬兩千英鎊之間，他們也獲得獎金以及所有戰利品的三分之一，這的確是有可能讓他們大賺一票的。不過，他們大多數的財富來自於皇帝過世之時。這時候，他們有權進入皇家國庫，能帶得了多少黃金都可以帶，在古諾斯（Norse）這個過程被稱為「劫掠皇宮」。還有更多的津貼、食物、武器和制服全都國家提供，而且都是用錢所能買到最好的，他們不用花費半毛錢在這些東西上面。

這種財富跟聲望使得瓦蘭吉護衛隊可以享有舒適的生活，特別是在像君士坦丁這種熙來攘往，充滿活力的城市。估計有一百萬來自全球各地的人住在這裡，這地方跟苦澀冰冷的斯堪地那維亞天差地遠。有街道照明設備，排水設施和衛生設備，這地方還有醫院、裝有來自世界各地寶物的宮殿、公共澡堂、裝滿聖物的教堂、圖書館和奢侈品商店——譬如「燈屋」，那裡銷售奢侈的綢緞，夜不熄燈。對於無論皇帝去哪裡都必須要保護他的瓦蘭吉戰士來說，這類的輝煌景象跟令人驚訝的事物——都發生在氣候溫暖的這座城市——是每天生活的環境。他們的口袋塞得滿滿，經常前去看戰車競賽，或者去市場買童貞的女奴供他們享樂。但什麼都比不上對酒的熱愛。他們喜歡喝希臘酒喝到酩酊大醉，以致當地人稱他們為「皇帝的盛酒皮袋」。他們醉酒後不但在君士坦丁的酒館造成一些暴行，偶爾也會造成工作上的問題，有報告說酒醉的守衛攻擊他們的皇帝。

年輕，充滿活力，強壯又粗野，瓦蘭吉戰士會吹噓自己所擁有的財富，舉止像足球流氓那樣。除了自己，不把別人看在眼裡，他們的行為經常會嚇到當地人，尤其是某次當一位酒醉的瓦蘭吉戰士把他的名字哈爾夫丹（Halfdan）刻上聖索非亞大教堂（Hagia Sophia）的牆上之時。

然而這種財富與聲望使瓦蘭吉戰士受到家族和友人的忌妒。諾斯史詩裡甚至提到一位瓦蘭吉戰士返鄉時所展示的財富：

> 包利（Bolli）帶著十二個人從船那兒騎出來，他所有的隨從都穿鮮紅色的衣服，騎坐在鍍金的馬鞍上，他們都是值得信賴的一群人，但包利是他們當中最出色的。他穿著加斯國王（Garth-king）給他的毛皮衣裳，身上覆有鮮紅的披肩；束著「咬足者」（Footbiter）寶劍，劍柄飾有黃金，握把編有金絲。他頭戴鍍金的盔，身側是紅色的盾，盾面繪有騎士的圖樣。跟在國外的習俗一般，他握有一把匕首；每當他們進駐時，女人們其他都不重視，只盯著包利看，眼中閃爍著他跟隨從的榮耀。

要說瓦蘭吉衛隊是那個時代的英國超級足球聯賽的英雄們，這比喻毫不誇張。不久每一個維京人都想要效法他們。由於從斯堪地那維亞出走的情形嚴重，因此冒出了這麼一個法令：任何人為拜占庭帝國效命期間，不得享有繼承權。然而這還是擋不住年輕戰士出走，他們想要為自己闖出一片天。有一位遭到放逐的國王也對加入瓦蘭吉衛隊有興趣，這個人後來會把這部隊提升到另一個層級。

哈拉爾・哈德拉達（Harald Hardrada）是在一〇一五年誕生的挪威王族，他以身材魁梧心胸寬大而知名。十五歲時，他協助率領部隊去消滅一場針對他哥哥歐拉夫（Olaf）的反叛行動。但是他只能眼睜睜地看著親愛的哥哥在眼前被殺。之後，這一幕一直烙印在他的回憶當中。雖然他必須逃亡，但誓言有一天會結束放逐，展開復仇，並且取得合法該擁有的王位。

但是目前哈德拉達需要盟友。他前往基輔，他哥哥的盟友雅洛斯拉弗一世（Yaroslav I）是當地的國王。哈德拉達受到善意的招待，雅洛斯拉弗對他的魁梧體格立即留下深刻印象。

撰寫《哈拉爾國王傳奇》（*King Harald's Saga*）的斯諾里・斯圖魯松（Snorri Sturluson）描述他的身軀「比其他人的都要龐大，而且更為強壯」，有些人懷疑他身高超過七英尺。又長又美的頭髮，和刺一般的鬍鬚使他更顯突出，據說他的眉毛略為高低不一，手掌巨大，甚至可以握住一顆人頭，而他的大腳掌使他可以在地面迅速移動。然而哈德拉達並不像大部分的維京同胞那樣，只是粗野的人。他還會騎馬、游泳、滑雪、射箭、划船，甚至會彈豎琴。

由於雅洛斯拉弗亟需軍事將才，他便讓哈德拉達領導他的部隊，在這個位置，哈德拉達在對抗波蘭人，以及在愛沙尼亞跟拜占庭的對手戰鬥時，都表現得可圈可點。有關這位巨大維京戰士的消息迅速傳開。一〇三四年時，跟許多之前的維京人一樣，哈德拉達面臨了一個難以抗拒的機會。

瓦蘭吉衛隊聽到了這位令人印象深刻的年輕戰士的事蹟，有意把他招攬進來。對哈德拉達來說，這讓他有機會去賺回他的財富，同時建立一支足以讓他奪回王位的軍隊。不過，就像在他之前的所有其他人一樣，不管他本領多高，在成為瓦蘭吉一員之前，哈德拉達必須先支付一筆龐大的費用。大多數有機會受到招募的人會毫不猶豫就答應，因為他們知道在加入這支部隊以後，會有巨大的財富等著他們。

此時，巴西爾二世已經過世，繼承的是他的姪女佐伊女皇（Empress Zoe），和她的丈夫米海爾四世（Michael IV）。統治者跟拜占庭帝國又再度面臨威脅，迫切需要哈德拉達和他的部隊來幫助他們重建權力。就他的經驗來看，這是哈德拉達會有興趣做的事情，畢竟他極度鄙視那些企圖篡奪王位的人。

他在對抗佩切涅格人（Pechenegs）的諸多戰役中獲勝，也把阿拉伯人趕出小亞細亞——根據他的詩人阿諾森（Arnorsson）所述——他參與了取下八十座阿拉伯陣地的行動。不過，哈德拉達是在西西里才真正證明了他是當代最優秀的戰士。有關這時期的故事，斯諾里·斯圖魯松有廣泛詳細的敘述，也出現在希臘文、拉丁文、法文和阿拉伯文的文獻當中。雖然有些人認為不過是民間傳說，其中有些內容與歷史上一些著名英雄的雷同，但這些敘述還是令人讀來興奮不已。

在西元九〇二年阿拉伯人拿下西西里之前，當地曾經是拜占庭的據點。任何人想要控制西地中海的船運跟貿易，就必須掌控西西里，因為這座島是伊斯蘭、希臘和拉丁世界的交匯點。對米海爾跟佐伊來說，拿回西西里會是一個重要的舉動，特別是現在有許多對手想要奪取他們的王位。

不過，拿下西西里並非易事。當哈德拉達上岸時，他發現阿拉伯人已經撤進築有防衛工事的城鎮，關上出入大門。在火藥跟大砲的時代之前，入侵部隊想要破城而入是非常困難。那個時候，城堡和市鎮要塞是很少被攻下的。要攻擊城牆，攻擊者容易受到弓箭、長矛，石塊，或倒下的滾水傷害。

在多數情況下，唯一可以做的事情就是圍城，使居民挨餓，或因為疾病而屈服。但是哈德拉達並沒有時間對西西里每一座要塞城鎮做這件事。他需要拿出成績，而且時間要快。然而這一回純粹靠瓦蘭吉同夥的力量與勇猛是不夠的。

看著眼前的要塞，哈德拉達知道他無法越過城牆，於是想到一個替代方案：從城牆下方進入。他下令部隊在接近河流的地方挖掘，遠離城牆守兵的視線，他們可以把泥土放流到河裡也不會遭人懷疑。哈德拉達掌握了發動奇襲的時機，他並不急躁。在地道挖好以後，他等待時機，也就是等待阿拉伯軍最脆弱的時候。

阿拉伯人坐在燭火照耀的大宴會廳享受晚餐時，石灰岩地面突然崩裂，教他們大吃一驚。在還來不及反應時，哈德拉達率領弟兄從地面衝出來，並且把所有敢抵擋的人砍死。震驚的阿拉伯人打不過這些噬血的戰士，沒多久這個城鎮就落到哈德拉達和瓦蘭吉戰士的手中，而這不過是一連串令人意想不到勝利的開端。

面對其他的要塞，方法也變得更為機巧。哈德拉達知道這回居民可能會預料從牆下遁入，所以想出一個讓阿拉伯人打開城門張臂歡迎他的方法。他在牆外設帳，讓敵哨兵與間諜可以觀察他的一舉一動。

他故意把帳篷放在離拜占庭主帳稍遠之處，彷彿是暗示他身體不適。他的部下和醫務人員也大剌剌地忙進忙出，好像是要照顧他一般。阿拉伯人不但上了當，還高興地散播消息說哈德拉達已死，圍城解除。哈德拉達詭計的第一部分像時鐘般精確運行。

接下來一個瓦蘭吉衛隊的代表團接近這座城市，提出一個令人驚訝的要求。他們說哈德拉達地位崇高，建議要有一個符合他身份的葬禮，地點就在該城的教堂。令人難以相信的是，阿拉伯人竟然答應了。城裡能夠有這個著名戰士的骸骨，不但是個榮耀，也是給所有其他侵略者的一個訊號：如果他們可以擊退哈拉爾．哈德拉達，就表示他們可以擊退任何人。

葬禮當天，一如哈德拉達所計畫的，阿拉伯人快樂地打開城門，讓瓦蘭吉戰士和哈德拉達的棺木進城。不過，當棺木被抬棺者、神職人員，和哀悼中的瓦蘭吉戰士護送進大門之後，他們突然把它放到地上。在這關鍵的一刻，哈德拉達所設下的陷阱啟動了。瓦蘭吉戰士們拿出武器，棺木卡住大門使它關不起來，好讓所有的部隊都可以攻進城。他們不留戰俘，展開大屠殺，又一座加強防務的城鎮成功落入了哈德拉達和他的弟兄手中。

沒多久，所有要塞都人人自危了。不久之前阿拉伯人都做好提防，打算讓哈德拉達處處碰壁。如果想要再取得勝利，他必須想出比以前都要更為聰明的法子。然而，當哈德拉達打算攻打一座補給充足的要塞時，守城士兵從碉堡的牆上就可以看到他的每一個舉動，這樣說幾乎沒法子攻進去。

哈德拉達花了好些天擠盡腦汁。觀察這座城，記下居民的作息，他急切想要有吉光片羽的巧思幫助他破牆而入。突然間，他注意到從城裡飛出、停駐在周遭原野的鳥兒們。他日復一日觀察牠們，知道牠們會從原野飛回城裡草屋頂的鳥窩。他想到了！

他下令手下儘量補抓小鳥，然後把小木片繫在鳥兒的背上，這些木片上塗有焦油，並點燃了火源。哈德拉達和他的手下把鳥兒釋放，看著燃燒的鳥兒飛越城牆，回到窩裡，草屋頓時起火燃燒，城內頓時變成了火海地獄。城門很快就打開了，阿拉伯居民蜂擁而出，不戰而降。越來越多的城鎮一座座垮了，直到整座島嶼回到拜占庭手中。西西里不但是讓瓦蘭吉戰士打了大勝仗，還證明他們並非只會揮舞斧頭的惡棍。

隨著時光流逝，一〇四一年米海爾四世過世以後，哈德拉達在朝中逐漸失寵。新任國王米海爾五世逮捕、囚禁哈德拉達。關於這件事情的原因說法不一。諾斯傳說記載，哈德拉達因為欺瞞國王有關財富數量的事而被捕，英國史學家馬梅斯柏里的威廉（William of Malmesbury）主張是因為哈德拉達玷污了一位貴婦。另一方面，薩克索．格拉瑪提庫斯（Saxo Grammaticus）則聲稱他是因為謀殺而入獄。

有關於接下來所發生的事情，各個文獻也說法不一。不過，多半是說在一次反叛皇帝的行動當中，瓦蘭吉戰士幫助哈德拉達逃出監獄，而不久他就展開報復。在弄瞎了皇帝的雙眼之後，哈德拉達看著對方又踢又叫地被拖出皇宮，放逐到一座寺院度過餘生。

逃出監獄以後，哈德拉達的目標就是回到挪威。靠著他龐大的財富和忠貞的護衛，他最後重新取回他的挪威王位，這有一部分原因是他付了一大筆錢給他哥哥的兒子，當時的挪威國王馬格努斯（Magnus the Good）。但是哈德拉達不久就開始找尋新的征服目標，並且在一〇六六年時看中了英格蘭。不過，這一次是他最後一次的行動了。在著名的斯坦福橋戰役（Battle of Stamford Bridge），他被一支箭射殺。事實證明，這是維京人最後一次嘗試征服另一個國家——雖然他們在哥倫布之前登陸美洲，卻沒能夠充分利用他們的發現，不久就離開了。

瓦蘭吉戰士們持續在護衛他們的拜占庭帝王，到了十一世紀之時，他們的主子變得愈來愈在乎穆斯林的擴張，後者威脅到了歐洲的生活方式，以及基督教本身。為了防衛歐洲，並且重建基督教的力量，一個拜占庭帝王幫忙資助了一次前往中東的十字軍東征。此舉後來會促成史上最具爭議性的精銳部隊的成立，並且帶來數十年的流血衝突……

第七章　聖殿騎士團和醫院騎士團（一〇七三年）

一〇七三年，住在耶路撒冷的基督徒深感不安，因為信奉遜尼派穆斯林的塞爾柱土耳其人（Seljuk Turks），從相對比較包容的埃及法蒂瑪人手上取得了權力。當基督徒驚慌逃離聖城，這件大地震般的事情所造成的餘震，很快就在歐洲各地都可以感受到了。由於拜占庭帝國已經在小亞細亞和敘利亞跟塞爾柱人交戰，而穆斯林軍隊又橫掃西班牙、法國和義大利的一些地方，人們真的擔心不但是帝國，連基督教也受到了威脅。

拜占庭皇帝阿歷克塞·科穆紐烏斯（Alexius Comnenus）對情勢的發展越來越憂心，拚命向西方請求協助以發兵打回去。一〇九五年，他的請求終於得到回應。教宗伍朋二世（Urban II）公開宣布，應該要盡一切努力資助十字軍東征，幫忙東部的基督徒，並且取回聖地。為了說服足夠的軍人和虔誠教徒入伍，教皇答應赦免他們的罪。西歐立即有人回應，騎士和農民，有錢人跟窮人，成群結隊朝耶路撒冷的十字架而去。

不過，第一次十字軍東征初期的表現，並不教人感到鼓舞。第一批東行的是一群毫無紀律的法國和德國農民。他們才剛到達君士坦丁堡，就被土耳其人給消滅了。

就是在那個時候，我家族的成員有了出色的表現。我的祖先，布永的戈弗雷（Godfrey de Bouilon）和他的兄弟布洛涅的鮑德溫（Baldwin de Boulogne），並沒有被這些事情擋下，他們抵押了許多的財產，籌組了一支有四萬騎士和步兵的軍隊。加上另外一位親戚，尤斯塔斯．費恩斯（Eustace Fiennes），這支主要的十字軍部隊在一〇九六年朝聖地出發。戈弗雷打頭陣最先抵達君士坦丁堡，是第一個向拜占庭皇帝宣示效忠的將領。

戈弗雷和他的部隊在西元一〇九九年六月七日終於來到耶路撒冷，發現該地現在已經又落入法蒂瑪人手中。不過，就像之前塞爾柱人對待他們那樣，法蒂瑪人待基督徒相當殘忍。在十字軍看來，必須把他們趕走。此外，他們大老遠跑來，本就打算拿下耶路撒冷。

不過，這座城市防衛堅強，而且法蒂瑪人把牆外的水井都下了毒。如果要成功拿下，就必須攻擊得既快又猛。然而嘗試靠梯子上牆時，他們卻遭遇滾燙的熱油、石塊跟箭矢。如此，兩艘之前十字軍用來運補的船隻被拆解之後，再用它們的木材建造三座攻城塔。

七月十三日晚間，在我祖先戈弗雷的率領下，開始發動以跨越耶路撒冷城牆為目標的戰鬥。在聖斯德望城門（Saint Stephen）被推開後，其他的騎士和軍隊湧入，佔領了聖城。基督徒迅速屠殺了數萬名猶太人跟穆斯林。編年史作者雷孟德．阿吉萊爾（Raymond Aguilers）回憶道：

街道上可以看到一堆又一堆的頭顱、手、腳，穿越人類和馬的屍體時，要小心行走。但是這些跟在所羅門王廟所發生的事情相比，還算是小事。那是平常吟唱、舉行宗教儀式的地方。那裡發生了什麼事情？如果我講實話，只怕你無法相信。所以就只好勉強講一點。在所羅門王廟的內堂和走廊，騎馬的人被血淹到膝蓋和轡繩。這是上帝公正又精彩的審判，使這地方充滿異教徒的血液，畢竟這地方已經被他們褻瀆很久了。

十字軍達到了他們的目的——耶路撒冷終於改由基督徒掌握，而我的親戚戈弗雷則成為首任「十字軍耶路撒冷王國的國王」。戈弗雷在十字軍的圈子裡被當成是個傳奇，他不久就出現在塔索（Tasso）的史詩《耶路撒冷的解放》（*Gerusalemme Liberata*）、但丁的《神曲》，以及韓德爾的歌劇《里納爾多》（*Rinaldo*）裡。他來自法國邊境靠比利時的地方，一八四八年布魯塞爾的皇家廣場豎立了一座他的雕像。二〇〇五年還被比利時百姓選為史上最偉大的比利時人第十七名。

但是儘管有第一次十字軍的勝利，聖地的暴力行為並沒有因此而停止。特別嚴重的是，從西歐來的一群群基督教朝聖者在穿過穆斯林控制區時，必定會發生搶劫或殺害。不久，在前往耶路撒冷的路上，成堆的屍體任其腐爛，這些攻擊最糟的時候發生在一一一九年的復活節，當時有三百多人被屠殺。

在我停留於阿曼的那段期間，我跟許多穆斯林一起工作。身為基督徒，我算是他們當中的異類，但是他們多半只是對我好奇，並沒有敵意。不過，我記得有一次一個年輕的科巴尼人（Kolbani）——始終擺著臭臉——對我說：「身為基督徒，你不怕死嗎，畢竟有一天你要在地獄被焚燒？」我一直在等人問這個問題，所以早就準備好了答案：「跟所有的穆斯林和猶太人一樣，基督徒也是信奉同一本聖書，書上清楚寫說我們都會上天國。沒錯，先知的信仰者會去那裡，比那些信奉或殺害耶穌的人先到，但是聖書上並沒有說我們會一直在地獄裡等……。依照真主阿拉的旨意。」

聽到這番話，有不少周遭的人點頭，但是這個科巴尼人看起來冷冷的，而且不相信我講的。全世界依然有宗教戰爭，這對我來說是個不解之謎。難道我們大家都信仰某個神還不夠嗎？

然而在十字軍時代，顯然這是不夠的，保護朝聖者迅速成為一件重要的事情。沒幾個月過後，一個名叫雨果・德・帕英（Hugues de Paynes）的法國騎士跟八名親友想出了個解決辦法。他們成立基督和所羅門聖殿貧苦騎士團（the Poor Fellow-Soldiers of Christ and of the Temple of Solomon）——後來簡單稱為聖殿騎士團——目標就是保護到耶路撒冷的訪客，以及聖城裡的聖殿。靠當時耶路撒冷的統治者鮑德溫二世（Baldwin II）的協助，聖殿騎士團把總部設在聖城神聖的聖殿山，他們也由此而得名。

歐洲騎士當中的精英分子，很快就湧向他們，不但是想要保護他們的宗教，也想藉此獲得赦免個人的一些罪行。許多犯人也自願投入，希望這可以重建他們在家人及上帝眼中的地位。有時候，法院不會把犯罪的騎士關到監牢，而是派他們去保衛耶路撒冷。雖然聖殿騎士團對於在耶路撒冷內外維持秩序，扮演了重要的角色，但是他們起初資金不足，騎士們必須穿別人們捐贈的衣物，甚至共用馬匹。不過，到了一一三九年，教皇諾森二世（Innocent II）發佈詔書，聖殿騎士團成為天主教會裡獨立且常設的組織，直接聽命於教皇。教皇給了聖殿騎士團一些特別的權利，有助於他們的資金籌措。這些權利包括免繳稅，以及可以依法擁有所有打仗所獲得的戰利品。

有了這筆新的進帳，聖殿騎士團設立了歐洲最早的銀行網絡，而且生意興隆。這網絡使得朝聖者可以在母國存入資金，在聖地提領，如此避免了旅行中被搶走一切財產的可怕後果。當他們開始進行諸如羊毛、木材、橄欖油，甚至包括奴隸在內的交易時，許多上流社會的貴族也決定在他們過世後把資產留給聖殿騎士團。一一四三年，他們從西班牙的阿方索國王（Alfonso）手上接過了六座城堡，十分之一的皇室歲入，並且只要有人征服穆斯林的土地，他們都可以得到當中的五分之一產權。

這一切使得聖殿騎士團超乎想像的富裕，也因此變得權大勢大。泰爾的威廉（William of Tyre）提到這個組織：「他們在這裡跟海外擁有數不盡的財產，可以說在基督教的世界裡沒有哪一個轄區沒有把一部分它的物資捐給上述的弟兄們。他們富可敵國。」

這筆突然累積的財富和暴增的權力引發了一些陰謀論。有些人認為騎士團在挖掘聖殿山時，發現了龐大的財富、大秘密，抑或是神聖的聖物——譬如聖杯——他們之後藉此威脅教廷提供他們特別的權利。這一切都毫無根據，但是讓諸如丹·布朗（Dan Brown）之類的小說家有了很棒的寫作素材。但毫無疑問的是，聖殿騎士團的龐大財富使他們蓋了一連串的城堡，同時也擁有了重大的影響力。

聖殿騎士團最初的任務是攻擊與防衛，但在大約這個時期卻有另一個基督教團體有著截然不同的目標。一〇八〇年，一群義大利商人在耶路撒冷的聖約翰醫院成立了一個廣泛地推動救濟民眾的慈善團體，用來幫助朝聖者、病患跟窮人。後來，這個團體被稱為「醫院騎士團」。

一一一三年，為了表彰其善行，教皇巴斯加二世（Paschal II）正式認可它為宗教團體。同一年，這團體的首任大團長——受祝頌的傑拉爾德（Blessed Gerard）——正式派任，成員視同修道士。不過，從一一二〇年起，這修道團體改組，被當時的大團長——皮爾的拉蒙（Raymond du Puy）——改得比較軍事化。照顧病患加上防衛十字軍王國，醫院騎士團因此成為聖地最可畏的軍事團體之一。

儘管是不同的團體，聖殿騎士團和醫院騎士團有一些共同的信念和傳統。雙方都遵行一些團體的規章，強調貧困匱乏、貞潔與謙卑，但最重要的是服從。在這兩個團體，用餐時都必須完全安靜，衣裳和戰袍上禁止有華麗的裝飾。任何跟軍事或宗教無關的活動都被視為輕浮、不恰當。因此，下棋、飼養獵犬，以及狩獵都是不許可的。女人被說是「危險的東西」，必須盡一切所能避開。

這兩個團體的騎士看起來很像。頭髮刮得很短，凸顯極長的鬍鬚，以彰顯他們的謙卑，個人衣著為簡單的棕色或白色長袍。不過，在戰鬥時，聖殿騎士團穿白色的外衣，上飾紅十字圖樣，而醫院騎士團先是穿黑色的短袍，但後來改採猩紅色的無袖外衣，盔甲上是白色八角十字架。

除了必要的軍事裝備，私有財產也是不許可的。不論是小小的捐贈，或是以土地產權作為抵押品，任何給予聖殿騎士團和醫院騎士團成員的贈禮，都轉成給予所屬騎士團的饋贈。成員過著相對嚴苛的生活，騎士團卻變得愈來愈富有。

雖然弟兄們在寺院衣著極為簡樸，他們所擁有的作戰武器與裝備，卻是當代最先進的。自古以來鮮少有像他們這樣辛苦的訓練和嚴明的紀律，這些軍事團體很快就成為基督教國家的救火隊，被投入最艱困、敵我人數懸殊的作戰。醫院騎士團甚至禁止騎士後撤，除非面對的敵人兵力是在我方的三倍以上。這時期的一位編年史學家還寫說，當聖殿騎士團追擊敵軍時，他們不會問：「有多少人？」而只是說：「他們在哪裡？」

由於聖殿騎士團和醫院騎士團已經成立，一一四七年，在贊吉（Zengi）——一位塞爾柱土耳其人——造成威脅後，第二次十字軍東征奉召發動。雖然這次東征以失敗告終，基督教軍隊並沒有拿下大馬士革，但薩拉丁（Saladin）的崛起，又為基督教世界帶來了更大的威脅。

薩拉丁來自提克里特（Tikrit）——也就是後來伊拉克暴君海珊（Saddam Hussein）誕生的同一座鎮——是個狂熱的遜尼派穆斯林，後來成為敘利亞北部美索不達米亞軍事領袖努爾丁（Nur al-Din）所信賴的部下。薩拉丁參加過三場進攻埃及的戰役——當時掌權的是什葉派的法蒂瑪王朝，後來在這個國家於一一七一年把信仰從什葉派轉為遜尼派之前，他擔任過法蒂瑪王朝最後的大臣。如你所想的，這造成一些混亂，也使他面對來自同為穆斯林人士的攻擊，後繼的發展容後再敘。

薩拉丁不久就把阿勒坡（Aleppo）、大馬士革，摩蘇爾（Mosul）和其他的城鎮納入控制，也就是後來所謂的埃宥比王朝（Ayyubid）。拿下這每一處地方以後，他也把他們的部隊納入麾下。他的部隊不久就陣容壯大，包括了庫德人、阿拉伯人、土耳其人、亞美尼亞人和蘇丹人，位居主力的則是一個兵團規模的職業騎兵，受過的訓練與裝備，使他們有能力邊騎馬邊射箭，也可以進行近戰。雖然薩拉丁可以直接策馬領軍，但他還是以土耳其的馬木路克（Mamluks）（奴隸兵）所組成的精銳護衛隊把自己給團團圍住。

然而，要真正建立起帝國——包括了政治與宗教層面——薩拉丁必須拿下耶路撒冷。由於薩拉丁的進逼，聖戰在一一八七年七月四日因此達到了沸點。

因為薩拉丁圍攻提比里亞（Tiberias），由耶路撒冷國王呂西里昂的居伊（Guy of Lusignan）所領導的基督教軍隊，遂放棄防守的加利利（Galilee），並在烈日之下越過貧瘠的群山前進。當薩拉丁知道基督教部隊前來時，派兵進行一連串的襲擊，騷擾並使對方的前衛與後衛疲憊，而他主要的埃宥比部隊則朝哈丁（Hattin）推進，那是一座水源豐富的村落，在那裡可以擋下所有通往提比里亞的道路。

在多日行軍，以及穆斯林弓箭手的攻擊下，基督教軍隊無法取得飲用水，不但又飢又渴，還陷入了困境。在這片缺水的平原，基督教軍隊別無選擇，只能困在接近邁斯凱納村（Meskenah）的地方過夜，而穆斯林軍隊則準備發動最後的攻擊。他們團團包圍基督教軍隊，整晚唱歌、擊鼓，並且咏唱穆斯林詩文而使敵軍產生恐懼。他們還點起好些火，好讓十字軍的喉頭更覺乾澀，口渴更加嚴重。薩拉丁很高興，因為他把敵人布置在預想的地點，他知道就算是聖殿騎士團和醫院騎士團的兵將也無法逃脫這裡。

太陽升起時，薩拉丁利用火團的煙霧使十字軍看不清楚，然後下令弓箭手射出如雨般的利箭。當十字軍拚命尋求自保時，薩拉丁派出步兵攻入敵陣。他的書記，伊馬德丁（Imad ad-Din）描述了當時十字軍所面對的可怖景象：

如洶湧海浪發出嘶嘶聲的戰馬、長劍、胸甲，長矛的鐵尖恍若群星，半月形的劍、葉門的彎刀，黃色的旗幟，軍旗紅似牡丹，鎖子鎧甲閃耀如水塘，劍磨亮得白如河水，羽弓藍得似鳥，頭盔閃耀在健壯騰躍的戰馬上方。

十字軍很快就潰不成軍。有些人排出了戰鬥陣線，有些則試圖逃跑，急著尋找水源。大多數不是很快就被箭給射倒，就是成為俘虜。留下來戰鬥的——譬如像雷孟德伯爵（Count Raymond）——設法穿越敵軍陣線，逃到提比里亞湖有水供應的地方。不過，對大多數人來說，可是沒有喘息的機會。戰場上很快就堆起「倒下的人們的肢體，屍體裸露在原野上，肢體不完整，被割開，脫臼，肢解，眼球被挖出，肚破腸流，或身體被砍成兩截」。

六百名參戰的聖殿騎士團和醫院騎士團的戰士當中，有五百多人遭到殺害，薩拉丁把俘獲的戰士全都斬首。伊馬德丁寫到這一件事：

薩拉丁下令說這些人應該要斬首，與其把他們關起來，不如殺了。跟他一起的是一大群學者跟蘇菲派信徒，還有一些虔誠的人們跟苦行者，每個人都要求獲准殺一個戰俘，這些人拔出劍，捲起衣袖。薩拉丁面露喜色，坐在高台上，那些不信教的人則是陷入無底的絕望。

不過，呂西里昂的居伊要算走運了。由於國王的身份，不但逃過一死，一年後在他發誓離開巴勒斯坦，並且永遠不再與薩拉丁為敵之後，薩拉丁把他釋放了。這當然不是一個會被遵守的承諾。

隨著在哈丁的勝利，以及大多數基督教精英部隊的殲滅，薩拉丁很快就拿下五十二座由基督徒所控制的城鎮與要塞，其中包括了阿克里（Acre）、納布盧斯（Nablus）、雅法（Jaffa）、托龍（Toron）、西頓（Sidon）、貝魯特和阿什凱隆（Ascalon）。由於守軍不多，耶路撒冷也在十月二日淪陷。穆斯林很快就來到聖殿山，「阿拉至大」的叫喊聲不絕於耳。任何與聖殿騎士團相關的標誌都遭到摧毀，該地變回早期由穆斯林管控時的面貌。能支付贖金的基督徒獲准離開，那些身無分文的則被當成奴隸賣掉。

雖然哈丁慘敗的消息使教皇伍朋三世震驚過世，不久對聖地發動另一次十字軍東征的呼聲又響了起來。年邁的羅馬帝國皇帝腓特烈一世巴巴羅薩（Frederick I Barbarossa）——巴巴羅薩意指紅鬍子——迅速做出回應。一一八九年五月十一日，有一萬兩千到一萬五千兵馬出發，其中有四千名騎士。不過，在一一九〇年六月十日渡過薩勒夫河（Saleph River）之時，腓特烈的坐騎滑倒，他進而摔撞岩石而淹死。事情發生之後，他手下有許多人就返回德意志去了。

不意外的是，居伊國王在一一八九年獲釋之後，又重新跟薩拉丁交戰。居伊打算跟激烈競爭的對手，蒙特費拉的康拉德（Conrad of Montferrat）共同奪回阿克里這座海港城市，該地是薩拉丁主要的要塞點和兵器庫之一。鎮守阿克里的部隊數量可觀，有好幾千人。與其相比，居伊的部隊人數不到一半。儘管經過多次的嘗試，薩拉丁還是守住了，最後更導致長達十五個月的雙重包圍。阿克里的穆斯林受到包圍，而城外的基督徒軍隊又被薩拉丁的軍隊包圍。

圍城內和基督教軍隊營區內的狀況，很快就變得教人難以忍受。食物短缺，水源受到人獸屍體的污染，造成居伊的王后西碧拉（Sibylla）和他們的公主過世。隨著傳染病在營區散播，以及日增頻繁的嫖妓行為，似乎只要沒有特殊的狀況發生，攻打阿克里的行動以及第三次的十字軍東征，注定要失敗了。基督教軍隊運氣好，不久之後他們就得到了協助。

一一八九年，理查一世——身為偉大軍事領袖及戰士的名聲，也被稱為獅心理查——跟法國菲利普二世的部隊聯手一起在巴隆（Ballans）終於打敗了理查的父親，國王亨利二世。過了兩天，國王過世，由理查繼承王位。在理查成為英國國王之後，基於擔心不在國內時對方會侵佔自己的國土，理查和菲利普同意一起發動第三次十字軍東征。不過，仍有招募軍隊跟資金的問題要解決。

理查用盡各種方法嘗試籌組、裝備一支新的軍隊，甚至宣稱說：「只要我能夠找到買家，我會把倫敦賣掉。」就這樣，他用掉大半父親在國庫的錢，增稅，甚至同意讓蘇格蘭的威廉一世不必宣誓服從英格蘭，以換取一萬馬克。為了進一步提高歲入，他把擁有官職、土地，和其他特權的權利賣給感興趣的人。已經被任命的人則被迫支付鉅款才能保住官職。不過，要打敗薩拉丁，理查知道他必須掌握基督教最精銳的部隊。到這時候，醫院騎士團正在卡尼爾・德・納布魯弟兄（Fra' Garnier de Nablus）的領導下重組，而聖殿騎士團則是靠羅貝爾・德・薩布萊（Robert de Sable）。雖然這兩個團體在哈丁受到重創，但他們很樂意重新投入戰場，尋求為前人復仇的機會。

把騎士團招募進部隊以後，理查國王跟菲利普二世於一一九〇年夏天發動第三次十字軍東征。我有比較多的親戚加入理查這一邊，他們是英杰拉姆．費恩斯（Ingelram Fiennes）、土吉布朗德．費恩斯（Tougebrand Fiennes）和約翰．費恩斯（John Fiennes）。令人哀傷的是，他們都在這場東征的過程中喪命，約翰的家人把埋葬他心臟的英國土地捐給倫敦市民；位置就在現在稱為芬斯柏里廣場（Finsbury Square）的地方。

一一九一年七月八日，理查的部隊終於登陸阿克里，比菲利普國王晚了幾週，兩人都想要終結一一八九年起對該地的圍困。

在瘟疫蔓延的戰場上，理查跟往常一樣身穿猩紅色的衣服，揮舞他的王者之劍（Excalibur）和十字弓，率領歐洲醫院騎士團和聖殿騎士團的精英戰鬥。儘管人數相近，他們要遠比薩拉丁生病的部隊要強大。在經歷幾週轟擊城牆與攻城行動之後，阿克里再也撐不下去，居民在七月十一日投降。這場兩年的攻城行動終於結束了。

據巴哈丁（Baha ad-Din）所說，雖然薩拉丁失去阿克里和他駐在港內的海軍，但真正令他煩惱的是數千人戰俘遭到屠殺這件事：

> 敵人接著把數千穆斯林戰俘帶出來……大約三千人是被繩索綁著的。然後他們一齊動手，衝向戰俘。拿劍又刺又砍，冷血地屠殺他們。

順利瓦解阿克里城以後，十字軍現在打算拿下雅法港，再朝內陸進攻去奪回耶路撒冷。這時候，菲利普國王已經返鄉，但是把手下大部分的部隊交由理查國王掌控，文獻顯示人數在兩至三萬人之間。由於對十字軍在哈丁的驚人慘敗記憶猶新，理查細心規劃進軍的行動，確保他的軍隊會有充足的補給跟飲用水。為了這個目的，部隊貼近海岸推進，那兒有十字軍的船隊可以支援他們的行動。此外，部隊只在早上開拔，避開炎熱的中午。這一點很重要，畢竟騎士們從頭到腳都被鎖子甲覆蓋，頭上又頂著圓錐形的頭盔，大太陽下會熱到難以忍受。

離開阿克里後，理查的部隊維持緊密的編隊，步兵在靠內陸那一側，保護他的重騎兵跟輜重部隊。為了對付十字軍的推進，薩拉丁開始跟蹤理查，希望能夠有機會阻止他們抵達雅法。由於過去十字軍的紀律是糟糕得出名，他開始對理查的側翼展開一連串的騷擾性突擊，希望破壞他們的隊伍。只要能夠辦到這一點，他的騎兵就可以衝進去展開屠殺。

九月七日天亮，十字軍要越過六英里多路程好抵達雅法港北面的阿蘇夫（Arsuf）。理查知道薩拉丁來了，下令部隊備戰，然後恢復他們防禦式的編隊前進。出發時，聖殿騎士團打前鋒，其他的騎士居中，醫院騎士團殿後。

在這次的遠征中，理查國王的夥伴，方索夫的傑佛瑞（Geoffrey de Vinisauf）如此描述了接下來要發生的事情：

就目光所及，在各個方向，從海灘到山上，看到的都只是如林的長矛，上方則是數不盡的布條跟軍旗。野蠻的貝都因人是沙漠之子，他們騎著快捷的阿拉伯馬，閃電般快速穿越廣大的平原，而他們射出的武器像雲一般遮蔽了天空。他們看起來憤怒，外表嚇人而且毫不留情。皮膚比炭還黑的他們，企圖藉由迅速移動與持續攻擊，突穿基督教戰士秩序良好的防守陣容。他們前進攻擊時，發出可怕的尖叫跟呼喊聲，同時還有震耳欲聾的喇叭聲、號角聲，鈸和銅製壺型鼓的聲音，造成響徹原野的喧囂，甚至可以蓋過天上的雷聲。

十字軍遵行嚴格的命令維持編隊隊型，儘管這些打帶跑的攻擊造成損失，但還是繼續往前推進。眼看這些初步攻擊並沒有達成預期的效果，薩拉丁派出騎馬的埃宥比部隊往前衝，用標槍和弓箭攻擊醫院騎士團。在長矛兵的保護下，醫院騎士團的十字弓手開始回擊，持續對敵造成一些傷亡。白天時間一分一秒過去，這種作戰模式也一直維持著。理查拒絕手下指揮官們的要求，不准騎士反擊，他寧可要等薩拉丁的人馬疲倦了再動手。不管怎樣，這類的要求一再出現，醫院騎士團首當其衝，直接承受攻擊，他們擔心手下的馬匹數量越來越少。

當理查麾下的帶頭部隊逼近阿蘇夫時，後面醫院騎士團的十字弓手跟長矛兵則是一邊戰鬥，一邊朝後方推進，拚命要把穆斯林部隊壓制住。由於編隊越來越薄弱，卡尼爾·德·納布魯再次要求准許率領騎士出戰，但是理查再度拒絕。評估眼前的情況，卡尼爾．德．納布魯明白再也無法阻止他的騎士了。他漠視理查的命令，跟醫院騎士團以及其他的騎馬部隊朝前衝了出去，沒料想到這回幸運之神站在十字軍這邊。就在醫院騎士團攻擊的同一時間，薩拉丁的騎兵剛從馬上下來，以便弓箭射得更準。在他們還來不及反應之前，卡尼爾部隊已經從十字軍的陣線衝出，輾過了他們的陣地，並且開始把右方的埃宥比部隊逼退。

理查有可能會為這行動感到生氣，但是不管怎樣，醫院騎士團已經迫使薩拉丁的部隊後撤，使十字軍可以進入阿蘇夫，建立起防禦陣地。重新集結部隊之後，理查現在下令聖殿騎士團攻擊左翼的埃宥比部隊，把敵軍給剿清。

聖殿騎士團揮舞寶劍，不但成功迫使左翼的敵軍後撤，還擊潰了薩拉丁的馬木路克奴隸兵衛隊的反攻。埃宥比部隊的兩翼陷入混亂，理查親自率領剩餘的騎士朝薩拉丁的中軍進攻。這場攻勢粉碎了埃宥比部隊的陣線，使薩拉丁的人馬逃離平原戰場，躲入林木眾多的山區。不過，由於夜色漸暗，理查把追逐敗軍的行動打住，他擔心追入樹林有可能會落入陷阱。

阿蘇夫戰役的確切傷亡數字並不清楚，但據估計十字軍損失七百到一千人，而薩拉丁可能有七千人傷亡。對十字軍來說，這是一場重要的大勝利。不但毀掉薩拉丁戰無不勝的氣勢，也讓聖殿騎士團和醫院騎士團為哈丁的慘敗報了大仇。

不過，這樣的勝利並不意謂現在可以拿下耶路撒冷了。薩拉丁輕易就能在自己的地境補充損失的兵馬，而十字軍卻是遠離家園作戰。薩拉丁迅速恢復元氣，把重心放在守衛耶路撒冷。當理查推進到可以看見聖城時，聖殿騎士團和醫院騎士團的大團長們告訴他，即便他可以拿下這座城，他們也沒有能力守住它——除非能夠掌控周遭的內陸。

由於彼此都無力擊垮對方，理查跟薩拉丁被迫達成協議。理查寫信給薩拉丁：「穆斯林跟法蘭克人都非常疲憊了。這片土地毀在雙方的手裡。我們要關注的只有耶路撒冷，耶穌受難的十字架，以及放眼望去的這些土地。耶路撒冷是我們信仰的中心，我們永遠都無法放棄它。」薩拉丁在回覆中寫道：「耶路撒冷不但是你們的，也是我們的。對我們來說，它對我們的重要性高過對你們的重要性，它是我們的先知前來『夜行登霄』的升天地點，也是天使們聚集的場所。」

在這一切叫囂之後，還是避不開一個事實，雙方必須妥協。最後雙方同意十字軍可以摧毀阿什凱隆的城牆，而薩拉丁會認可沿岸的基督徒據點。基督徒跟穆斯林都獲准可以穿越彼此的領域，而基督教朝聖者可以到訪耶路撒冷和其他聖地。不過，聖殿騎士團必須轉移到阿克里的新據點，而非回到聖殿山。不管怎樣，第三次十字軍東征期間，理查大力仰賴的精銳騎士，為基督徒救回聖地，也使穆斯林軍隊無法大舉進犯歐洲。

理查回國時該是一片喧騰，但最後他因傷過世。那是一一九九年在法國一場不太重要的攻城行動中受的傷。在他過世後那十年，歐洲對進攻聖地的軍事行動也開始走下坡，聖殿騎士團跟醫院騎士團也逐漸成為競爭對手。關係的衝突點出現在一二六〇年代，聖殿騎士團跟醫院騎士團的人馬在安提阿

（Antioch）的街道上拔劍相向。過去在跟馬木路克奴隸兵戰鬥時，據說有一個醫院騎士團戰士向一位聖殿騎士戰士叫道：「今晚我們在天國坐下來聊聊。」

「我懷疑，」聖殿騎士回答道，「因為我的帳篷一定會設在跟你的帳篷相反方向的地點！」

到一三〇三年，聖殿騎士團已經喪失了他們在伊斯蘭世界的立足點，並且在巴黎建立了一個行動基地。在那裡，法國的菲利普四世決定要削弱這個團體的勢力，或許是因為聖殿騎士團曾經拒絕額外貸款給這個身陷龐大債務的法國國王吧。

一三〇七年十月十三日，法國聖殿騎士團幾十個戰士遭到逮捕，其中包括他們的大團長雅克·德·莫萊（Jacques de Molay）。好些騎士遭受到殘忍的折磨，直到他們受不了而認罪——都是一些不實的指控，這些指控包括信奉異教、同性戀、貪污、魔鬼崇拜、詐欺、向十字架吐口水，族繁不及備載。幾年之後，幾十個聖殿騎士團成員在承認罪行後，在巴黎被綁在木樁上燒死。一三一四年，德·莫萊本人也是以這種方式處決。由於菲利普四世施壓，教宗不情願地解散了聖殿騎士團，團體的產業和資產都轉移給了醫院騎士團。

醫院騎士團之所以能夠逃過聖殿騎士團的噩運，靠的是他們的助人行動。一二九一年阿克里陷落，十字軍所擁有的封邑全數喪失，醫院騎士團遷往塞浦路斯的利馬索爾（Limassol），然後在一三〇九年取得羅德島，遷往該地獨立管治。不過，到了十五世紀，土耳其人迫使他們逃離，尋找新的地點。一五三〇年，神聖羅馬帝國的查理五世（Charles V）把馬爾他群島賜給了醫院騎士團。在那裡他們擋下了史上最著名的攻城行動之一，也就是一五六五年土耳其的蘇萊曼大帝（Suleiman the Magnifcent）意圖入侵之時。最後他們還是在一七九八年被拿破崙奪走這座島嶼，最後在羅馬找到新家。在當地他們逐漸放棄戰鬥行為，改為全力進行屬地管理（territorial administration）和醫療照護。醫院騎士團這個組織今天依然存在，但他們現在的主要職責還包括發放護照。

不過，當中東最重要的是穆斯林跟基督徒的聖戰發生之時，有一支可怕的部隊跟雙方都進行了戰鬥，它的目標不單是薩拉丁，還包括未來的耶路撒冷國王……

第八章　阿薩辛（一一九二年）

在泰爾的十字軍據點，衣著耀眼的蒙特費拉的康拉德（Conrad of Montferrat）從友人波威主教（Beauvais）的家門口走了出來，快樂地沿著陰暗寧靜的街道行走。他是第三次十字軍東征裡的重要人物，是協調阿克里投降的主要談判官，並且在那座城裡升起了國王的旗幟。這一晚，有值得慶祝的事情在等著他。就在前一個晚上，耶路撒冷王國的貴族們不顧理查國王和居伊國王的抗議，一致決定選他為王。在幾年的爭執與流血事件過後，康拉德終於要成為聖地最有權勢的人了。

呼吸著夜間的微風，走下一條窄巷，康拉德開心地想著他的未來。就在這時候，突然前方出現兩個與他有深交的僧侶。這兩個人都是不久前才皈依基督教的——一件令他感到驕傲的事情，他希望一旦開始了他的統治之後，當地的每一個人都會像他們一樣遠離伊斯蘭教。不過，當他朝這兩個他認為是友人的僧侶微笑時，康拉德並不知道他們是來自尼查里・伊斯瑪儀（Nizari Ismaili）的臥底——也稱為「阿薩辛」（Assassins）——而且他們等這一刻已經等了好幾年。

阿薩辛的故事始於西元六三二年，當時先知穆罕默德的過世，導致伊斯蘭教面臨分裂的危機。由於領導階層陷入真空，很快形成兩個教派：遜尼派和什葉派。隨著時間過去，什葉派在新征服的非阿拉伯人地區受到歡迎，特別是在波斯，在那裡皈依的教徒發展出自己的傳統、習俗，以及對古蘭經的詮釋。不過，到了第八和第九世紀，一支新的什葉教派誕生了：伊斯瑪儀派。

雖然伊斯瑪儀起初只是個什葉派當中被邊緣化的小分支，哈桑・沙巴（Hasan Sabbah）加入以後卻大為改變了他們的命運。哈桑・沙巴的自傳後來遭到摧毀，史學家阿塔木勒克・志費尼（Ata-Malik Juvayni）在十三世紀有讀過它，也提供了不少今天我們所知道的資訊。

哈桑是一〇五二年出生於現今德黑蘭南方的瑞伊（Ray），在什葉派環境中成長，後來到十幾歲時皈依伊斯瑪儀。他對伊斯瑪儀派很著迷，不久就接受訓練成為傳教士，先是前往開羅，接著再回到波斯。在那裡，他把大多數的力氣用在沿著裏海南岸的阿勒布爾茲（Elburz）山脈當中。藉由個人魅力，哈桑慢慢且穩定地吸收了更多人皈依到伊斯瑪儀派。他的其中一個手段，就是利用所有潛在皈依者所共有的一個特色：他們都極端厭惡由馬立克沙蘇丹（Malikshah）和他的大臣尼札姆・穆勒克（Nizam al-Mulk）所領導、信奉遜尼派的塞爾柱帝國。

雖然看起來宗教是唯一使哈桑敵視穆勒克的原因，有些人說他倆從小讀書時就已經認識，而且哈桑甚至曾經為穆勒克工作，在宮廷中有個一官半職。據說穆勒克似乎是對哈桑的驚人進展有了警覺，遂向蘇丹貶抑哈桑，結果害哈桑以不光采的方式離開宮廷。由於年代久遠，此事真假已不可考，但是我們可以確知哈桑視穆勒克為敵，並且想要消滅他。

為了達到這個目的，哈桑認為應該為追隨者建立根據地，尤其這時候的塞爾柱人對他們的敵意日漸加深。一〇八〇年代後期，他找到了合適的地點。在現代德黑蘭西北方，崎嶇的阿勒布爾茲山脈當中，阿拉木城堡（Alamut）挺立在高聳的山上，只有一條道路深入，周遭是深谷。在那裡守軍可以三百六十度環視，那幾乎是銅牆鐵壁的據點。哈桑深知可以從這裡開始建立他的教派跟軍隊。只有一個問題：遜尼派的塞爾柱人佔領著阿拉木。如果哈桑要得到它，他必須想個辦法從他們手中奪過來。

基於兵力有限，哈桑無法強取。雖然欠缺人力，卻可以靠個人魅力跟創意來填補。他派伊斯瑪儀細作到周遭的社區傳教，之後再滲透城堡。就在塞爾柱人眼前，伊斯瑪儀派像野火般迅速傳開。沒多久，大多數的城堡駐軍都已皈依。就這樣，一〇九〇年九月四日，哈桑兵不血刃拿下阿拉木城堡。

以此優異地點為基地，哈桑開始宣傳伊斯瑪儀教義，並且獲得更堅定信念、更願意奉獻的追隨者，這些人無法抗拒他如磁鐵般的魅力。曾參與十二世紀十字軍，泰爾的威廉曾提到過伊斯瑪儀派信徒對領袖的極端忠誠：

> 這些人對他們的領袖順從聽命，忠誠度極高。不論是多麼艱苦或危險的任務，他們當中的每一個人，都絕對願意去執行。

哈桑對自己的信念投入甚深，甚至當兩個兒子觸犯了規定之時，還將他們判處死刑。其中一個兒子是被控謀殺了一位教長——之後證明是不實指控——另一個兒子則是因為飲酒遭到處決。甚至有一說，他將一位違反規定私下吹奏笛子的信徒給趕出教門。

隨著伊斯瑪儀派的成長，它的不動產也跟著增加，哈桑奪得及建造了更多的城堡。志費尼提到這一點：「不管是在哪找到一塊適當的岩盤，他就會在上面蓋一座城堡。」不久，魯德巴（Rudbar）的高山谷區，就變得像一個袖珍國家——在塞爾柱人的地盤上，一座防禦堅強的伊斯瑪儀島嶼。

雖然在哈桑初拿下阿拉木時，塞爾柱人並沒有回應，他們卻無法一再漠視伊斯瑪儀派擴張的這件事。尼札姆．穆勒克稱其為「叛亂的膿」，並且發誓要一次根除伊斯瑪儀派。

哈桑很清楚，要是正面對決，伊斯瑪儀信徒絕對不可能打敗三十多萬的塞爾柱帝國軍隊。這令他有了另一個想法。他可以切斷蛇頭，讓剩餘的部分萎縮死亡。因此，他設定以尼札姆．穆勒克為刺殺的目標。

為了完成目標，他找出身邊最忠誠的追隨者——敢死隊（Fedayeen）。這些願意犧牲性命的阿薩辛成員，是年輕、強悍、足智多謀的山地居民，不管主子要派他們去哪裡，他們都願意追隨哈桑的領導。招募對象先是以體格、戰力以及決心作為評量，然後說服他們相信哈桑的強大力量，且受到真神的眷顧。為了這個目的，他會請他們共餐，席間聊天時，哈桑會表明他有能力使追隨者進入天國。為使人相信，他會在追隨者的食物跟飲酒當中下藥。當他們失去神智時，再把他們送到神密又壯觀的花園，還說那裡就是天國。

當我在阿曼服務期間，我見過類似的洗腦手法。在以列寧為名的學校，五百位朵法爾孩童被迫像鸚鵡般吟誦毛語錄中，忘記他們自己的伊斯蘭教義。千真萬確，只要提到伊斯蘭，就會受到嚴厲的處罰。

年幼的孩童被日復一日，年復一年灌輸宣傳馬克思主義的教條。任何個人的特質都被抹除，隨著時間過去，他們變成馬克思主義機器人，被訓練成對任何不符合這嚴格教條的東西都感到厭惡。一旦這些教育在孩童的腦海中深耕了以後，他們就會被送上戰場。年輕人為了別人的理念犧牲性命，但是除了戰鬥以外他們也別無選擇。目睹這一切，真令人心碎的。

無疑有許多阿薩辛也是如此，但靠著天國這個被信以為真的承諾，哈桑能夠說服他們接受任何的任務。這些人真的相信他們為真神工作，不僅願意為信仰拋棄生命，也期待因為做這些事，在來生得到回報。要是他們為哈桑效命而死，這對他們跟家人來說，都是一種賞賜。當一個阿薩辛成員在同袍死於執行任務後回家，他的母親會因為他的苟活而感到羞愧，她會剪去頭髮，並且把臉塗黑。

這些被選中的人快樂地擁抱死亡這一事實，才是真正使得他們令人感到恐懼的緣由。多年來，就是這種觀念，激勵了數不盡的恐怖主義團體，譬如哈馬斯伊斯蘭抵抗運動、真主黨、基地組織，以及伊斯蘭國。但是有一個重大的區別。阿薩辛拒絕殺害無辜者。他們有特定的攻擊目標，手法乾淨俐落，而且不作無差別攻擊。

哈桑知道他可以仰賴這些人去做他要的事情，然後挑出了當中的精銳小組，並且開始訓練。訓練一連進行了好幾個月，免得有任何意外發生的機會。首先，獲選的阿薩辛成員學習蒐集跟目標相關的情報，哈桑則是安插了一個伊斯瑪儀細作到塞爾柱人的總部，觀察穆勒克的一舉一動。

為了確保行動成功，哈桑下令暗殺行動必須在近距離執行——射箭或長矛有可能錯失目標，毒藥則總是會有解藥。但是這麼做其實還有另一個令人信服的理由。他要利用這場謀殺震撼塞爾柱人，要讓敵人看到伊斯瑪儀派可以接近他們最偉大的朝臣。哈桑挑選了最適合這項特定任務的阿薩辛成員——布·塔希爾（Bu Tahir），並且對他進行極為嚴格的訓練。

一〇九二年十月十四日，從教長處得到祝福之後，布·塔希爾出發前往巴格達，當時穆勒克正住在當地。情報顯示穆勒克不會拒絕一位蘇菲派行者的祝福。布·塔希爾進入穆勒克的營地，穿著教長的長袍掩護，衣服裡藏著一把匕首。他消失在黑夜的陰影中，對於穆勒克的日常作息，塔希爾就如對自己的手背一樣熟悉。首先，穆勒克會享用齋戒月晚宴，然後在護衛退下之後，他會被人用轎子抬到後宮，布·塔希爾會在這一刻發動攻擊。

接近穆勒克時，布·塔希爾低垂著頭，為對方祈福，並請他布施。穆勒克的護衛立即擋在主子面前，把他給團團包圍。但是塔希爾知道穆勒克無法抗拒他的祈福。正如所期待的，穆勒克揮手要護衛離開，叫喚這個看似無辜的行者前去。這是一項致命的錯誤。塔希爾把手伸入長袍，彷彿是要找出祈文，但是卻抽出一把刀來。就在護衛們還來不及行動之前，布·塔希爾把刀刺入了大臣的胸膛。任務完成，布·塔希爾接受他的命運，遭護衛殺害，毫無疑問他希望現在可以在天國得到獎賞。

穆勒克之死是一則影響天大的消息。對哈桑來說，這表示他真的有機會可以繼續維持伊斯瑪儀派系。他說道：「殺死這隻惡魔是恩賜的開始。」這場暗殺行動及其方式，也傳達了一則有力的訊息給所有其他裝備齊全的敵人——雖然他們只是一支微不足道的部隊，卻可以對付數量上高居優勢的敵人，並且獲得勝利。

在接下來的幾年間，哈桑的伊斯瑪儀派的名聲持續壯大。他們就像幽靈一般，會用匕首擊殺他們的目標，然後擁抱死亡。由於許多這種殺人的行為是公開進行的，而且經常是在成群驚恐的人們眼前執行的，確保他們冷血殺手的盛名得以遠播。

當暗殺行動達成的同時，伊斯瑪儀派很快就發現，在心理上所造成的效果要更為強大。許多的敵人及其追隨者變得過於害怕，以至於不敢過著日常的例行生活，擔心這些幽靈般的暗殺者隨時可能發動攻擊。不久，任何自認為名列伊斯瑪儀派攻擊名單上的人都僱用了護衛，並且在衣服內加穿鎖子甲。這意味著，暗殺者連殺害目標都不需要了。他們所激起的恐懼已經代為完成了他們想做的事。我在朵法爾看過類似的戰術運用。阿杜（敵人）如果知道有比槍殺更為可怕、更為令人震驚的死亡方式，就絕不會選用槍殺的手段。他們會在同村鄰居眼前，把許多人給推下懸崖。這對百姓有深刻的心理影響，很快就使每個人都乖乖就範，如此也確保阿杜不再有屠殺全村的必要。

由於伊斯瑪儀的戰術非常成功，沒有任何軍閥或宗教領袖膽敢挑戰他們。不過，他們的敵人很快就學會用他們那種非傳統的方式進行反擊。

為了抹黑哈桑及其追隨者的意圖，他們散播荒誕的故事，嘲笑伊斯瑪儀派是發瘋、被洗腦、嗑藥的狂熱分子，這些人是被他們住在高山上的邪惡領袖所操縱。《馬可孛羅遊記》裡甚至重述了這些說法，這使得伊斯瑪儀派是嗑藥惡徒的名聲在之後的好幾個世紀都難以抹滅。然而，這些控訴導致伊斯瑪儀派被掛上至今仍難以洗刷的稱呼。很明顯，遜尼派就是稱哈桑和他的伊斯瑪儀團體為「哈希什」（Hashishi）。雖然這名稱是指他們著迷於吸食大麻，但這個綽號不久就跟「暗殺者」難分難解。

沒有證據顯示哈桑或他的追隨者有真的嗑藥。當今的史學家認為他們對信仰的極其虔誠，而且在殺人時極為精準，嗑藥的可能性很低。在《阿薩辛》（*The Assassins*）一書中，伯納．路易斯（Bernard Lewis）認為「哈希什」的說法是遜尼派捏造的，企圖詆毀哈桑跟他的追隨者們。如果要說有什麼效應的話，事實正好相反。隨著阿薩辛傳奇的散播，伊斯瑪儀派的信念吸引了更多的追隨者，他們為伊斯瑪儀派的領袖和其教眾所散發的神祕感而著迷。

哈桑．沙巴於一一二四年六月十二日過世，阿薩辛繼續奮鬥茁壯，擴展遠及敘利亞，後來由拉希德丁．錫南（Rashid al-Din as-Sinan）領導，他後來被稱為「高山中的老人」。錫南跟哈桑有許多相似之處：煽惑、博學、迷人，又非常聰明，許多人視他為神。據說他會藉由諸如心電感應或透視的「魔幻」把戲，助長人們對他的敬仰。

他的傳記作者卡馬爾丁（Kamal al-Din）描述錫南是「一個傑出的人，會一些神秘的手法，視野寬廣，也會耍些了不起的花招，有鼓動與誤導人心的能力，守得住秘密，還能夠以智取勝，利用心性不良和愚蠢的人來達成他邪惡的目的」。話不多，從不在公眾場合進食，這令信眾覺得他擁有超人的特質。

在有六萬名——而且還不斷增加——追隨者後，錫南把基地設在稱為邁斯亞夫（Masyaf）、易守難攻的城堡。從這裡，他越來越關心基督教十字軍入侵聖地的事情。固然因為這行動對伊斯瑪儀派的生活方式構成重大威脅，但令他深深感到警覺的，是遜尼派對十字軍的應對。

如我們之前所看到的，薩拉丁大帝是一個狂熱的遜尼派教徒，他把埃及的什葉派改宗成遜尼派，還差一點就統一了在開羅和阿勒坡之間的所有穆斯林。這會帶給他極大的力量，而錫南知道這足以嚴重威脅到伊斯瑪儀教派。一一七五年，錫南因此把薩拉丁列在刺殺名單上的首要目標。

他們的方法現在已經經過驗證與改良，伊斯瑪儀派立刻採取行動，情報永遠都是最關鍵的。錫南追隨哈桑的做法，派傳教士滲入薩拉丁的地盤，企圖招募更多的追隨者，並且儘量從他們身上取得有關薩拉丁行蹤的消息。但結果卻令人沮喪，似乎薩拉丁隨時都有一群貼身保護的人員。如果要解決薩拉丁，他們必須要先解決這群人。但錫南依然下令執行暗殺。

就在幾週過後，錫南的部下打算趁薩拉丁在營帳休息時下手。隨著當地一個酋長發出警訊，這些人的身份也跟著曝光。雖然這些人試圖殺入薩拉丁的營帳，但很快就被護衛擊潰。薩拉丁不但逃過暗殺，現在還知道伊斯瑪儀派拿他為目標。這使得行動變得更加艱困，因為薩拉丁現在全天二十四小時都身穿盔甲。

這迫使錫南重新評量他的方法。雖然曉得薩拉丁對刺客有所提防，實際上錫南並不急著要殺掉薩拉丁。他可以等候時機，等薩拉丁的護衛離開。為了這個目的，他在更接近薩拉丁的周圍，安插了一個臥底。

當錫南決定再度行動時，已經差不多兩年過去了。因為他有一個細作擔任薩拉丁的護衛，他遂發出展開刺殺的暗號。不過，這行動又是注定失敗，薩拉丁靠他的盔甲逃過一劫。在逃過兩次之後，薩拉丁決定不再冒險等待第三次上門。他率領大軍攻打錫南在邁斯亞夫的城堡，並且表示在錫南本人和他的追隨者死於飢餓或疾病之前拒絕離開。

錫南似乎無處可逃。他已經無計可施，知道就算他把薩拉丁殺掉，也不足以消除遜尼派的威脅。他唯一能做的，就是設法說服薩拉丁撤退。

卡馬爾丁認為錫南或他的手下之一，曾經設法滲透進薩拉丁的營地，並且在他的帳篷裡留下一張紙條，以及阿薩辛的信物——一把匕首。很可能這便條上寫的是「阿薩辛不畏懼死亡。我會從你的軍隊裡面來打敗你。」這使得薩拉丁清楚明白，就算他把錫南及其追隨者殺掉，這些人不但慷慨就義，而且後繼有人，會繼續努力要把他除掉。還有，這紙條證明他們有能力接近他。面臨這樣的威脅，薩拉丁同意跟伊斯瑪儀派對話，這正符合錫南的期待。

之後從邁斯亞夫來了個特使去薩拉丁的帳篷跟他見面，在那裡有龐大的護衛圍繞在這位遜尼派領袖的身邊。期間，特使告訴薩拉丁他有隱密的口信要給他。聽到這番話，薩拉丁遣走大多數的隨員，但依然留兩個他最信賴的護衛在身邊。特使再次告訴薩拉丁只有他才可以知道這個口信。薩拉丁回答，他信賴這兩個護衛，恍如是自己的兒子一般，並且不管特使要說什麼，他之後也都會轉告他們。聽到這個回答，特使轉向護衛，說道：「如果我以我主人之名下令你們殺了蘇丹，你們會怎麼做？」突然間他們抽出刀子，瞄準薩拉丁的脖子，說道：「您想下令就說吧。」薩拉丁大吃一驚。他最信賴的護衛竟然是阿薩辛，這個人是錫南在幾年前安插在薩拉丁身邊的細胞。

特使的訊息傳達到了。如果像這樣受到信賴的人都可以是阿薩辛，那麼薩拉丁就無人可信了。薩拉丁立即解除圍城，而錫南的阿薩辛則可以自由離去。薩拉丁知道，要是他反擊，可能會有藏在隨從裡的阿薩辛隨時準備切斷他的喉嚨。但是阿薩辛的勝利維持沒多久。他們還是必須面對在中東的主要武力——基督教的十字軍。由於這個原因，他們把重心放在暗殺下一任耶路撒冷的國王，蒙特費拉的康拉德。

雖然宗教已經足以構成讓錫南去殺害康拉德的動機，但真正的原因卻沒人知曉。有些人認為，康拉德俘獲了一艘阿薩辛的船，殺了船長，把船員囚禁，取走船上的一切寶物。當錫南要求歸還船員跟寶物時，他被斷然回絕，所以下達了處死康拉德的命令。不過，也有其他的說法指稱這是要傳達給十字軍的訊息，甚至還有人認為這是送給薩拉丁的人情，畢竟錫南跟他越來越親近。

不管原因為何，到一一九一年時，蒙特費拉的康拉德是一個強大又充滿活力的人物。依照阿薩辛驗證過的方法，安插了一個細胞到泰爾（Tyre）去監視他的一舉一動。錫南的眼線發現康拉德熱衷於使穆斯林改信基督教，並且進一步成為僧侶。這些眼線等待時機，要慢慢親近康拉德和他的追隨者。但是當錫南獲知康拉德已經獲選為下一任的十字軍國王時，他就不能再等了。

一一九二年四月二十八日，當康拉德在巷道遇到兩個和善的僧侶時，他對著他們微笑致意。幾秒鐘之後，他躺在一灘血泊裡，而他們一再用刀刺向他。這絕對不是十字軍時代任何其他的刺殺行為所能超越的，這是最高調的暗殺行動。這事件的衝擊也撼動了整個基督教世界。

詩人安布魯瓦茲（Ambroise）寫到這次刺殺行動：

兩個沒穿斗篷、衣服內藏有匕首的年輕人朝他前去，並且一躍而過到他面前，把他怒推倒地，各自用刀插入他的身體。如此背叛他的這些卑鄙之人，是阿薩辛的爪牙。

在取得巨大勝利過後不到一年，錫南過世了。然而伊斯瑪儀派的信仰，以及他的阿薩辛繼續折磨著遜尼派信徒和十字軍。

毫無疑問，尼查里．伊斯瑪儀是史上最危險的精銳部隊之一。固然刺殺向來在歷史上扮演顯著的角色，但是這個刺客組織是最早把政治刺殺當作其一貫作為的特種部隊，但阿薩辛也是遍佈全球的恐怖組織的典型代表，特別是他們運用心理戰的獨特作風。

不過，阿薩辛在十三世紀被一群入侵者所消滅，他們摧毀了阿薩辛在阿拉木的城堡，連帶也毀掉許多他們的書庫跟文獻，這使得史學家很難確知有關阿薩辛的全部事蹟。征服他們的是蒙古人。在歐洲和中東，雖然宗教與野心是發動征服的目的，但蒙古人強暴與劫掠各國，卻似乎只是以此為樂……

第九章　蒙古怯薛（一一六二年）

蒙古帝國在巔峰時期是史上國土連結不斷、從日本海延伸到地中海，遠達喀爾巴仟山脈最龐大的帝國。有一百多萬人投入可汗麾下的軍隊，蒙古人決心要征服全世界。

不幸的是，關於他們的成就，只有在一本書中留存了下來。《蒙古秘史》（*The Secret History of the Mongols*）因而被大多數研究成吉思汗的史學家用來當做主要的文獻來源。成吉思汗不但是個惡名昭彰的軍閥，同時也是蒙古帝國，以及幫助他征服眾多土地的那支精銳部隊的創建人。儘管無法證明《蒙古秘史》的可信度，但肯定是道出了一個扣人心弦的故事。

成吉思汗在一一六二年左右出生於蒙古的中北部，起初取名鐵木真，這是他的父親也速該所俘虜的一個塔塔兒部勇士的名字。也速該是他所屬部落的大汗，鐵木真照說將來也會走上父親的路。不過，在那個部族跟部族激烈戰鬥的時代，顯然是沒有什麼美好的土地或財富可以取得。那片大草原的北面是難以穿越的森林，南面則是不宜人居的沙漠。草原本身並不適合農耕，也就意謂這些游牧民族必須仰賴牧羊跟馬匹存活。

身為部族大汗，也速該是一個人們會蜂擁前來求助，或為其效力的人物。這些人當中包含了一個名為札兒赤兀歹的鐵匠。帶著襁褓中的兒子哲里麥，札兒赤兀歹從他們位於黑暗針葉林裡的家，辛苦穿越雪地，為的就是要見上也速該。當找到也速該的營帳，鐵匠表示要面見首領。見面時，他說要把他的第一個兒子獻給也速該當僕人。不過，由於首領的兒子鐵木真才出生沒多久，也速該擔心妻子無力同時照顧好兩個嬰孩。他心懷感激，送別鐵匠時承諾他，當哲里麥長大成人，他會樂於把他納入帳下。

鐵匠帶著兒子回到樹林，不久妻子就為他生下了第二個兒子，但是令人傷心的是，她最後難產而死。鐵匠把兒子命名為速不台，獨力扶養兩個小孩。這時候，小鐵木真也同樣沒多久就喪失了雙親之一。由於敵對的塔塔兒部殺害了身為首領的父親，他失去了他的地位和原本要繼承的一切。在聽到父親的死訊之時，鐵木真年僅十歲，他嘗試要當部族的首領，但是他們拒絕承認這個小男孩的領導資格，還孤立了他的家庭。鐵木真、他的弟弟們，以及母親之後被趕到大草原，遭到拋棄。他們連一匹馬都沒有。在接下來的幾年，他們過著令人憐憫的貧困生活，而鐵木真則告訴母親，他將來有一天會討回這一切。

如他所說，鐵木真重建了的家庭命運。由於他表現得相當勇敢，有毅力，又擁有領導才能，受到鐵木真的吸引開始有了其他族人追隨他。到一一八七年春，他已經確立了首領的地位，手下有一小群追隨者及其家庭與畜群。

鐵匠並沒有忘記他的承諾，前去面見鐵木真。《蒙古秘史》寫下了他們之後的談話：

「多年以前我有一個兒子哲里麥，他在你出生時出生，隨著你長大，他也長大。當你的族人紮營在斡難河的迭里溫山，你、鐵木真出生時，我給了你的父親一條貂皮毯，好把你裹住。」這個老人可以從鐵木真臉上的表情看出來，這是他頭一回聽到關於他的身世。每一個蒙古人都至少可以回溯五代的家系，並且隨時都可以背出來。但是札兒赤兀歹可以感覺到，鐵木真不知道這些過往。老鐵匠繼續說下去。「當你還是個嬰孩時，我也把我的兒子哲里麥給你父親，但是因為他當時還只是一個嬰兒，我就把他留下自己養育。」他停了一下看看哲里麥，老鐵匠曉得兒子可望加入鐵木真的部落。童年時起，哲里麥就顯示出他對於成為鐵匠既沒有才能，也沒有興趣。札兒赤兀歹回過頭看著鐵木真。「現在，」他說道，「我遵守對你父親的承諾來了。現在哲里麥是你的了，為你裝上馬鞍，為你開門。」然後把兒子交給鐵木真。

哲里麥加入鐵木真的部族，弟弟速不台則回家成為一個像他父親般的鐵匠。然而速不台也有不同的想法。由於兄長幫助鐵木真在好些戰鬥獲得勝利，受到兄長成就的激勵，四年後速不台也投效鐵木真。不過，當速不台向鐵木真毛遂自薦時，卻拿不出什麼像樣的過往表現說服鐵木真。跟一般的蒙古人不同，速不台到三歲都還沒有學過騎馬，到五歲時，也沒有人給他弓箭，訓練他如何使用這個東西。他也不曾長時間騎馬，穿越艱困、開闊，沒有地標作為指引的原野。就是這類技能使得蒙古騎兵成為令人畏懼的武力，他們可以僅靠雙腿操控奔馳的戰馬，然後雙手空出來刺、砍他的敵人。

缺乏這些技能，似乎速不台能運用的，就是他身為哲里麥弟弟的身份。但這已經夠了，畢竟哲里麥已經證明了他是一個忠誠又有價值的戰士。固然速不台經驗不足，這是可以彌補的：他有熱誠，也有敏銳的智慧，以及——在部落戰爭所需——堅定的忠誠，這顯現在他對鐵木真的諾言，以下引自《蒙古秘史》：

速不台承諾鐵木真說：「我會像隻老鼠般，把其他人拉過來。我會像隻烏鴉，吸引一大群一大群的同類。像覆蓋馬的毛毯，我會聚集戰士們來掩護你。像為帳篷擋風的毛毯，我會集結龐大的軍隊來防衛你的營帳。」

起初他被派去看管鐵木真的營帳，年輕的速不台藉此學到了一流的軍事參謀能力。當鐵木真和將領們規劃如何取勝時，他專心聆聽，記下每一個字。他也努力讓自己成為一個戰士：學習騎馬跟射箭，並且練習蒙古騎兵機動攻擊的戰術。

一一九七到一二〇六年間，速不台幫助鐵木真用血腥的手段，兇猛地打垮了所有的敵人，使人們聽到蒙古人就害怕。舉例來說，在征服了殺死鐵木真父親的塔塔兒部之時，鐵木真下令所有男性走過馬車的輪子，所有比車輪高的男性都要斬首，而較小的孩童則納入蒙古的軍隊，女性則被迫為奴。就這樣，塔塔兒部不復存在。隨著時間過去，蒙古人運用這個策略的手段會愈臻完美，確保所有被征服的敵人不是消滅，就是無法再形成一個族或國家。

隨著速不台升遷成為好幾支部隊的指揮官，他在一二〇六年終於幫助鐵木真毀滅了蔑兒乞部。這差不多是五十年來第一次，所有的蒙古部落被統一了，現在是由單一的國家領袖指揮。這時候，鐵木真改了他的名字，一個歷史上響噹噹的名字，自稱成吉思汗。

在征服了自己土地上的敵人以後，成吉思汗立刻著手建立一支國家軍隊，一支足以進行大規模又持久的軍事行動，可以對抗更強大對手的軍隊。在這支軍隊中，速不台被任命為千戶長兼統領。從那天起，每回成吉思汗——還有後來他的兒子窩闊台——在規劃重要的軍事行動時，速不台的意見都會受到重視。

除此之外，速不台被編入在許多蒙古人眼中最精銳的單位：怯薛（禁衛軍）。這單位包含蒙古軍裡最聰明的軍事指揮官和參謀，而速不台是其中的領導人物。其目標是在優化、制度化指揮體系的同時，也建立作為帝國的衛隊。

怯薛的成員，是在成長的早年開始擇優挑選，是否入選完全取決於他們的表現。因此，跟同時代許多的精銳部隊不一樣，普通老百姓也有機會入選。重要的是，想要加入的人必須有成為偉大戰士或指揮官的潛力。在蒙古軍中最優秀的人物——如速不台——的指導下，這些有機會加入的蒙古人學習當個軍官，並且享有比正規軍更高的地位。

這反映在戰場上：怯薛位於陣線中央大汗的旁邊。身穿漆黑的盔甲，騎在黑色的馬上，看來就教人害怕。在戰鬥時保護國王固然是一件必要的事情，但他們還扮演另一個重要的角色；蒐集情報。速不台為了取得情報所付出的龐大心力，以及後來運用情報來攻佔敵人土地的這件事，可說是軍事史上最特殊的故事之一。

成吉思汗自一二一一年起展開跟金國的漫長戰爭（直到一二三四年才結束）。但他在一二一九年以兇猛的方式拿下花剌子模，這項勝利多少歸功於速不台的戰略規劃。據說拿下這個地方時的大屠殺，造成超過五分之四的人口不是死亡，就是淪為奴隸。如桑德斯（J. J. Saunders）在他的《蒙古征服史》（*The History of the Mongol Conquests*）中所說：「蒙古人所刻意進行的冷血種族屠殺……只有遠古的亞述人跟現代的納粹做過類似的事。」

一二二〇年，當蒙古軍隊開始征服阿富汗跟呼羅珊[1]時，速不台得知在裏海彼岸那兒住著「窄臉，淡色頭髮，藍眼珠的人」。這讓他有了個想法。他向成吉思汗提議，請求讓他以及另一個名叫哲別的偉大蒙古戰士，連同兩萬人馬，穿越這些未知的土地，展開一場漫長的馬上偵察活動，好獲取情報進行未來的征戰。在他們去過的每一處地方，他們都會繪製地圖，統計該地人口，調查穀類跟產出的情況，甚至編纂有關氣候的記載，以了解是否值得去征服。他們也會探知政治與軍事相關的情況，確認這些地區的軍人如何作戰，找出誰是朋友，誰是敵人，或者可以使誰跟誰互鬥。

成吉思汗贊同這個想法，但是下令速不台必須要在三年內回到蒙古，如此才能展開新的征戰。一二二一年二月，速不台和蒙古騎兵展開了史上獨一無二、引人注目的偵察行動。

也許你會認為前進未知的世界是我的長項之一，如此我多少可以了解速不台可能會有什麼感覺。遠離家鄉數百英里，無法尋求支援，你必須要確定已經做好萬全的準備。為前方所可能會遭遇的地形地貌與情況預作訓練是必要的，正如你必須準備可能會需要的裝備。要籌足此行所需要的金錢要花費時間，畢竟這種遠征開銷甚大。基於這種種原因，我的隊伍跟我花費七年時間訓練和準備，然後在一九七九年才展開遠征南北極的行動。

一九九二年，我跟麥克．斯特勞德（Mike Stroud）打破紀錄，完成史上距離最長的自給自足極地雪橇之行。當時，由於我們很在意要擁有一切所需，也知道會像速不台當年那樣無法尋求支援，我們的雪橇因此重達四百八十五磅。這相當於把一個裝載有三個平均成人體重的浴缸拖過冰雪的地面。我只能通過想像，了解速不台如何進行有關後勤的訓練，並且使兩萬部隊做好準備，前進未知的世界。要確保每一個人、每一匹馬有足夠的體力進行這種長途跋涉，會是一項巨大的挑戰。當麥克跟我投入那一趟自給自足的南極之行時，我們每天吃掉超過五千兩百卡路里的食物，然而這還不足以讓我們支撐下去。當那場著名的悲劇發生時——也就是史考特隊長和他的隊友在試圖前往南極的途中死去——他們發現四千五百卡路里的熱量不足以維持這樣的行程，然後都慢慢地餓死了。我非常在意這一點，因此在一九八〇年代向美國航空及太空總署（NASA）請教，想要了解如何處理太空人在太空進食的問題。那時候他們正試著發明裝有高熱量食物的輕量食物包。不幸的是，在我之後的遠征中，我們從來都無法取得每天五千卡路里以上的口糧，而且不比史考特上校在一九一〇年所使用的口糧來得輕。但是速不台跟他的手下不久就有更沉重的事情要處理了。

1 編註：位於今日伊朗東北部。

在沿著庫拉河岸（Kura）前進，行軍繞過裏海南端，朝提比里斯而去時，他們發現喬治亞（Georgia）的國王，「輝煌的」吉奧爾基五世（George the Brilliant）率領七萬名騎兵在等待他們。速不台認定這次理應是偵察行動，無意犧牲珍貴的人馬交戰。不過，當喬治亞的軍隊攻過來時，除了接戰別無選擇。

不管怎樣，戰鬥對這些蒙古戰士來說談不上是苦差事。他們從馬背上射出致命的箭雨，使得喬治亞軍在得到夜色的保護之前先行被迫後撤。速不台無意跟喬治亞軍進一步戰鬥，他取得第一手的情報，知道了吉奧爾基五世手下的部隊如何列陣，以及他們所使用的武器。他記下這些訊息，要是此後再度遭遇，速不台就知道要如何對付他們。

速不台不想再有衝突。如果必須穿過喬治亞境內，一再展開交戰，就會耽誤他的戰士們，難以及時穿越歐洲最高、最難以越過的高加索山脈。當然這並不表示蒙古人不會在前進途中侵襲容易攻擊的目標。畢竟在他們的血液當中流有想要征服他人的元素，何況他們還需要持續補給馬匹與糧食，更不用說去取得容易到手的財貨。

他們在亞塞拜然正是這麼做：當速不台的戰士拿下蔑刺哈鎮時[2]，對居民展開大屠殺以後，盡可能地帶走了戰利品。他們朝俄羅斯前進，一路劫掠，以致有些市鎮乾脆開門讓速不台拿他要的東西，他們很清楚，如果不順從的話，會有何種命運降臨到他們身上。在蒙古軍隊殘暴的名聲傳播開來以後，他們所造成的恐懼使許多地方最後不戰而降。

速不台刻意利用這種心理來達成他的目的。他也許會在某個城鎮大開殺戒，他很清楚，有關於蒙古戰士野蠻殘暴的風聲，會迅速流傳到周邊地區。如此，下一座城鎮就可能會不戰而降，也因而讓蒙古戰士避免不必要的傷亡。這種戰爭的方式道德與否具有爭議性，但是毫無疑問它非常有效。蒙古人的策略非常簡單。他們會放過任何一座不戰而降的城鎮。至於那些造成蒙古戰士傷亡的地方，就只能等待他們毫不留情的殺戮。

一二二一年秋末，當冬天已經開始降臨到高加索山脈的山麓丘陵時，速不台的蒙古軍西向進入喬治亞，發現喬治亞國王和他的軍隊再次在等待著他們，這回是在現今達吉斯坦山脈（Dagestan）地區。由於速不台之前看過喬治亞軍是如何直接投入戰鬥，他這回已經做好了準備。他下令騎兵偽裝撤退，把喬治亞人誘入山丘。一如他所計畫的，喬治亞戰士吞下這個誘餌，接著在他們還搞不清楚狀況之前，已經被徹底包抄，再來就是大屠殺了。喬治亞軍——基督教世界最優秀的軍隊之一——潰不成軍，傷亡殆盡，使得喬治亞幾乎毫無防衛能力。在接下來的好些年，由於沒有軍隊駐防，喬治亞持續遭受土匪跟強盜的侵擾。

征服喬治亞以後，速不台現在要面對另一件事——越過要命的高加索山脈。在抵達打耳班城（Derbend）以後，速不台儲存軍需，也接受古斯塔斯伯一世（Gushtasb I）——希爾萬（Shirvan）的君主——提供護衛。但是古斯塔斯伯一世無意讓蒙古人橫過他的領土。

2 編註：現稱馬拉蓋（Maragha），位於今日伊朗西北部。

出發時的狀況很糟糕，嚮導遵循主子的指示，帶蒙古軍隊走最難走的路。同一時間，古斯塔斯伯一世派出使者穿越山脈的捷徑，警告在西方大草原上的人們說蒙古人要來了。

穿越高加索山脈損失慘重。大風雪中，蒙古人被迫拋棄他們的投石機（攻城時很有用的投射機器），以及許多的輜重，數百蒙古戰士凍死。一九七〇年，我遠征挪威的法貝托伯瑞冰河（Fabergstolsbre）時，我們損失了一台雪橇——失控滑入裂縫，上面有我們所有的滑雪屐和好幾個帳篷。我們的運氣還好，沒有再損失其他的東西。我有兩個夥伴——羅傑．查普曼（Roger Chapman）和派翠克．布斯（Patrick Booth）——跟這雪橇繫在一起，要不是用帶鞘鋸齒刀割斷繩索，他們當下無疑會喪生。除了感謝老天保佑，讓情況沒有再惡化，然後繼續堅持前進以外別無選擇。從那以後，我們同隊的五個人必須共用兩人用的帳篷，在氣溫低於零度的地方，至少這使得周圍變得比較溫暖舒適。

我必須承認，失去了數千磅的裝備，令我心驚。當然，要是在遠征途中真的發生嚴重的失誤，我通常可以用無線電連絡我的妻子金妮，請她協助或提供支援，這會令我放心很多。即便我並不亟需協助，能夠聽到她的聲音還是很美妙的。這是速不台無法享有的——他跟心愛的人們完全隔離。不過，有一回我無法向金妮求助。一九八二年，在我們從事環球遠征之時，金妮的營帳突然失火，摧毀了我們珍貴的儲藏品。她只能眼睜睜地看著八個四十五加侖的汽油桶爆炸，不久就是照明彈和彈藥。全球的報紙跟電視都用頭條方式報導，譬如「極地探險失火」，以及「北極基地大火」。

不過，有兩次特別嚇人的情況，當時我被迫求救，並且被用飛機載走。頭一次是發生在我打算達成單獨、自給自足越過南極洲的第一人之時。在順順利利前進二十五天以後，我因為腎結石而動彈不得。雖然努力撐過我所不曾經歷過的極端痛苦，但不久後就不得不做出選擇：發出求救，否則我的腎臟將永久傷害。第二次是發生在當我打算達成單獨、自給自足抵達南極點的第一人之時。不幸的事情是，一塊冰層移動，打開了下方的海水，把我的雪橇也帶了下去，上面裝載有七十天的糧食跟三十天的燃料。為了繼續這趟探險，我必須要把雪橇救出來，但是要辦到這件事，我得迅速把我的左手暴露在冰冷的水中。就在我試圖把雪橇拉出來時，我的手指因為凍瘡而裂開，而且我用盡方法都無法使它們回溫。呼叫求援後不久，一架飛機就把我載走了。教我悲傷的是，我的手指救不回來了。我從來就不是個有耐心的人，最後我等不及到醫院動手術，當下自行在小屋裡把幾根手指的末端給切除了。

不像我這麼好命還有飛機可以救援，倖存的蒙古戰士們最後走出了山隘，筋疲力竭，而且因為這趟充滿危險的行程而士氣低落。不過，他們可沒有喘息的空間。在前方狹窄的山隘口之前，有五萬名庫曼（Cuman）的軍隊，以及其他部落的人馬等待著。

在漫長的軍旅生涯裡，速不台很少會像現在這樣被困住。他曉得不能退回到山裡，因為古斯塔斯伯一世所聚集的伊斯蘭軍隊必定會在另一頭等他。由於無路可退，狹窄的地形又使得他無法發揮蒙古兵的機動性，速不台下令疲憊不堪的軍隊發動正面攻擊，但是很快就被擊退。情況看來危急，速不台明白必須緊急改變行動方針。還好他是這方面的專家。

速不台派出使者到庫曼部落，表示要用黃金和馬匹收買他們，同時指出庫曼人跟蒙古人是草原上的兄弟，沒有理由彼此殘殺。庫曼人上當了，入夜後他們拋棄了其他部落任由蒙古人宰割，而後者也馬上痛下殺手。但是蒙古斥候也沒打算放走庫曼人。當庫曼人把軍隊分成兩隊各走不同的方向，速不台和哲別迅速逼近敵方主力，趕上之後，殺得片甲不留。所有賄賂用的財寶和有價值的馬匹也都奪回。在敵人被摧毀之後，現在通往俄羅斯的路已經敞開。

當速不台的人馬前往俄羅斯時，他們遇到威尼斯來的商人。速不台很快就明白他們是了解西方的珍貴情報來源，並且邀請他們到他的營帳。他慷慨招待這些人，儘量從他們身上探聽消息，並且要他的部下根據威尼斯人得到關於遠方的消息繪製出地圖。有關匈牙利、波蘭、西里西亞和波希米亞的簡略地圖被畫了出來，後來這些地圖都證明會相當有用。威尼斯人離開時，他們也跟蒙古人簽下秘密協定，當他們拜訪一些國家時，會把有關的經濟力量和軍事行動回報給蒙古人。相對的，蒙古人承諾會摧毀所有他們行經的國家之內的貿易站。如此，只要速不台的人馬到過的地方，威尼斯都會有獨佔這些地方貿易的機會。

一二二二年的秋天和冬初，蒙古斥候和偵察部隊越過了頓河和第聶伯河。他們侵襲克里米亞，蒐集情報，並且報告部隊移動等事供之後進行征服時用。不過，蒙古人屠殺後的庫曼倖存部隊，現在向俄羅斯的諸王警告蒙古人在逼近當中。在聽到這消息時，加利西亞（Galicia）的王公，勇敢的姆斯蒂拉斯夫（Mstislav the Daring）召集其他王公，以便在蒙古人來到他們的土地構成威脅以前，先集結好各自的部隊。不久這支聯軍的人數就超過了八萬人。

速不台從斥候獲知對方正在推進，明白如果不想要被俄羅斯的多方向攻擊困住，就必須迅速移動到東方去。速不台再一次試圖運用外交手段來避開衝突。他派出使者們去通知俄羅斯人他們不用擔心蒙古人，而且這些人會朝東移動，離開俄羅斯。眾俄羅斯君王的行動並不出人意料之外，他們並未中計，部隊繼續推進。

當速不台的主力東進時，他留下約一千人的後衛，以報告敵軍的動向，同時拖延俄羅斯聯軍前進的速度。不過，當俄羅斯聯軍的先頭部隊接觸到蒙古的後衛時，由於兵力懸殊，很快就輾過了他們。連續九天，俄羅斯聯軍追逐蒙古兵，後者撤到亞速海的北方。然而，由於欠缺單一的統帥，紀律又良莠不齊，俄羅斯各軍散佈在長達五十英里的後方。這個時候，蒙古人正騎馬越過他們之前探查過的地形；速不台也善用了這一點知識。

一二二三年五月三十一日，蒙古軍停駐在迦勒迦河（Kalka）西岸，編好隊要進行戰鬥。當姆斯蒂拉斯夫領導的俄羅斯先頭部隊騎進山谷時，他們遭遇擺好戰鬥隊形的蒙古軍。先頭部隊沒有等待其他的後進部隊就投入戰鬥。這正是速不台所期望的。隨著黑煙從蒙古人所挖掘的坑洞飄過戰場，重騎兵突然穿透煙霧展開攻擊。這造成巨大的震撼效果。一些俄羅斯部隊後撤，沒撤退的部分遭到殺害，蒙古兵在他們當中橫衝直撞。他們追逐敗軍超過一百五十英里，襲取了基輔王公防務良好的營地，又殺了一萬人，然後宣判基輔王公死刑，把他關到一個箱子裡悶死。戰役結束時，一萬八千人的蒙古軍，屠殺了四萬多名俄羅斯戰士，其中包括六個王公和七十個貴族。

由於任務已經達成，而且三年的期限也接近尾聲，速不台、哲別，以及他們的手下折返去錫爾河（Syr Darya）河畔會見成吉思汗。但是在他離開之前，速不台留下數十名間諜和秘密的傳令，固定回報在俄羅斯跟東歐發生的事情。這些情報會交給蒙古的情報中心，依照歐洲各國為名編纂成檔案，內容還涵蓋分裂各國的政治與宗教對立問題。速不台前進俄羅斯的偵察行動是史上最漫長的騎兵之行，在僅僅三年之內跨過了五千五百英里。事實證明，他所取得的情報對日後蒙古帝國的持續壯大價值非凡。

成吉思汗一二二七年過世，他的兒子窩闊台繼位，打算由速不台帶領，延續汗父征服俄羅斯和歐洲的計畫。雖然部隊已經擴展行動到金國、高麗，和高加索及黑海，窩闊台還是提供了十五萬的兵力給速不台，這個數字是建立在情報官所提出的合理評估。靠著密探這些年來蒐集的所有情報，速不台最後在一二三六年動身去征服俄羅斯以及更遠的其他地方。

速不台了解到要成功征服俄羅斯，關鍵在於孤立且迅速解決各個公國，避免他們組成任何聯合武力，這一整個國家很快就以令人驚駭又血腥的方式，落入蒙古人的手中。隨著城堡一座座淪陷，並且變成屠宰場之後，已經沒有所謂的安全處所。桑德斯有寫到這一段歷史：

有些人被釘在尖柱上，也有是被用木片刺穿他們的指甲或指甲下方。神父們遭到活活燒死，而修女及少女則是在親友面前，在教堂被強姦。

基輔所受到的屠殺與毀壞極為嚴重，據說六年後當一位旅人路經該地時，他描述說那裡只有幾百間的小屋，地面依然堆積了「數不盡的頭骨和屍骸」。到一二四〇年結束時，俄羅斯已經差不多要完全淪陷，軍隊也遭到殲滅。

就這樣，速不台和他的人馬現在前進歐洲，運用他們在從事偵察任務時自威尼斯商人那裡得來的珍貴情資，很清楚許多歐洲國家的軍隊已經離開去投入十字軍東征了。

在蒙古軍一連串秋風掃落葉的勝利以後，匈牙利國王貝拉四世（Bela IV），拚命試圖擋住喀爾巴仟山脈的通道，用的是砍倒的樹木、水道、陷阱和其他的自然障礙物。一方面是要減緩蒙古人的前進速度，一方面是要藉機建立自己的兵力。儘管做了這些努力，蒙古兵速度還是驚人，每日前進六十英里，期間他們還必須克服數英尺深的雪，和擋路的障礙物。

冬季來臨，加上蒙古軍行進快速，以及速不台把軍隊分成幾路推進，使得蒙古軍能夠在一連串的戰鬥當中，殺害許許多多的波蘭和匈牙利軍人。歐洲人不但對入侵的蒙古人所知甚少，他們甚至在火力、機動性、指揮，和耐力方面，也都不如蒙古人。這一點在紹約河戰役時特別明顯，蒙古軍屠殺了七萬多名匈牙利戰士，相當於整個國家的軍力！

在消滅了匈牙利軍隊以後，蒙古人囊括了整個東歐——從第聶伯河到奧德河，從波羅的海到多瑙河。只花了四個月，他們已經擊潰了人數五倍以上的基督教軍隊。到一二四二年初，速不台甚至開始討論進攻神聖羅馬帝國的計畫。不過，當窩闊台可汗過世的消息傳來，這些計畫就破滅了。

就這樣，蒙古軍隊現在不得不返鄉參加新可汗的選舉。他們不會再回到歐洲了。

速不台繼續為可汗效命，在跟宋朝的交戰之後，他最終在一二四八年返回蒙古。他是在土拉河（Tuul）附近的家中度過餘生，過世時已經是七十二歲。

他起初是個在林中長大的男孩，從沒沒無聞到後來成為建立、維持初期蒙古帝國的關鍵人物。身為怯薛的一員，他把許多收集到的情報傳遞下去，如此帝國才有能力繼續征服更多的敵人並佔領土地，包括伊斯瑪儀的阿薩辛所控制的地方。

一二五六年，當試圖刺殺蒙哥汗的行動不果後，蒙古軍隊猛攻阿拉木的伊斯瑪儀派據點。當蒙古戰士登上極為陡峭的絕壁，其他人則在山巔用中國式的攻城十字弓摧毀城牆防衛。這種結合部隊、火力，並以慈悲待人的方式有了效果。一二五六年十一月十九日，伊斯瑪儀的教長向蒙古人投降，之後他從一座城堡再到另一座城堡公開呼喚追隨者投降。

忽必烈於一二九四年過世以後，蒙古人最終分裂成相互競爭的團體，失去了影響力。這有一部分跟黑死病爆發有關。有一群奴隸即將成為舉世最為精銳的部隊之一，他們也會登上歷史的舞台……

第十章　馬木路克（一二四二年）

一群群的蒙古人一路橫衝直撞穿越歐洲，其中一個欽察部試著逃往安全的地方。他們越過黑海，最終來到保加利亞，定居在一座小村落，祈求終於找到了和平。

然而這些欽察人的生活還是艱困的，大部分是貧困的農人，他們發現要在保加利亞寒冷的冬天種植穀物幾乎不可能。有些人餓死了，但是倖存者還是一起找到活下去的毅力，希望不久就可以前去到氣候比較溫暖的地區，在那裡他們的穀物比較能夠順利成長。

在一個寒氣逼人的夜晚，當各個家庭的人們回到他們的臨時居所時，一個足以使人心跳停止的呼叫聲粉碎了他們的平靜生活。從黑暗中突然衝出蒙古戰士，把尖叫的家人拖出家門，並且搶走任何有價值的東西。當一個家庭接一個家庭被殺戮時，蒙古人又拖了一個欽察人走向劊子手。但是這個欽察人跟其他人不同。他是拜巴爾（Baibars），十九歲，金髮碧眼，一隻眼睛有白內障，身高比同族的其他人都還要高，想不注意到他都很難。

指揮官拿著沾血的劍走向他，打量了一下。這一刻拜巴爾的性命在他手中。幾秒過後，指揮官轉過身向屬下點頭；放過這個人，他可能可以賣到好價錢，不過，村裡的其他人都可以殺掉。在大致用鏈條拴好後，拜巴爾看到一個蒙古兵用劍刺死他的父母。他永遠都不會忘記這一幕，蒙古人後來也會為這件事情後悔莫及。因為這個農奴將來有一天會展開報復。

被帶到希瓦（Siva）的奴隸市場後——當地只販賣在歐洲俘獲、最優秀的奴隸——拜巴爾和其他的囚人被公開展示。即便是在這群人當中，拜巴爾依然鶴立雞群。任何買家都清楚，這個人身軀魁梧，神情帶有攻擊性，有能力操作重兵器，在任何軍隊裡都會是一項資產。而這時候有一支軍隊正是擅長把奴隸轉變成令人敬畏的戰士——馬木路克。

馬木路克是在九世紀時出現的，當時信奉伊斯蘭的國王們想要用奴隸組成一支部隊。由於奴隸兵沒有區域、部落，或個人的牽絆，他們認為這些人只會效忠領導他們的國王，就像拜巴爾那樣。他們多半是突厥人，年紀輕輕就會騎馬射箭，可以訓練成傑出的戰士。

在持續的競價過後，拜巴爾被一個地位頗高的埃及人買下。不過，在帶拜巴爾到開羅以後，買主遭人逮捕，他的奴隸則被埃及蘇丹薩利赫·阿育布（As-Salih Ayyub）收下。拜巴爾不但有了新主子，還接受馬木路克式的訓練。

在被帶到位於開羅大城堡的營區後，他很快投入馬不停蹄的軍事訓練，這包括了射箭和馬上的戰鬥訓練。重點是騎馬戰鬥訓練（Furūsiyya），這跟基督教騎士的騎士精神頗為類似，包括了一些品行方面的道德規範，譬如膽識、勇猛、寬大和慷慨。它也涵蓋戰馬的管理、訓練和照顧，還有騎兵戰術、騎馬技巧、甲冑和馬上射箭。他們也學習軍事戰術，包括了編隊，以及如何運用火和煙幕。由於要建成令人敬畏的作戰機器，甚至還要教導如何處理傷口。在群體當中，拜巴爾的表現尤其出眾，特別在戰鬥與軍事戰術方面更是如此。

馬木路克的訓練相當嚴苛，受訓者完全待在大城堡內，所以有些休閒活動還是會鼓勵的。馬球特別受到歡迎，因為這牽涉到掌控馬匹、猛地迴轉以及突然奔騰等等這些技能，跟在戰場上的技巧完全相似。跟歐洲的騎士馬上長槍比武類似，騎馬射箭比賽、馬背技術表演，以及騎馬戰鬥也一週舉辦兩次，最後在開羅還蓋了一座競賽場，供馬木路克比賽所用。

幸好拜巴爾跟他的馬木路克夥伴接受過高標準的訓練。當時，基督教十字軍正打算要拿下埃及，過不久蘇丹就把他的部隊投入戰鬥了。就在這裡，拜巴爾將會揚名立萬。有一位十字軍描述他為「聰明如凱撒，嚴酷如尼祿」。他在軍中升遷得很快，不久就被調到巴赫里耶團（Bahriya Regiment），一個有一千名馬木路克突擊騎兵的單位，他們是蘇丹的精銳護衛。

有些人認為拜巴爾是在一二四四年的拿福比戰役（Battle of La Forbie）才真正一舉成名。在那一年年初，埃及的盟友花剌子模拿下了耶路撒冷。十字軍決心要奪回，因此朝拿福比前進，那是加薩東北方的一座小村莊，埃宥比的馬木路克戰士就在這地方等待他們。儘管十字軍騎士人數上佔有優勢，馬木路克戰士還是摧毀了他們，殺死五千名十字軍，俘虜八百人，其中有許多是知名的戰士或貴族。

有些人推測說在這場戰役當中，馬木路克部隊是由拜巴爾統領，但是史學家史蒂芬·韓福瑞（Stephen Humphreys）在他所著的《從薩拉丁到蒙古人》（*From Saladin to the Mongols*）中持不同的看法。他認為由於有一個姓名類似的戰士，所以形成混淆。不管怎樣，十字軍在拿福比戰役慘敗而極不光彩，教皇諾森四世遂呼籲發動第七次東征。法國的路易九世是回應呼籲的少數人之一。到了一二四八年，他已經聚集了超過一萬五千人，其中包括三千名騎士和五千名十字弓手。在數個月的行進之後，路易九世的三十六艘船在尼羅河畔的達米埃塔（Damietta）靠岸。埃及方面並未強力抵抗，路易九世迅速拿下這座港口，他想要建立一座可以攻打耶路撒冷的基地。十五世紀的穆斯林史學家麥格里齊（al-Maqrizi）寫說，路易九世後來發了封信給薩利赫．阿育布。

如你所知，我是基督教國家的統治者，我很清楚你是伊斯蘭國家的統治者。當我們把安都拉斯（Al-Andalus）的人民像牛一般驅使時，他們給我錢和禮物。我們殺了他們的男人，讓女人當寡婦。我們把男孩女孩帶走當俘虜，使房舍變空屋。我已經跟你講得夠多了，我也盡全力勸告過你，所以，就算你現在對我發下最重的誓言，就算你去基督教的神父和僧侶那裡，就算你舉著燭火在我眼前表示你服從十字架，這一切都無法說服我不會前來找你，並且在這大地上你最心愛的地方殺死你。如果這土地會屬於我，那麼它是給我的禮物。如果這土地會屬於你，並且你打敗我，那麼你會取得支配的優勢。我已經告訴過你、警告過你關於那些效忠我的軍隊。他們足以塞滿空曠的原野跟山脈，他們的人數多如卵石。我會派他們帶著毀滅的刀劍去見你。

可想而知，阿育布拒絕投降，更何況他的部隊曾經在拿福比戰役非常成功地擊敗了十字軍。當路易九世朝開羅推進時，阿育布突然過世，無人接掌大權。現在看來十字軍必然要獲勝了，尤其是當他們迅速橫掃埃及在吉帶拉（Gideila）的營地，然後把注意力轉向有城牆防護的曼蘇拉（Al-Mansurah）時。

當埃及部隊從曼蘇拉城逃離時，儘管眼看就要敗戰，拜巴爾和馬木路克戰士堅守不退。除非能夠在短時間內想出個方案，不然他們全都會遭到屠殺，而埃及跟耶路撒冷都會淪陷。

看著十字軍成群結隊逼近，拜巴爾突然接管指揮，並下達了一道命令，驚嚇其他同行的馬木路克戰士。「打開城門，」他喊道，了解到已經潰散到無力抗拒攻城行動的地步，而這個做法是他們唯一的機會。

沒多久，以為埃及人已經棄守，十字軍直接衝進城內。當他們騎馬穿過空無一人的街道時，拜巴爾突然下令躲在陰暗處的戰士發動攻擊。深厚的城門轟然關上，十字軍發現已掉入了陷阱。無處可逃，騎兵在狹窄的街道又無法機動，他們只能面對馬木路克戰士以及城內數千人的襲擊。十字軍騎士從馬上被拉下，並且在原地遭到壓制與殺戮。面對這種全力釋放的猛烈暴力行為，最後只有五名聖殿騎士活著逃了出去，其中之一後來哀嘆道：

> 我心中只有憤怒與悲傷……這感覺是如此強烈，我幾乎沒有勇氣活下去。就像上帝打算支持這些突厥人傷害我們……啊，我的主，上帝……唉，我們已經失去了這麼多東方的土地，要讓這地區重新站起來已經不可能了。他們會把聖母瑪利亞的修道院蓋成清真寺，她的兒子本該為此哭泣，卻反而為這個偷

竊的行為感到喜悅，我們也只能被迫順從……只有瘋子才會想要對抗這些突厥人，耶穌基督不再跟他們戰鬥了。他們已經征服，他們將會征服。他們每過一天都會把我們趕得更遠，之前醒著的上帝現在已經沉睡，而穆罕默德變得更為強大。

從原本看來即將敗戰的局勢，埃及現在勝利中挺立，而這都是因為一個馬木路克奴隸兵。但不管想要如何去稱讚他，都會令人感到詞窮。

蘇丹過世之後，一連串的權力鬥爭的結果是國王的遺孀舍哲爾・杜爾（Shahar al-Durr）奪得王位，她之後嫁給一位名叫伊札丁・艾伯克（Izz al-Din Aybak）的馬木路克。不過，杜爾沒多久就遜位，這使得艾伯克成為史上第一位馬木路克蘇丹。但這對拜巴爾並不是好消息。艾伯克跟拜巴爾是敵人，如果拜巴爾留在埃及，就會有生命危險。別無選擇，拜巴爾跟效忠他的馬木路克人逃亡到敘利亞。這時候，埃及的權力鬥爭持續進行，艾伯克在一二五七年被王后殺死，穆贊法爾・賽伊夫丁・古圖茲（Al-Muzaffar Sayf al-Din Qutuz）繼而成為新蘇丹。

當拜巴爾和他的馬木路克人在敘利亞當傭兵時，新蘇丹在一二六〇年急於跟他聯絡。他不但邀請拜巴爾回到埃及，還給他一個消弭舊有恩怨的機會：蒙古人要來了。

一二五八年二月，由成吉思汗的孫子旭烈兀所統領的軍隊拿下了巴格達，據說屠殺了當地的二十五萬人。蒙古騎兵甚至把阿拔斯王朝最後一任的哈里發，也是伊斯蘭教的精神領袖——穆斯台綏木——用毯子包覆之後讓馬踢死他。大馬士革跟阿勒坡緊接著淪陷，靠著幾近滅絕的阿薩辛的協助，蒙古人完成征服敘利亞的工作。現在擋在蒙古帝國、耶路撒冷、麥加和開羅之間的，就是埃及蘇丹跟拜巴爾。

回到開羅之後，拜巴爾立即接掌埃及的軍隊，計畫不但要守住他的移居國，還要向在他眼前殺害家人的敵人報仇。一二六〇年九月三日，等待已久的機會來了。率隊到耶路撒冷正北方的阿音札魯特（Ain Jalut），拜巴爾發現有三萬蒙古兵正在等著。埃及軍數量是對方的兩倍以上，但是，如我們之前所看過的，這並不保證馬木路克可以取得勝利。

蒙古軍先是對埃及人發射致命的複合弓，然後啟動重騎兵攻擊，摧毀埃及部隊的戰線，迫使全軍後撤。當蒙古軍劈砍逃亡的馬木路克戰士時，拜巴爾把部隊引向周遭的樹林當中，看起來是在撤退。然而，就在敵人接近樹林時，他大聲呼喊。瞬間有六萬名埃及騎兵從林木中隆隆衝出，攻入蒙古兵的側翼，斷絕他們唯一的逃亡路線。他記得敵人曾經如何對待他的村落，拜巴爾下令不留一兵一卒。蒙古軍全軍覆沒。這是蒙古人第一次遭到挫敗，阿音札魯特也標示著蒙古帝國在中東所能觸及的最遠位置。

在達成了一個絕大多數人都遙不可及的偉業之後，可想而知，拜巴爾認為他應該獲得賞賜。當望向阿勒坡的統治階層時，他卻感到沮喪，因為不會有任何的獎賞。古圖茲蘇丹為拜巴爾的大受歡迎而感到害怕，也擔心他另有所圖，因此把他再度驅逐出境。但是這次拜巴爾可不願意安靜地離開。刺殺古圖茲之後，拜巴爾繼而成為埃及以及敘利亞的蘇丹。對於一個在十六年前原本是個農人卻被蒙古人劫走，賣去當奴隸的年輕人來說，確實是了不起的突破。

作為一個曾經是奴隸的人，拜巴爾統治著從開羅延伸到巴格達的帝國超過十七年。由於深受擁戴，被人們稱為「埃及之獅」，這是基於跟十字軍對戰的諸多戰役有重大關係。在攻打完敘利亞跟巴勒斯坦的十字軍城鎮跟村落不久後，拜巴爾拿下了包括阿蘇夫和雅法，他也分別在聖殿騎士團及最後醫院騎士團的據點——安提阿以及克拉克騎士堡（Krak des Chevaliers）摧毀了他們。

拜巴爾在一二七七年過世，死因成謎。有些文獻顯示他誤飲了準備用來毒殺其他人的馬奶酒。也有人指出他可能因為戰傷，最後終於撐不下去。儘管十字軍視他為魔鬼的化身，對穆斯林來說，他以偉大英雄之名逝世。他的馬木路克後代持續掌權到一五一七年，直到奧圖曼人和馬木路克王朝本身精銳的奴隸部隊在那一年消滅了他們。

第十一章　耶尼切里軍團（一四五三年）

從西元三二四年起，君士坦丁堡就一直是拜占庭帝國的首都，是基督教世界的明珠。從阿拉伯人到維京人，有許多人嘗試要佔領這個地方，但是全部都失敗了。海面上防衛它的是一支龐大的海軍，在陸地上環繞著它的是傳奇的狄奧多西城牆（Theodosian Walls），使君士坦丁堡幾乎固若金湯。

這城牆越過半島，延伸約六．五公里，城牆有二十公尺寬，號稱有七公尺深的壕溝，有管路可以引水迅速淹沒壕溝。壕溝之後是外牆，有可以俯視護城河的巡邏步道。然後是第二道城牆，這裡有塔樓及一處內置平台，這個發射平台可用來射擊攻打護城河和第一座城牆的敵方部隊。在第二面城牆後是第三面內城牆，它差不多有五公尺厚，十二公尺高，並且有面向敵軍的九十六座突出的塔樓。塔樓間相隔約七十公尺，高約二十公尺，可容納約三門砲。

可想而知，君士坦丁堡被認為是牢不可破之地。但是在一四五三年，它面對了至今為止最大的敵人：有一個攻無不克的新帝國，它打算把君士坦丁堡變成自己的首都。

奧圖曼帝國起初只是十三世紀末的一個小土耳其酋長國。在一百年之間，它擴張到色雷斯、塞薩洛尼基（Thessaloniki）和塞爾維亞（Serbia），然後在其大軍擊敗十字軍以後，打算猛攻拿下君士坦丁堡。然而它最初的行動——分別在一三九四年和一四二二年——都沒有成功。一四四四年穆罕默德二世（Mehmed II）崛起，決心要拿下這個地方，奧圖曼人期望用兩個秘密武器橫掃拜占庭人；火藥，以及一個被稱為耶尼切里軍團（Janissaries）的精銳軍事單位。

跟馬木路克頗為類似，耶尼切里軍團也是奴隸戰士組成。每五年土耳其的行政官員就會到各自負責的地區尋找年齡介於八到二十歲之間最為強壯的男孩，然後將這些人從父母身邊帶走，成為耶尼切里軍團的成員。許多基督教家庭並不會因此沮喪，反而為此感到高興，這讓他們的兒子有了在社會上晉升的機會。許多耶尼切里軍團成員晉升到上校，甚或成為政治家，要不是被帶到耶尼切里軍團，這些人無論如何都不會有這種機會。當然有些家庭並不樂見兒子被抓走，由於已婚男人不得成為耶尼切里軍，因此許多男孩年紀輕輕就結婚了。

被帶到伊斯坦堡之後（奧圖曼人後來會把君士坦丁堡改名），男孩會受到檢視並被編入兩份名單之一。最聰明的男孩會被以「內勤（部門）男孩」的身分送到蘇丹的皇宮學校。如果運氣好，就註定會晉升到高貴的職位。在那裡，他們學習宗教，以及土耳其、波斯、阿拉伯文學。體能方面的活動也會積極推動，男孩們騎馬、投擲長矛、射箭、摔角、舉重，也學音樂。學校很重視誠實、忠貞和禮節，這些被認為是任何一個政治家幼苗所必須具備的特點。

那些沒有入選到第一份名單的男孩，被稱為「外勤男孩」，會被送到地位較高或比較受敬重人們的家裡，進行他們第一階段的教育，學習土耳其語、伊斯蘭，還有奧圖曼社會的風俗和文化。過了五到七年這樣的日子之後，男孩會送去在首都的恩德倫培訓學校（Enderun），接下來的六年，接受不同專業的訓練，譬如工程師、工匠、步槍兵、神職人員、弓箭手、砲兵等等。

過著像修道士般的生活，耶尼切里軍接受的訓練紀律嚴格，頗類似聖殿騎士團和醫院騎士團。不像其他的穆斯林，他們被要求單身，禁止蓄鬍，不過小鬍子是可以的。他們也被鼓勵學習哈吉·貝克塔什·維利（Haji Bektash Veli）這位苦行僧，他擔任的是類似教士的工作。為了象徵對神職的奉獻，他們戴一種稱為波克（börk）的特別帽子。帽子前方有一個裝東西的地方，意指裝湯匙用。這象徵所謂的「湯匙兄弟」，反映出耶尼切里軍之間的同袍情誼，他們吃、睡、戰鬥，還有死亡都要在一起。

耶尼切里軍負責保衛君王，是弓術專家，擅長使用斧頭、棍棒或匕首。他們的代表武器是雙曲的土耳其無鍔彎刀，這種刀在砍向敵人時，幾乎可以把對方砍成兩半。

耶尼切里軍人數佔奧圖曼軍隊的一成，參與所有主要的戰役——他們享有遠比當時其他軍隊更好的支援。他們是一台組織良好的機器的一部分，有支援部隊處理道路問題，其他的單位協助紮營和烤麵包。所謂的杰貝吉（Cebeci）部隊則會運輸並補給他們所需要的武器跟彈藥。穆斯林的醫療隊和猶太外科醫生也加入他們的行列，生病或受傷的耶尼切里戰士會被撤到設立在戰線後方的專用機動醫院。簡單來說，他們的一切需要都受到照顧，好讓他們可以專注——毫無後顧之憂地保護蘇丹。

戰鬥時，當土耳其騎兵進行戰略性偽裝撤退時，耶尼切里戰士會居部隊中心，擋住敵軍的攻擊。然而他們的技能不只是在戰場上備用。他們也擅長突破圍城。靠著一隊隊的爆破專家、工兵和技術人員、神射手和坑道工兵的合作，他們總是能夠取勝，甚至擊敗最嚴密的防守。不過，真正使耶尼切里成為那個時代的精銳部隊，是十四世紀奧圖曼人發現火藥這件事。固然其他的帝國也善用火藥，奧圖曼的耶尼切里軍要比他們的對手更早、更廣泛地運用火藥。

雖然火藥是在第九世紀由中國所發明，《到一七〇〇年的全球歷史》（*A Global History to 1700*）的作者肯尼斯．華倫．蔡斯（Kenneth Warren Chase）教授相信是蒙古人把火藥引進歐洲，書中還有一些資料提到中國的兵器跟火藥在一二四一年的蒂薩河之戰（Battle of Mohi）被用來對付歐洲的軍隊。到一三八〇年代，奧圖曼人已經熟悉使用有火藥的兵器，並且比其他人先把這些武器用在常備軍。此外，從一三九〇年代起——比他們的對手早幾個世紀——奧圖曼人就建立了一個由固定領薪水的軍隊所組成的兵團，這些人擅長製造與操作火器。十五世紀開始，杰貝吉部隊就成立了，負責照管、搬運耶尼切里軍步兵的武器。這軍隊還有自己的砲車操作手，他們的工作是在戰役中製造、修理，並操作馬戰車。

還記得我第一次拿槍的感覺。年輕時，在母親的枕頭下發現藏有父親裝了子彈的舊軍用手槍。有一天，我母親外出時，我拿起了槍，並且威脅我們的廚子克莉絲汀（Christine），除非她從上了鎖的餐櫃裡拿一片巧克力蛋糕給我，不然我會開槍打她。她大聲尖叫，把我給嚇跑了，還把我的惡行告訴母親。母親做得很對，用棍子打我的手。

不管怎樣，到十五世紀初期，耶尼切里軍的火力壓倒他們大多數敵人。雖然他們高度武裝，也接受了使用火器的良好訓練，但奧圖曼人知道，即便有他們的技能，還是有可能攻不破君士坦丁堡的城牆。

要攻下這座城池，他們需要之前攻打君士坦丁堡的那些人所沒有的：大砲。

一個名叫烏爾班（Urban）的匈牙利工程師曾經把他的大砲要介紹給拜占庭，但是君士坦丁大帝無法接受他開的價錢。烏爾班因此轉向穆罕默德蘇丹。蘇丹深知這些大砲的潛力，給了他四倍的價錢，確保這些大砲專屬於他。不久穆罕默德就有了一長列可怕的大砲，足以摧毀大多數的城牆；最大的火砲有九公尺長，砲口一公尺寬，可以在一．五公里遠的地方發射五百公斤重的砲彈，摧毀任何障礙。不過它一天只能發射七次，因為在每次發射過後，需要降溫。但奧圖曼人還是有許多較小的火砲，每一門每天都可以發射一百多次，而且每一門都可以造成大面積的損害。這在攻城戰中是重要的工具，可以顛覆敵我優勢。像哈拉爾．哈德拉達所玩的那些詭計已經沒有必要了。現在軍隊只要轟破城牆，就可以一路殺進去。

悲哀的是，提到我跟炸藥有關的事，卻是讓我感到丟臉的部分。就在獲准加入ＳＡＳ英國空降特勤團後，我設法留下一些在上爆破課用到的引爆器、引線和塑膠炸藥。事後回想，我應該把這些物件歸還。之所以保留它們，當然不是出於犯罪的動機。但是，唉，我確實留下了它們。命運弄人，我沒多久就去見了一個老朋友，他要對二十世紀福斯電影表達抗議，因為它為了拍攝電影《杜立德博士》（*Dr. Dolittle*），而褻瀆了柯姆堡（Castle Combe）這座美麗村莊的鱒魚河。而我卻以為自己有個好點子。

我計畫用手頭上的炸藥，把電影拍攝現場的保全人員引開，而且還把這個計畫告訴了一個看似友好的記者朋友。可想而知，記者直接去向警察告密，不久警察就埋伏等候那個後來報紙稱之為「準男爵炸彈客」的人出現。我很幸運沒有坐牢，但是在當時五百英鎊的罰款令我吃不消，SAS也把我給驅趕了出來。準岳父也打電話給我母親，說要是我再聯絡金妮，就要找警察了。他只是說說而已，而且我們後來也結了婚，但那件事對我的傷害極大。那是一次代價高昂的錯誤，令我非常後悔。奧圖曼人可就比我要好運多了，他們要比我準備得好一些，而且當然不會在採取行動前先打電話洩漏自己的企圖。

一四五三年四月二日，超過二十萬的奧圖曼大軍——其中包括了耶尼切里軍團和他們的火器——從海上跟陸地包圍了君士坦丁堡。不過，拜占庭有所準備。他們已經摧毀護城河上的橋梁，關閉城門，海底也拉起了巨大的鏈條，不讓土耳其艦隊太過接近。城牆上，塔樓裡，數千名裝備有小砲、長矛、弓箭，甚至石塊的守軍，要把入侵者逼到困境。

不過穆罕默德還是相信他的工具足以砸穿城牆，但是不想摧毀預定要當做首都的這座城市。他下令君士坦丁大帝立即投降。只要照辦，就會放過城內的百姓。然而君士坦丁沒有答覆，認為他的城市是牢不可破的。穆罕默德現在企圖證明對方是錯的。

在雲一般的黑煙，和震耳欲聾的隆隆聲後，大砲很快就造成了極大的破壞。巨大的砲彈轟入狄奧多西城牆。炸飛巨片的石塊，特別是在查瑞休斯城門（Charisian Gate）造成嚴重損害，隔天就垮了。拜占庭軍隊拚命用口徑較小的大砲還擊，但是很快就被迫停止，因為他們發現所造成的振動，會損壞防禦設施。為了努力把近在眼前的奧圖曼人擋住，他們在夜間企圖修復城牆。不過，奧圖曼人也挖掘城牆下方，想要讓城牆因此倒下。拜占庭軍隊的抵抗措施，則是對地道灌入煙霧、臭氣和水，想把他們沖出去。由於無法從下方攻擊，奧圖曼人嘗試從上方打起，搭建了一座由桶子築成的橋，挺立在城牆上方。這座橋使得許多奧圖曼軍人登上城牆而沒被弓箭射下來。

接下來六週是毫不留情的大屠殺。拜占庭的防禦變得疲軟了，人員和物資都不足，但還是擋下了奧圖曼軍隊射過來的一切。不久他們所迫切需要的協助到來了。三艘教皇派來的熱那亞船隻，以及一艘由阿拉貢（Aragon）的阿方索派出、裝載有重要穀物的船隻，設法突破了奧圖曼海軍的封鎖抵達了這裡。

穆罕默德因為這個突破而大為憤怒，決定改變策略。他建造了一條有軌道的路，把手下七十艘船裝上牛車，好讓這些船可以來到金角灣（Golden Horn）。然後再造一座浮舟，把巨砲固定其上，現在他們就可以從海上攻擊君士坦丁堡的任何一處，而非只能從陸地上發動進攻。拜占庭努力把士兵調度到需要他們的地方，特別是沿著海上那些比較脆弱的城牆。

君士坦丁堡似乎越來越撐不下去了，但是從意料不到之處又發生了足以讓他們暫時喘息的事情。就在後方的小亞細亞，穆罕默德必須面對幾場叛變。由於必須回去鎮壓叛亂，他表示要跟君士坦丁大帝做個交易：只要願意每年納貢十萬拜占庭金幣，奧圖曼人就會撤離。但是皇帝拒絕了，他無論如何也籌不出這麼大筆錢，而且他依然堅信部隊跟城牆可以堅持下去。

奧圖曼人現在進退兩難。在一場軍事會議上，奧圖曼的統領之一，哈利勒帕夏（Halil Pasha），勸穆罕默德忘了這場攻城的事情回國去：

您已經做了該做的事情，您已經對他們發動了好些兇猛的戰鬥，每天您都有許多戰士陣亡。您看到這座城市的防衛是多麼堅強，要猛攻拿下它有多不可能；事實上，您派越多的人去攻打它，就會有更多的人被留下躺在那裡，而那些設法登上城牆的則是被擊退殺害。您的祖先不曾來到這麼遠的地方，甚至連想都沒想到過。您可以成就這麼多，已經是非常的榮耀光彩，這應該要令您感到滿足，不要再想把您所有的部隊用這種方式給毀滅掉。

但是另一位統領，扎加諾斯帕夏（Zagan Pasha）向蘇丹請求再試一次：

您已經證明您比較強。您已經把一大部分的城牆夷為平地，而且我們會把剩餘的毀掉。給我們機會發動一場短促而猛烈的全面進攻。要是失敗了，我們會服從您的睿智決定。

由於這項請求，穆罕默德誓言發動最後一場把君士坦丁堡徹底摧毀的攻擊，並且提醒手下，這座城市裡有許多財寶，以及他們不久就可以得到的戰利品。

五月二十九日凌晨，穆罕默德發動最後一場進攻行動。巨砲再度在城牆上炸飛大片的石塊。接下來是騎兵的箭雨，然後一波波的步兵，這些人發出戰鬥的怒吼朝城牆進攻。黑暗中，城內教堂的鐘聲警告說攻擊行動正在進行。每一個適戰年紀的男人，還有婦女跟小孩都匆忙離開睡床，趕往城牆，把他們能取得的東西砸向奧圖曼戰士，或者是修補正在崩倒的城牆。

在幾小時的戰鬥之後，穆罕默德發現還沒能夠突破城牆，這令他感到沮喪。現在是他動用精銳的耶尼切里軍團的時候了。如果他們失敗，這場征服行動就沒希望了。

耶尼切里軍團並沒有像之前的其他部隊那樣衝向城牆，他們挺住敵方的投射物，保持他們的隊形。這些穿戴盔甲粗壯的戰士帶著火槍往城牆一波波衝過去。儘管撕扯城牆上裝沙的桶子，劈砍支撐城牆的梁木，並且架上登城梯攀爬而上，射擊上方的敵軍，他們還是沒有什麼進展。當拜占庭的軍隊擋下奧圖曼最精銳的部隊時，守軍開始認為他們可能會贏。但是命運並沒有站在守軍這一方。

在布拉赫奈城牆（Blachernae Wall）的角落，就在它跟有雙層城牆的狄奧多西城牆接合之前，有一個被一座塔樓半遮蔽，稱為科克波塔（Kerkoporta）的要塞突襲出口。令人難以置信的是，在數週激烈的圍城戰後——幾世紀以來沒有部隊能夠攻破這城牆——耶尼切里軍團發現有人敞開了狄奧多西城牆中的小科克波塔門！儘管是基督教世界最叫人敬畏的城堡，擋下過數不清的入侵者，君士坦丁堡卻因為一扇敞開的城門而淪陷。

耶尼切里軍團湧進城內邊砍邊射，一路攻到主城門，拜占庭軍隊拚命阻擋，知道只要大門被破，他們就會被好多好多的奧圖曼人蹂躪。不過，他們並非這些擁有火器的耶尼切里軍團的對手，後者一邊前進一邊射擊前方的戰士，不久就來到主城門，放了奧圖曼的同袍湧進城內大開殺戒。

樂聲響起，旗幟飛揚，奧圖曼人猛攻著，任何醒著的敵人都被殺了。許多市民寧願自殺，也不願意面對被俘、當奴隸的恥辱。其他人則逃到教堂築柵防禦。這些明顯是收藏財寶的地點。在進行劫掠之後，奧圖曼人摧毀了建築及其無價的畫像、雕像，並且屠戮畏縮的戰俘。不久皇帝本人也死了。傳說他被魔法裝進大理石埋在城市下方，有一天還會再回來統治。另有一則流傳的故事是說，有兩名土耳其戰士宣稱殺了君士坦丁大帝，並且把他的頭顱獻給蘇丹，後者在塞滿填充物之後，把它運到伊斯蘭世界主要國家的宮殿展示。然而這個帝王的命運並不重要，重要的是君士坦丁堡現在由奧圖曼人掌控了。

在放任他的人馬劫掠之後，穆罕默德於下午進城，由他最優秀的耶尼切里軍團負責護衛。他下令停止劫掠，宣布立刻把聖索非亞教堂（Hagia Sophia）改成清真寺。一千兩百年來這座城市扮演著基督教碉堡的角色，但這一切現在都結束了。不久之後，在一四六〇年征服米斯特拉（Mistra），還有一四六一年拿下特拉比松（Trebizond）以後，舊拜占庭帝國的殘餘部分都被納入奧圖曼的版圖了。

在這樣的歷史改變之後，奧圖曼人在君士坦丁堡和帝國各省的中心製造火藥，並將其運送到領土的各個地方，讓耶尼切里軍團繼續征服新的土地和帝國。沒多久他們就看上了馬木路克帝國。

雖然馬木路克人獨佔了全世界的香料貿易，並且統治著伊斯蘭的聖地，到一五一六年時，他們已經跟不上科技的改變。做為部隊核心，那些受過高度訓練的騎馬弓箭手，主要仰賴的是在十三世紀時改良的裝備和戰術，他們敵不過耶尼切里軍團的火繩槍。靠著槍械，耶尼切里軍團迅速了結馬木路克，殺了蘇丹，劫持哈里發，並運到君士坦丁堡關了起來。當馬木路克帝國傾覆，奧圖曼人掌控了幾乎整個阿拉伯世界。征服君士坦丁堡這件事，把一個純粹位於歐洲的強權，轉變成橫跨伊斯蘭-地中海的帝國。

火藥的到來大幅改變了歐洲的戰爭，但是真正獲益的，是那些採用這項新科技，並且搭配創新戰術的精銳部隊……

第十二章　國土傭僕兵團（一四七四年）

當勃艮第戰爭（Burgundian Wars）在一四七四年爆發時，勃艮第公爵——一般稱為大膽查理（Charles the Bold）——完全能夠合理的認為，他的軍隊可以擊敗舊瑞士邦聯（Old Swiss Confederacy）及其盟友。在不久之前才戰勝了法蘭西人，勃艮第軍團因此被視為十五世紀歐洲最令人敬畏，最有效率的地面部隊之一。

除了說在軍隊實施嚴格的紀律，查理也用金錢所能買到的最佳外國傭兵來強化部隊，這些傭兵包括了英國的弓箭手、義大利的重裝騎兵，和德國的劍客。但是教大家吃驚的是，這軍隊不是舊瑞士邦聯的對手。由於一連串的混亂，查理的部隊遭到擊潰，尤其是一四七七年的南錫戰役（Battle of Nancy），在那裡瑞士摧毀了查理的裝甲騎兵，他也在戰鬥中陣亡。瑞士的勝利可以歸結於一個原因——他們擅長使用長矛，以及威名遠播的長矛方陣。

雖然在中世紀用長矛來抵擋騎兵是普遍的做法，這種障礙通常是固定用於防衛。瑞士的長矛兵做了改變，把進攻的原素加進了長矛戰術之中。前排戰士跪下好讓居中或後面的戰士把他們的長矛從他們的頭頂上越過，熟練的方陣可以迅速改變方向，使騎兵難以發揮騎馬的優勢。它也可以藉由戰鬥呼號協調，讓士兵平舉長矛攻擊敵軍。這顛覆了歐洲的戰場，由於他們的強悍，瑞士請來的幫手——瑞士僱傭兵（Reisläufer）——很快就成為大家搶著要納入麾下的戰士。

查理死後，他的繼承人馬克西米利安一世（Maximilian I），也是神聖羅馬帝國的繼承人，很快就面對來自法國國王路易十六及其繼承人查理八世（Charles VIII）的挑戰，他們各自都認為有資格繼承勃艮第。一四九四年，也就是在馬克西米利安統治神聖羅馬帝國後一年，查理八世展開一連串入侵義大利的行動，拿下那不勒斯和米蘭。幫助他進行這些行動的，是開支不小的瑞士長矛傭兵。馬克西米利安很清楚，如果要保住繼承過來的一切，他必須要以火力壓制火力。

勃艮第戰爭已經顯示，騎兵在面對訓練良好的長矛陣時毫無用處，因此想要用老套、失敗的方法來取勝是沒有意義的。馬克西米利安必須複製瑞士長矛兵的經驗，然後以其人之道還治其人之身。為了達到這個目的，他建立了一支傭兵部隊，試圖在每一方面都模仿瑞士的部隊，後來被稱為「國土傭僕兵團」（Landsknechts）。

馬克西米利安拚命想知道瑞士人如何招募軍隊，他跟所謂的「戰爭紳士們」簽約，建立一支供他使用的傭兵。在接受任命、取得財務管道之後，團長會派他的鼓手們到德國南部，以及赫爾維（Helvetic Confederation）——或瑞士共和國——一邊敲鼓，一邊招募。

其中一位團長是格奧爾格．馮．弗倫茲貝格（Georg von Frundsberg），明德爾海姆（Mindelheim）的統治者。除了他的財富跟聲望，弗倫茲貝格擁有強大的個人魅力，據說他能夠在不到幾週的時間內招募到兩萬人的軍隊。一大助力是他所提出的國土傭僕兵團的標準月薪是八基爾德銀幣（guilder），這要高過一般市民的收入（一五一五年時，一個市內的建築工人一般是月薪二點五基爾德銀幣）。跟其他人不一樣，弗倫茲貝格也以固定準時發放兵餉而知名。這一切不但意謂他可以招募到最優秀的人，也顯示他可以讓他的傭兵跟馬克西米利安都心滿意足。

不過弗倫茲貝格並非來者不拒。他實施一套嚴格的篩選程序，主要考慮的是體格、裝備、社會與經濟地位。這也就是說，只有最優秀的人才會入選。

在擊鼓進入一座村落進行招募時，應徵者就弗倫茲貝格的指示在某個時間、地點集結。在這裡，他們奉命組成互相面對的兩隊。在中間空隙的一端是一道由雙戟構成的拱門，豎有一根長矛。每個人都必須走入這道拱門經過一個招募官，後者會確定他們是否身心健全。

弗倫茲貝格在選才過程中，特別重視的是掌旗官人選，他將會是連長以下的第二號人物。這些人通常是靠著他們的體態、勇氣，以及作戰技巧而中選，畢竟他們的角色是要用性命來保護代表連隊的軍旗。從部隊集結時把軍旗交給掌旗官的那一刻起，這面旗子和掌旗者就象徵了這個單位的「男子氣概、勇氣和存在感」，而且這面旗子絕對不可以落入敵軍手中。由於軍旗之重要，在一五一五年的馬里尼亞諾戰役（Battle of Marignano）時，一位陣亡的國土傭僕兵團掌旗官，即使雙臂已經被砍斷，牙齒還緊咬著旗竿的一部分。要是說有人真正奉獻給他的工作，這就是個例子。

在弗倫茲貝格組成軍隊以後，這些人立刻先領了一個月的兵餉，然後集結成一圈環繞他。弗倫茲貝格接著唸出「規範守則」，告訴個人的權利、職責和一些限制。這些條款涵蓋非常詳細的行為規範，並且說明所有會遭到處罰的犯規行為，譬如叛變、未經獲准的搶劫、酒醉值勤、輜重部隊中有超過一位女人等等。再來就是宣誓典禮，每一位國土傭僕兵都必須宣誓效忠他的事業、帝王和長官，並且遵守條款中的規範。

弗倫茲貝格現在必須確保他的人員訓練精熟、紀律良好，之後他們才可以被派去跟法國人及其瑞士傭兵戰鬥。雖然瑞士長矛陣在勃艮第戰爭取得戰術優勢，但馬克西米利安已經準備好採取進一步的行動。他知曉引進新型的火繩槍搭配長矛，會是個重大的改進。靠著這個想法設計出的隊形，他認為可以使國土傭僕兵團比瑞士軍隊更強大。

簡單來說，在採取守勢時，長矛兵和長戟兵組成堅實的方陣，周圍則是火繩槍兵築成的人牆，保護他們免於對方長矛兵的傷害。當下達前進的命令時，會有一線步兵到方陣前方，成員要麼是志願者，想要贖罪的犯人，或不幸中籤的。他們被稱為「敢死隊」，任務是在方陣之前用長矛和雙手劍，擋住前來的敵人，砍倒他們的長矛兵，好讓其他弟兄可以從他們製造的缺口穿透過去。接著就會有命令要這個團組成方形或圓形的「刺蝟」陣形。長矛兵現在會居於前方，武器的角度對準前來的騎兵，後方的火繩槍兵則是開火射擊。

這樣的改進，很快就可以使他們的武力跟上或超越最佳的部隊，我付出了些代價才了解這種事情。當我在一九九六年嘗試要獨自橫越南極時，我已經是被《金氏紀錄》（*Guinness Books of Records*）稱為「世界上現存最偉大的探險家」。然而，基於之前的探險行動，我的競爭對手之一的博格．奧斯蘭（BorgeOuslund），已經大幅改革了在雪地上作長距離行進的方法。他可以用驚人的速度前進，秘訣就是巧妙地運用高科技的風箏，這風箏可以幫忙把人和雪橇往前拖。我在出發前學了怎麼用，在南極用到它時也有不少好處，有一回一天前進超過一百一十七英里。到第二十天時，感謝使用了這種風箏，我已經比前次南極之行超前了十天的行程，但是我依然努力要跟上奧斯蘭。唉，腎結石迫使我放棄了這次的努力，而奧斯蘭則繼續前進，令人難以置信，他花了五十五天就橫越成功，其中有四分之三的時間都是運用風箏前進。這個挪威人採用並且大幅改良了極地探險的新方式，把他的競爭者們都拋諸後方了。

這種出色的表現，當然弗倫茲貝格也會想要辦到。他每天訓練部屬，國土傭僕兵團不久之後就要前去跟法蘭西人戰鬥，後面跟隨的是龐大的輜重車隊、補給和一眾隨從。由於每一個國土傭僕兵都自給自足，每位戰士僅需要一些貼身的支援，這通常意謂會有人為他作飯、搭帳篷、修補並清洗衣物，還要在他受傷或生病時照顧他。通常是婦女或男孩在執行這些任務，但是有些男人就沒有這麼好運。有一些在一五三〇年之後頒布的條文提議說，每二到三個女人應該也要當「所有人的妻子」。換句話說，她們必須擔任營區的娼妓，提供「愛的服務」，每次可收費兩個十字銀幣（Kreuzer）。

在部隊行進之中的宿營過程，也會有一個牧師、一個書記、一個醫生、一個偵察兵、一個勤務兵，以及一支由受到信任的人所組成的護衛隊保護弗倫茲貝格。一群獨立的官員也負責維持紀律，確保國土傭僕兵遵照條款行動。其中最令人害怕的是督察官，在他執行任務時是不容置疑的。他的隨員包括一個獄卒、一個執行官和一個劊子手，這個人很好認，有血紅的披風，貝雷帽上插有紅色羽毛，腰帶上掛有劊子手用的劍和絞刑用的繩子。

當他們的輜重車隊穿越歐洲大陸的市鎮和村落時，國土傭僕兵的服裝引起了騷動。馬克西米利安讓他的國土傭僕兵免於「奢侈法」的約束——這律法規定了每個社會階級可以穿的服裝顏色跟風格——他認為，他們的生命「既短暫又殘酷」。因此，國土傭僕兵應該身穿最為耀眼的服裝。開縫的緊身上衣、條紋襪、緊身或寬鬆的馬褲，以及誇張的下體蓋片，他們穿戴這些，主要是想炫耀他們的地位，令敵人害怕，讓老百姓震驚。

當輜重車隊終於抵達接近雷根斯堡的凡森巴克（Wenzenbach, Regensburg）村時，他們發現巴拉汀・魯普雷希特（Palatine Ruprecht）的部隊已經在一座小丘上的盾牆後方佈好防禦的陣勢。是弗倫茲貝格的國土傭僕兵試試身手的時候了。

首先，弗倫茲貝格派出「敢死隊」跟敵軍接戰。魯普雷希特的騎兵迅速解決了這些人，由於壯了膽，他們開始衝出隊列。然而在這麼做之時，國土傭僕兵立即採取守勢，形成一道火繩槍搭配長矛的釘牆，戰場上從來沒見過這種玩意。魯普雷希特還來不及做出反應，部下不是被刺，就是被敵軍從馬背上槍擊後倒下。在接下來的屠殺過程，超過一千六百人被殺。馬克西米利安建立這支傭兵的前瞻舉措，獲得了驚天的成功。國土傭僕兵逐漸以不正道又無情的暴力而著稱，有一位編年史學家說，就連魔鬼也拒絕讓國土傭僕兵下地獄，因為魔鬼也會怕。

不過，法蘭西人從瑞士長矛兵那裡學到一件事：所有的傭兵都有他們的身價。他們說服一些普魯士籍的國土傭僕兵離開馬克西米利安，轉而為他們戰鬥。馬基維利說，就是靠著這些來自普魯士的國土傭僕兵的頑抗和近距離兇猛的戰鬥，法蘭西人之後才能在一五一二年的拉文納（Ravenna）屠殺西班牙軍隊。馬克西米利安對這件事感到厭惡極了。在拉文納戰事過後的幾天，他下令所有法蘭西人僱用的普魯士國土傭僕兵解編返鄉。只有八百名國土傭僕兵聽從了君王的命令；他們接下來將成為所謂「黑帶兵團」（The Black Band）的核心。

雖然弗倫茲貝格繼續領導國土傭僕兵取得了更多的勝利，他們的長矛陣也成了難以攻破的陣勢，但不久卻又出現了新的敵人。一五一五年，二十歲的法蘭索瓦一世（Francis I）登上法蘭西王國王位。約在同一時期，勃艮第公爵查理五世（Charles V, Duke of Burgundy）——馬克西米利安的孫子，不久即成為神聖羅馬帝國的皇帝——並從斐迪南（Ferdinand）手中繼承了西班牙王國。這個轉變突然對法蘭西和教皇都構成了軍事威脅，因為整個義大利的南部都是屬於西班牙的，而不久之後義大利的大部分都會落入查理五世的手中。當一五一九年馬克西米利安過世後，教皇良十世（Leo X）就跟法蘭索瓦一世結盟，後者恢復了他跟威尼斯共和國和熱那亞的聯盟。此外，他已經招募了一萬六千名瑞士傭兵。正如他的祖父所做的那樣，查理五世期待弗倫茲貝格的國土傭僕兵也可以維護他的威信。

弗倫茲貝格和國土傭僕兵不久就加入了在義大利由普羅斯佩羅・科隆納（Prospero Colonna）所統領的神聖羅馬帝國軍隊，並且於一五二二年四月在比可卡（La Bicocca）跟法蘭西軍隊遭遇。

負責統領駐西班牙部隊的義大利指揮官科隆納，洞悉在比可卡的獵宮是個很重要的防禦據點，那裡有一條凹陷的小路穿過一座莊園的底部跟分隔兩軍的原野之間。他接著下令，要在莊園那一側把堤岸蓋成一座壁壘。然後把火繩槍兵部署在該地，縱深四列，搭配好幾門巨砲，普魯士長矛兵殿後。當瑞士軍隊越過原野——手中抓著石塊和泥沙，好投向敵軍，阻擋他們的視線——被西班牙火繩槍兵跟大砲的火力屠殺。那些順利抵達那條小路的人，則是發現落入了死亡陷阱。火繩槍兵高據瑞士長矛兵所刺不到的高堤上，持續槍擊他們。弗倫茲貝格的長矛兵接著衝下進入小路，把他們解決掉。在這場大屠殺中大約有五千名瑞士兵陣亡，其中包括二十二名軍官，指揮官阿爾布雷希特·馮·史坦恩（Albrecht von Stein）和阿諾德·馮·溫克里德（Arnold von Winkelried）也沒有逃過一劫。比可卡的勝利終於證明了國土傭僕兵要比瑞士軍隊優秀，這終於實現了馬克西米利安的夢想。

到一五二三年，法蘭西之前在義大利的所有成果都歸零了。當神聖羅馬帝國的盟友法蘭切斯科·斯福爾扎（Francesco Sforza）佔據了米蘭公國——向來被認為是法蘭西有權利繼承的地方——法蘭西王國的處境變得更糟了。在集結了四萬人以後，法蘭索瓦一世隔年出兵去爭取他認為應該屬於他的土地，很快就拿下米蘭跟其他一些防守堅強的城市。

這種局勢的轉變對查理五世而言是很嚴重的，更何況教皇克萊孟七世（Clement VII）已不再支持帝國，轉而跟法蘭西及威尼斯共和國結盟。接著，奧爾巴尼公爵（Duke of Albany）所統領的一支法蘭西軍隊，在無人阻攔的情況下還被放行通過教皇國。一支由卡斯帕·馮·史坦恩（Kaspar von Frundsberg）——著名指揮官的兒子——和埃特弗里茨·馮·霍亨索倫（Graf Eitelfritz von Hohenzollern）所統領的普魯士國土傭僕兵團，則迅速前往米蘭，但是他們很快就被迫逃到加重防守的帕維亞（Pavia），到那裡跟西班牙老將領安東尼奧·德·萊瓦（Don Antonio de Leyva）會合。不久，法蘭西人就開始攻擊城南，圍攻正式開始。

一五二五年一月，查理五世不顧一切去找重病的弗倫茲貝格，要求他再度組一支軍隊跟法蘭西人打仗。儘管健康狀況不佳，弗倫茲貝格還是答應了。他不但想要為他的主子效勞，也想要幫忙拯救他的兒子——人在帕維亞。不多久弗倫茲貝格就抵達帕維亞東北方的洛迪（Lodi），在那裡他跟馬克斯·西提赫·馮·埃默斯（Marx Sittich von Ems）會合，後者也帶了一些軍隊。現在他們總共有大約一萬七千名步兵和一千匹馬。

了解到神聖羅馬帝國援軍很快就會到來，法蘭索瓦一世把總部遷到鄰近的米拉貝洛莊園（Mirabello），取得位於帕維亞和前來的神聖羅馬帝國軍隊之間一處堅強的據點。不過，在三個星期的塹壕戰之後，弗倫茲貝格的人馬成功地跟在帕維亞的西班牙將領萊瓦有了接觸。除了提供亟需的彈藥跟補給品，他們也一起計畫即將展開的大規模攻擊行動。

在這段期間，由於常被雨水浸濕，加上很多人病死，法蘭西軍隊的士氣快速滑落。一月二十日，有六千名法軍堅持返鄉，兩千名普軍逃亡，就這樣法軍的人數降到低於兩萬。看到這種情況，法蘭西的將領勸法蘭索瓦後撤，但是遭到拒絕。局勢已定，勢必要戰到最後一兵一卒。

二月二十四日午夜，在砲火彈幕和吵雜的誘敵戰術掩護之下，神聖羅馬帝國的軍隊北上到韋爾納沃拉河（Vernavola）。在寂靜中渡過淺灘，來到米拉貝洛莊園的牆下，到目前為止，這牆一直保護著裡面的法軍。西班牙工兵並沒有驚動到敵軍，他們一整晚都在工作，硬是在牆上開出五十碼長的裂口。

看到這個情況，弗倫茲貝格下令好些連的國土傭僕兵──為數兩千八百──在盔甲之上套上白襯衫（那些沒有白襯衫的，奉命用紙代替），如此他們才能夠在黑暗中認得彼此。在一門大砲發出三響後，弗倫茲貝格發訊號給帕維亞內的人馬，表示行動的時間到了。他的人馬帶著長矛和槍械湧向城外的法軍，萊瓦和卡斯帕率隊從城內發動攻擊。他們的突擊很快成功地把數百名法軍趕進提契諾河（Tissino），許多人因為身上沉重的盔甲而溺斃。

當法軍一片混亂，拚命想要擋住從莊園圍牆開口湧入的帝國部隊時，弗倫茲貝格的國土傭僕兵突然發現跟他們對抗的敵人當中，有一批相當熟悉的人，黑帶國土傭僕兵。

接下來的戰鬥很兇猛。大量的長矛刺向對方，刺穿了皮膚跟盔甲，而近距離的砲擊則是把敵軍炸得粉碎。但是不多久弗倫茲貝格的人馬就迫使黑帶國土傭僕兵團竄逃。在看到手下最優秀的傭兵撤退時，法蘭索瓦一世喊道：「我的天！這是怎麼一回事？」突然間他下方的坐騎被火槍擊中，一群兇惡的西班牙軍人衝了過來。由於神聖羅馬帝國的西班牙指揮官查理．德．朗尼（Charles de Lannoy）迅速介入救援才逃過一死，朗尼成功引導他安全離開戰場。

在不到兩小時的時間之內，八千名法軍喪命，神聖羅馬帝國軍隊損失七百人。由於法軍在帕維亞敗戰，義大利受制於查理五世，而這場戰鬥也證明，毫無疑問普魯士的國土傭僕兵是歐洲最優秀的突擊部隊。

法蘭索瓦一世接下來被放逐到西班牙，並且不得不忍受恥辱，接受查理五世的投降條件。這些包括承諾放棄他對勃艮第、義大利以及法蘭德斯（Flanders）的權利，然後他才可以回國。這是自從一個多世紀以前的阿金庫爾戰役（Battle of Agincourt）算起，法蘭西國運最低落的時候。這事也意味著瑞士佔有軍事優勢的日子已經告終。

不過，法蘭索瓦一世回到他的宮廷沒多久，就宣稱投降條件無效，並且再次打算拿下義大利。當弗倫茲貝格的一萬兩千名國土傭僕兵準備朝羅馬出發時，消息傳來說已經簽訂了和平條約。但是這些國土傭僕兵對這消息並不感興趣。休戰所能帶給他們的酬勞，遠低於他們預期可以從打了一整場戰役後所得到的。部隊威脅要叛變，弗倫茲貝格則是試圖安撫他們，但是因為他已經在太多地方打仗，加上目前健康情況不佳，他在手下眼前倒下，不久就過世了。因為敬愛的首領已經過世，紀律變得蕩然無存。由於拿不到全額薪餉覺得受騙，國土傭僕兵現在有了劫掠財富的念頭，遂朝羅馬前進。

不到三小時，梵諦岡就被拿下了。在野蠻地處決了大約一千名教廷的首都與聖殿的守軍以後，劫掠羅馬的行動正式登場。教堂和修道院，以及高級教士和紅衣主教的處所遭受劫掠、摧毀。就連支持神聖羅馬帝國的紅衣主教也必須付錢，好使他們的財產免遭蹂躪。

對義大利的社會和文化來說，所謂的「羅馬之劫」對其造成了重大的衝擊。除了損失出色的繪畫與雕像，這座城市的人口從攻擊前的大約五萬五千人，掉落到之後的一萬人，估計一萬兩千人被殺害。許多神聖羅馬帝國的戰士也死於這次攻擊事件之後的餘波，大多是因為街上大量未掩埋的屍體所引發的疾病。劫掠的行為最後在一五二八年停止，也就是攻擊開始的八個月後。羅馬的糧食供給耗盡，已經沒有人會留下來去付贖金了。重建羅馬要費時幾十年，而這次的行動也對國土傭僕兵團的名聲造成無法彌補的傷害。

一方面「沒錢——就沒有國土傭僕兵」的原則很快就淪為不名譽的事，另一方面曾經是比瑞士軍隊還要更強大的長矛兵和火繩槍兵們，也慢慢因為火器的演進而被取代。雖然科技與軍事陣式的進步很快就主宰了歐洲的戰場，在日本卻有一群只靠他們的肉體和智謀來達成非凡成果的精銳戰士……

第十三章　忍者（一五六二年）

到一五六二年之時，日本困在已經超過一百年以上的內戰當中。過去曾經的和平國度，現在是軍閥和凶狠的浪人在鄉間横行，進行瘋狂的毀滅。

這類的戰鬥中有一場是在圍攻上之鄉城長達一年之後才結束，該地位居的荒野，是今川氏的前哨基地，由鵜殿長持統領。之前，他的對手德川家康帶著龐大的軍隊圍在上之鄉牆外，卻不敢攻城。

幾年前，德川家康曾經同意送他的兩個女兒到上之鄉城，作為跟長持和平協議的一部分。在一個缺乏互信的國家，這是個尋常的方式，也是一種有助於保持忠貞的方法。如果每一個人都照規矩做，家族就不會有事。但是情況現在已經轉變。德川家康跟鵜殿長持再度成為敵人，德川家康很清楚，只要他走錯一步，他的女兒們就會被殺害。對方抓住了他的要害，要打破僵局，德川家康必須要有截然不同的手段才行。

不過，儘管他有能征善戰的武士，但在這種情況下，他們的本領派不上用場。建立在榮譽之上的武士道（所謂「戰士的規範」），並不容許他們採用欺騙或骯髒的陰謀作為工具。武士只能夠光明正大地跟敵人直接戰鬥。在一個需要非傳統突襲戰術的情況下，這個信念派不上用場。如此，德川家康開始把注意力轉移到另一個選擇：影子戰士，也稱為「忍者」。

忍者是日本戰國時代的特殊武力，擅長非傳統的戰爭。他們以欺騙、刺探和謀殺而知名，以小部隊的方式行動，利用速度、主動以及出其不意為手段，而且是殺人於無形之中。由於他們十分勇武，有些人視他們為超自然的另一種生命。即使都是忍者，但並非都是相同的產物。伊賀忍者就被認為是同行中的佼佼者。

在日本，伊賀幾乎跟其他地方與世隔絕。它位在一座高山的原野上，在那裡有河流穿過山谷，使其終年充滿霧氣，令人覺得是另一個世界。當地百姓也很不一樣。他們是凶猛、足智多謀的山區居民，以離世獨立為傲。他們沒有財富，但是懂得運用環境，把稀少的資源發揮到極大的功用。

就是在這些位於內地和高地的村落，忍者的技藝在歷經好些世紀以後達到成熟。大多數的男孩童年都在學習戰技，以及如何使用著名的武士刀、長矛和弓箭。根據忍者的歷史，後來還會學習用槍。他們也被期待要擅長騎馬和游泳。然而，最重要的修行，應該說是學習忍術，也就是隱身術，幫助他們融入環境、消失，然後再發動攻擊。任何一個初學的忍者，也必須學習諸如炸藥與調製毒藥的本事，成為野戰與求生的專家。

被送到野外時，這些年輕男孩被暴露在高緯度冰冷的氣溫當中，必須要學習讓自己活下去，但待多久不一定。在這種環境之下，伊賀忍者成為能夠有效運用食物來抗拒寒冷與飢餓的高手。訓練的技術當中，打獵也是很重要的一項。這讓忍者學會不聲不響地跟蹤、研究獵物的習性、行動，和一些慣常的動作，然後在獵物最為脆弱之時，發動攻擊。

雖然伊賀忍者被認為是全日本最優秀的，他們當中卻有一位要遠比其他的忍者更強——二十歲，正成為閃耀之星的服部半藏。過去曾是武士的服部半藏在忍術方面的能力遠超過任何其他人。據說他在行動時毫無畏懼，有些人還談到他的能力與日俱增，甚至說他會瞬間移動，會使用念力，還能夠預知未來。因為這個原因，他有了「鬼半藏」這個綽號。然而據說半藏有一項特別擅長的技能——穿透城牆並解救人質。德川家康曉得後，僱用半藏及其人馬去把他的女兒們從上之鄉城給解救出來。

首先，半藏必須蒐集情報以決定他的戰略。就像過去的阿薩辛，一抵達附近地區，他就安插忍者到當地的村落當中。在那裡，他們偽裝成吹奏尺八，為人祈福的虛無僧。這個策略在過去證明很成功，長持也同樣上當，邀請了半藏的潛伏忍者到他的城池，他們的真實身份並未曝光。

靠著他們所提供的情報，加上對城池無止境的觀察，半藏不久就確定了城內的防護措施及其日常活動。他決定採取鉗形行動，用他在城內城外的人馬，一口氣拯救德川家康的女兒們，並同時拿下這座城堡。

現在半藏必須等候適於攻擊的情況出現。為了避免被發現，忍者從來不會在滿月的時候行動。依據傳統，他們必須等到滿月後八天或前八天，以確保天色最暗的時候。就像大多數的忍者一般，他也信奉神道教，一個高度重視自然崇拜的宗教。對行動中的忍者來說，跟自然合而為一，融入環境極為重要。他們利用偽裝和服裝的行動，就跟現代的海豹部隊和英國空勤團很像，他們還學會如何隱藏會被發現特徵，例如把前額和鼻子的油光去除，或隱藏武器上的光影等等，確保任何身影或側面輪廓能夠儘量不被發現。其他的技巧——譬如不要留下走過的痕跡，步履要輕——就像芭蕾舞者——不要造成絲毫聲響——這些也都極為重要。

半藏也使用了一個古老稱為九字護身法的手法[1]，這是控制精神的做法之一，有助於專心，使人在心理上完全不會感到恐懼。忍者用手做出九種不同的手印，好使個人的心靈堅強，並且在這麼做時，可以掌控力量，擁有幹勁，感到和諧，能夠治癒，強化直覺，更能察覺，變得更強，有創造力，並且進入禪定。

一切準備就緒，半藏站立在城牆外的暗夜之中。一身漆黑，只有他的肉眼可見，他把一些鐵釘插入城牆，然後持續向上攀爬到頂端。但是悄悄地爬牆還算是簡單的部分。半藏現在必須要在布滿步哨的城池中移動，而且不能被發現行蹤。還好他的潛伏間諜已經告知他所有的巡邏細節。

黑影一滑而行，低著身子用前腳掌奔跑以消弭聲響，他就這樣在柱子之間穿梭，行動時用刀尖維持刀鞘的平衡。這麼做可以使他的感知能力足足延伸六英尺外。要是他在黑暗中遭遇敵人，半藏會讓刀鞘落下，然後把刀刺進他們的身體。

他跟在一個哨兵的後頭，刻意讓他的腳步聲跟敵人保持一致，然後突然用拳頭向上揮擊哨兵脖子的底部。這一擊力道甚強，使得哨兵的頭骨脫離頸部脊椎，分離了他的脊椎神經，當即死亡。衛兵朝他走來時，他靜靜地待在目光可及的黑影中，一動也不動，也不目視他的敵人，免得他們發現他的存在。但是有一場打鬥是無法避免的。在德川家康女兒們的房外，有兩名衛兵。要想進去，半藏必須靜悄悄地把他們快速解決掉。

快速從後方抓住一個衛兵，以匕首割斷他的喉嚨。當另一個衛兵轉身時，他用較短的忍者刀——也稱為「黑暗之劍」——劈他。然後發訊號給潛伏間諜們：行動的時候到了。他們在城裡放火，讓家康的軍隊知道他們現在可以攻擊了。

當成群的武士壓制住城內的防禦時，半藏從門縫往內張望，確定房間裡沒有其他的衛兵。他非常小心謹慎，站在門旁，緩緩推開房門，小心不讓影子照映在房間裡，暴露自己的行蹤。但是房內除了家康的兩個女兒之外，顯然別無他人。城內外爆發大混亂之際，半藏接著把她們偷偷送到了安全的地方。在了這時候，德川家康也已經打敗敵人。這場行動不但鞏固了半藏身為日本最佳忍者的名聲，也使他跟德川家康同盟。好些年之後證明，這樣的結盟是相當重要的。

在攻打上之鄉城後的十七年間，日本持續被長期爭鬥的大名撕扯。不過，有一個人打算要用一切可能的手段，獨自統一整個國家。這個進行集體屠殺的瘋子——織田信長——和他龐大的軍隊，把所有擋在面前的人都消滅掉，在日本血腥的歷史中，留下了無人能比的臭名。儘管有這項威脅，伊賀的居民拒絕臣服於他的恐嚇。

---

1 編註：口唸「臨兵鬥者皆陣列前行」九個漢字的護身法術。

面對這種不服從的態度，信長下令他的兒子織田信雄率領部隊入侵伊賀。信雄似乎以為手下這些毫無忌憚的武士們所要做的，就是攻入伊賀，然後所有人都會向他們卑躬屈膝。他的判斷錯得不能再錯。在穿過伊賀主要的林內道路時，信雄低估了敵人，也高估了自己，同時也對地勢不夠了解。每一項錯誤都證明是致命的，因為半藏跟他的忍者正從陰影中觀察這些武士們的一舉一動。

採取行動以前，忍者們先等待山谷被河流泛起的霧氣所籠罩。在清晨的陰影下，半藏令手下發動攻擊。他們就像不知從何而來，自各個方向襲來，陷入恐慌的武士們使得現場一片混亂。由於驚惶不知所措，武士們開始用刀盲目亂砍，過程中還彼此傷害。不久就只剩下信雄還活著，他沒有跟忍者對抗或自刎，轉身逃命去了。在這場戰鬥當中，信雄的武士全軍覆沒，這是忍者的大勝利之一。但是此事也導致一些新武力的出現，使伊賀的忍者面對從未經歷過的考驗。

幾天之內，忍者的間諜網回報說信長正在聚集日本前所未見的龐大軍隊。一隊隊的人馬紀律良好，從日本各地前來集結：要摧毀伊賀。忍者們知道他們無從擊敗這股軍力。又一次他們想到阿薩辛用過的方法，只有一個解決辦法——刺殺信長。

奉命執行這次高危險任務的是石川五右衛門。在伊賀人眼中，石川五右衛門相當於西方的羅賓漢。他以劫富濟貧知名，也是個不同凡響的忍者。不過，他之所以最有資格執行這項任務，完全基於個人因素。一五七三年，他全家都被信長殺害，自從命中注定的那一天起，他就誓言要報仇。

但是忍者刺客從來沒有遇過比刺殺信長更為艱鉅的任務。這個軍閥隨時都有護衛環繞，同時他也從伊賀的對手僱用了一些忍者。還有，信長知道伊賀會行刺，所以也做好了準備。

這是個無法硬碰硬的情況，需要機巧跟創意。石川五右衛門認為他最好的選擇就是下毒，尤其是既不想被發現，又要使伊賀的百姓免於報復。在這類情況下，忍者典型的做法，就是在目標的食物或水源中下毒。但是信長有一堆人替他試吃，以免於這種威脅。石川五右衛門想出一個既簡單又高明的計畫。

正如半藏在上之鄉城所證明的，對一個準備充份的忍者來說，滲透一座城池是件容易的事。石川五右衛門仔細選擇時機，確保可以融入環境而不被發現，也使用一個潛伏間諜所提供的情報，知道要避開什麼，往哪兒走。

越過安土城的屋頂，低下身避免被發現，來到城池眾多房舍的上方。在信長寢室的天花板，他開了一個小孔，拿出一條線，緩緩把它穿過這個小孔，讓它懸垂在目標張開的嘴巴上方。然後取出一瓶毒藥，加了幾滴到細線的頂端，然後看著這致命的液體向下滴流。就在最後一刻，正當要滴入信長張開的嘴巴時，信長轉了轉頭，以致毒藥滴到面頰上。信長嚇了一跳醒來，進而看到一條線，以及人在上方的石川五右衛門。

警報大作，任務失敗了。石川五右衛門現在唯一能做的，就是用他身為忍者的畢身所學逃生。衛兵追來時，他把稱為撒菱的小鋼釘扔到地面，減緩了追逐者的速度，但是武士還是繼續追趕。石川五右衛門雙手伸進口袋，抓了一把手裡劍擲向敵人。尖刺插進追逐者的身體、倒下，痛苦地扭曲著身子。

然而石川五右衛門還未脫離險境。轉過屋角，發現身處在死巷當中。聽到武士們逐漸逼近的腳步聲，知道無法應付全部人，於是取出特別調製的火藥，灑到地面點燃。不久煙霧瀰漫，石川五右衛門躲過武士而沒被發現，終於成功脫逃。

我們家族曾經有一次捲入一場知名的刺殺事件。一三二七年，我的先人羅傑·摩提默（Roger Mortimer）被控謀殺愛德華二世（Edward II），因為他把熱得發紅的火鉗插入這個君王的肛門。摩提默是皇后伊莎貝拉（Isabella of France）的情人，而這是個可以讓他們一起統治的機會。一三三〇年，遭愛德華三世逮捕後，羅傑被吊死、拖行並且分屍。

不同於愛德華二世，信長並未在刺殺中喪命，轉而大開殺戒。他親自統領龐大的軍隊，不論遠近，招募敵對的忍者。他要攻打伊賀，只下達一道命令：一個不留。

沒多久伊賀就被信長超過六萬人的大軍擊潰，摧毀了所有的家戶跟村落，武士們屠殺了忍者、婦女、兒童和僧侶，根本就是集體屠殺，日本歷史上前所未見。等到他停手，伊賀的百姓已經幾近於全滅。

還好，有些忍者——包括半藏——逃到山裡去。不過，由於遭信長爪牙追捕，又沒有地方可以棲身，也無處可以投靠效命，畢竟大家都知道伊賀忍者是信長要殺的人。他們唯一的希望，就是過一天算一天。

就在幾乎一切希望都已經破滅之際，半藏聽到了他無法相信的消息。在一場政變當中，信長被家臣明智光秀所殺。繼任的豐臣秀吉，現在想把所有信長的盟友都除掉，包括德川家康。

雖然有許多忍者認為現在可以放心，甚或返鄉，半藏看到的是機會，一個可以讓他們超越過去，大為改善生活、提高地位的機會。過去曾經強大的德川家康家族現在成為追捕的對象、無法返鄉。半藏告訴其他的忍者說，他們必須對德川家康伸出援手。德川跟信長同盟，也是伊賀忍者的朋友，如果幫助德川，而且是在他最需要協助的時候出手，那麼忍者就永遠會有一個強而有力的友人。他的手下雖不情願，但還是同意了。這可是他們獲得救贖的機會。

跟德川家康接觸過後，半藏跟伊賀忍者協助他穿過危險的古賀和伊賀的山區逃回到三河國。但是有一隊武士在等著要獵殺他們，這些武士打算殺掉家康，並且一次解決這些忍者。這場雪地突襲，是一場凶狠的戰鬥。雖然武士用刀劈砍他們，忍者要比敵人動作來得更快、敏捷得多。忍者避開攻擊，接著把武士們一個一個解決掉。忍者迫使武士撤退，一路護送家康到三河國。

在接下來的那些年，靠著半藏跟伊賀忍者——現在日夜保護他——的協助，德川家康重新集結、建立了他的軍事基地。教人難以相信的是，一六〇〇年時，家康已經完全掌控了一個統一、和平的日本，開啟了燦爛的幕府將軍時代，它會持續兩百六十五年。這也確保了伊賀忍者的生存，在接下來的幾百年，他們繼續保護德川幕府及他們的後代。

直到今天，服部半藏及其伊賀忍者的傳奇故事依然常伴人們左右。在東京的皇居（以前的江戶城）有一道稱為半藏門的城門[2]，還有半藏門線地鐵，是從東京市中心的半藏門車站延伸到西南部郊區的地鐵線。

2 編註：同時也是服部半藏在江戶的宅第所在地。

您可以拜訪半藏的遺物，位在東京四谷的西念寺墓園，在那裡展示他最喜歡的長槍和典禮用的作戰頭盔。長槍原本有十四英尺長，是德川家康送給他的，雖然在一九四五年東京轟炸時有受損，但它依然是最吸引觀光客目光的東西之一。在通俗文化裡，半藏和他的忍者繼續活著，全世界數不盡的書籍、電影和電動遊戲的世界，確保這份文化遺產不會被遺忘，同時這遺產也為今天的特種部隊提供靈感。

回到英國，一場內戰行將爆發。為了擺平這場內戰，這個國家一批最為出色的人們也會牽涉其中，他們將會建立起一支前所未見的軍隊。

第十四章　克倫威爾的新模範軍（一六四四年）

一六四四年十月二十六日，英國的內戰已經激烈地進行兩年了。一方面是查理一世和他的騎兵，另一方面是國會的圓顱黨（Roundheads）。當代表國會的一萬九千多名戰士聚集在保皇黨人的前哨唐寧頓堡（Donnington Castle）時，國會軍在人數上的優勢似乎可以讓他們一次解決這場內戰。查理一世打從登基時起，就抗拒議會的權力。現在儘管受到包圍，他依然選擇繼續抵抗下去。

當查理一世在一六二五年登基時，立刻就跟國會起了衝突，後者拒絕增稅，以資助在西班牙跟法國的戰爭。國會不認為這種衝突有什麼意義，但是英軍亟需金錢投入，有一位將領說到：「跛腳的、虛弱不能行動的，無法執行任務的人佔了很龐大的數目。」

這時的英國已經承平過久，之前打過仗的人，現在都已經年歲過高，不再有用。另一方面，年輕人對戰爭一無所知，也因此沒有什麼準備。目前軍隊所接受的訓練，也乏善可陳。雖然有相當財富的人有責任提供完訓的「隊伍」。在這個國家的不同地區，他們只是在夏天時集結，訓練一個月。在多數情形下，這些集合重點是到當地酒館喝酒，而非真正的訓練。如華德上校（Ward）後來所說，「就目前訓練的方式來看，我有把握，我們連半個像樣的軍人都訓練不出來。」據說只有在倫敦還有一些還算像樣的軍隊，因為僱用了有本領的軍人來訓練，但是他們的水準，還是遠低於當時歐洲最佳的軍隊。

更令人擔心的是馬軍的數目降低，養馬的數目也下降。一位著名的當代軍人，愛德華．哈伍德爵士（Sir Edward Harwood），就說到這件事：「至於馬，這個國家缺乏馬匹，整個國家能否提供兩千匹可以對付兩千名法軍的馬匹都是個問題。」

基於這些理由，面對查理一世發動戰爭的要求，英國國會拒絕讓步。查理一世為了己意，三番兩次解散國會。在接下來的兩場跟西班牙和法國的慘烈戰爭，使得查理一世在一六二九年再度解散議會，企圖獨攬大權。

不過，十一年後他就會灰頭土臉。在這段期間，新教跟天主教雙方教徒的衝突繼續撕裂著英國，加上跟蘇格蘭的戰爭爆發，查理一世別無選擇，只好在一六四〇年重新召開國會，好依法籌募接下來衝突所需要的金錢。他沒想到國會再次拒絕提供任何協助。又一次，他手下資金不足、紀律不佳，沒有經驗的軍隊在戰場上丟臉吃敗仗。情況很糟，甚至有一隊德文郡（Devonshire）的軍人把他們的中尉給殺害，只因為他們懷疑長官支持教皇。簡單來說，英軍不像專業的作戰部隊，反而像是武裝暴民。

一六四一年查理一世的處境惡化，愛爾蘭的天主教部隊叛變。他再度找上國會要求增稅，但依然遭到拒絕。彼此之間的關係現在變得非常糟，國會開始擔心如果給了查理一世所需要的錢建立軍隊，他有可能會用這軍隊來對付自己。考慮到這一點，國會反而建立了自己的軍隊來跟愛爾蘭的天主教徒戰鬥。對查理一世來說，這形同冒犯到他的君權。

不久國會跟國王的分歧更嚴重。國會議員約翰・皮姆（John Pym）竟然在西敏寺設守衛，這是高度挑釁的舉動。隨著叛變的計畫增加，國王也帶了一隊士兵到國會，打算把為首的反對派五人給逮捕。然而五位議員設法逃脫，又進一步損傷到國王的威信。

由於知道內戰已經無法避免，國王逃到約克（York），他的天主教妻子亨麗埃塔・瑪麗亞（Henrietta Maria）則搭船前往荷蘭，企圖購買武器跟盔甲。英國內戰就這樣開啟，敵對雙方現在都必須要用沒有受過訓練的百姓組成軍隊。

當國王透過他的徵兵令，而國議則是透過民兵條例，要召集受過訓練的軍隊來為他們打仗時，很多人不知道應該要站在哪一方。很多人對這場戰爭毫無興趣。其中有一個因為這種分裂意見而出問題的家庭，就是我的先人。威廉・費恩斯，薩伊爵士（William Fiennes, Lord Saye），還有三個小兒子站在國會這一邊，費恩斯還成為牛津郡的總督，有權召集、統領民兵，而他的三個兒子後來則成為圓顱黨的將領。他們後來都參與了在埃奇希爾（Edgehill）那首場真正的內戰，也因而幾天後在一場大敗仗中失去家族在班伯里（Banbury）的城堡。雖然他們為了國會付出，把性命跟財產投入戰場，費恩斯的長子，詹姆斯（James），傾向於站在騎士黨（Cavaliers）這一邊[1]。此外，威廉・費恩斯甚至有一個女兒嫁入保皇派的家庭。可以想像費恩斯家族在用餐時，對話的內容會有多尷尬。

1 編註：即保皇派。

不過，即便一支訓練有素的軍隊選了邊站，還是會有許多人拒絕離開他們所居住的郡。每個地區的組織把自己視為是獨立的單位，而非某種更大理念的一部分。當威廉．沃勒爵士（William Waller）發現手下以倫敦為根據地的各單位拒絕朝更遠的地方去作戰時，他寫道：「一支由這些人所組成的軍隊，絕對不會達成你所要做的一切，在擁有一支純屬於自己的部隊之前，要做任何重要的事情，都可以說是辦不到的。」

偶爾就算可以說服他們到各郡以外作戰，可是他們難以控制，沃勒有感而發：「他們很不聽話，完全不值得讚美，要他們待下來是毫無希望……這些人只適合送到絞刑台，之後則是下地獄。」

唯一可以信賴的是來自倫敦訓練有素的部隊。也就這樣，國會每次有緊急狀況時都去找他們。紀律向來都是最重大的議題，大多數人似乎都太習慣於吃得好睡得好，但長期作戰的話，就無法忍受太多的苦楚。

整體上現存部隊並不好用，每個派系都迫切需要人員跟馬匹，因此嘗試透過志願性的招募建立軍隊。然而，那些被認為是同一派的人又積極度不足，無法解決軍隊人數的問題，雙方最後都只好訴諸於強制徵兵。

由於軍隊紀律不佳，又不怎麼相信上級的理念及不穩定的薪餉，戰爭持續兩年，懸而未決，也幾乎看不到這場戰爭的終點。看起來兩方都有能力籌組強大到可以在戰場上擊敗對方的軍隊，但是沒有一方有能力讓手下的軍隊把一場仗好好打完，直到取得最後的勝利。

然而，一六四四年的馬其頓荒原戰役（Battle of Marston Moor），國會軍擊潰了國王軍之後，看來跟國王軍的一萬兵馬相比，國會軍高居優勢的一萬九千兵馬，已經盤算要在紐貝利（Newbury）結束這一切了。雖然愛德華·蒙塔古（Edward Montagu）——第二任的曼徹斯特伯爵（Earl of Manchester）——是國會軍的最高指揮，國王軍最畏懼的其實是騎兵的指揮官，奧利佛·克倫威爾（Oliver Cromwell）。儘管在戰爭之前他並沒有軍事方面的經驗，但他已經樹立名聲，是個令人生畏的指揮官。他的部隊是全英國訓練最好、紀律最優的部隊之一。

不同於他在下議院的許多同僚，這一位來自劍橋的中年議員並沒有貴族的血統。克倫威爾能夠往上爬，進入國會，靠的不是財富或特權，而是純粹的意志力，以及高度的智慧。

跟許多議員一樣，在戰爭爆發時，克倫威爾被要求從他所居住的東盎格利亞（East Anglia）籌組一支軍隊。克倫威爾之後就建立了一支騎兵，他對手下能力的重視程度更勝於他們的出身，以及他們對部隊理念的信仰，他說：「我寧可有個穿赤褐色粗布衣裳，知道他為何而戰的隊長，也不要你們所謂的紳士或其他什麼的。」

不過，他在選人時，宗教也扮演了重要的因素。在成為國會議員之前，克倫威爾看起來前途無光，意氣消沉，財務情況不佳，他因為改信清教使得他從一個沒沒無聞的中年人，變成國內的重要人物。他對信仰很虔誠，克倫威爾要手下成員也都是如此。長老會的理查·巴克斯特牧師（Richard Baxter）曾經說到這一點：

在他第一次投入戰爭時，只是個騎兵的隊長，但是他很在意手下要有宗教信仰：這些人要比一般軍人對生命有更多的了解，也因而更在意戰爭的重要性與後果；並且，因為他們的目標不是金錢，而是心中的大眾福祉，他們更能夠展現勇氣；因為以金錢為目標的人，會把自己的性命置於他的薪餉之上，也就有可能在遭遇危險時逃走。

雖然保皇派展現出他們對君王的支持，克倫威爾認為他的手下會為上帝展現更高的忠貞與決心。由於他極強的人格魅力，許多人非常樂於接受他的領導。

就在幾個月之前，克倫威爾的騎兵在馬其頓荒原戰役發光發熱。國王軍的騎兵傾向於追逐戰場上敗亡的敵軍，克倫威爾的騎兵正好相反。他們破壞敵軍的陣形、迅速整隊，並且準備好可以攻擊下一個目標。靠著這個戰術，克倫威爾摧毀了魯珀特親王（Prince Rupert）手下臭名遠播的馬軍，而他自己的人馬——現在被稱為「鐵騎軍」（Ironsides）——則是四處受到讚揚。

在紐貝利，國會軍兵力高居優勢——其中還有克倫威爾的鐵騎軍——似乎是給保皇派決定性一擊的時候了。不過，接下來卻是災難性的結果。由於部隊紀律不佳，指揮系統混亂，國會軍想要包抄國王軍，整個行動卻不連貫，一團亂。就連克倫威爾的騎兵也表現得七零八落，竟被引入到沼區戰鬥，很快就陷入掙扎。曼徹斯特伯爵的攻擊出手太慢，又使情況變得更糟，就這樣查理一世得以在夜晚逃走。喪失這個機會，令克倫威爾大怒，派兵追擊，但是曼徹斯特伯爵拒絕用步兵支援，並表示官兵已經筋疲力盡。儘管一切不利的因素，查理一世還是逃回到牛津，再度集結軍隊，這場戰爭又要再蹉跎下去。

對於國會軍未能充分運用本身的重大優勢，讓克倫威爾深感憤怒。他認為錯在部隊組織不良，指揮官們懦弱又不專業，曼徹斯特伯爵也沒比其他人好，因為他讓國王及其軍隊逃掉了。這項不滿不久就爆發了。克倫威爾向來不是自我壓抑的人，他嚴重指控曼徹斯特伯爵，說他在作戰時積極不足，直指他是長老會的信徒，也因而傾向於跟英王和平相處。

由於克倫威爾跟曼徹斯特水火不容，諸郡構成的國會東部聯盟（Eastern Association）宣稱無力繼續支付維持他們部隊的開銷。就國會而言，這意味著一場災難，因為這些軍人大約佔國會軍的一半人數。顯然不能讓這種情況持續下去。在幾年外來資金不足的情形下，現在迫切需要全盤檢討國會軍的狀況。

可想而知，當國會在一六四四年十二月九日召開時，好鬥成性的克倫威爾對這個話題有很多話要說。他告訴下議院：

> 有話現在就說，不然就永久閉嘴。現在所要面對的重大處境，就是要拯救國家，使其免於流血，不，是幾乎垂死的狀況——這是這場漫長的戰爭所造成的後果——要是不能夠迅速、有力，並且有效地作戰（拋開所有會延長戰爭的一些懸而未決的程序，譬如有關從國外僱傭兵源的程序），我們會令這個國家對我們感到厭倦，並且討厭國會。

他接著列出——就他來看——與目前國會軍相關的所有議題：

軍隊中不良風氣與腐敗的情況惡化，褻瀆、不虔信宗教，或完全沒有宗教信仰，酗酒跟賭博，還有各種形式的放縱與怠惰；明白地說，在實施比較嚴格的紀律，把整個軍隊以某種模範來管理之前，不必期待他們在執行任何事情時，能夠達成什麼出色的成果。

在他心中，現在顯然是重新組織軍隊，改派新指揮官的時候了。朱契・泰特（Zouch Tate）議員接著提出一個有深遠影響，具有爭議性的建議。他提議說：「戰爭期間，不論是上、下議院的任何成員，都不可以擁有或執行任何上、下議院所允許或賦予的軍事或民間的職務或指揮權。」

這後來被稱為「自我否定條例」（Self-denying Ordinance）。這條例禁止任何議員同時擔任軍隊的將領。這提議具有高度爭議性，但是不久下議院——和比較不能接受的上議院——都明白別無選擇，必須徹底改革國會軍，接受所謂的「新模範軍」（New Model Army）。據說我的祖先威廉・費恩斯，薩伊爵士，扮演了關鍵的角色，幫忙說服貴族們支持這個條例。

由於自我否定條例通過了，國會議員——包括曼徹斯特和艾塞克斯伯爵（Earls of Essex），以及克倫威爾本人——不情不願地放棄他們的軍事指揮權。至於軍隊，有幾項重大的改革正開始實施。

如果國會要建立起一支職業軍隊，就非要籌到資金。因此，在所有國會控制的地區，每月要徵收六千英鎊。這使得所有軍人可以得到當時算是合理的薪餉，或許更重要的是，他們終於可以很快就領到錢。這有助於強化對軍隊來說是很重要的紀律，也可以維持士氣。當軍人知道他們會領到薪餉，他們就會有意願一心一意幹下去。

核心改革也創造了重新補給軍隊的機會，使國會軍有跟得上時代的裝備。有史以來，步兵團達到裝備一致，而且每個士兵都有工作所需的足夠武器和盔甲。還有，引進了紅色夾克的制服——這是英國歷史上第一次軍隊配有制服。這一步也營造了專業感，不過之所以選擇紅色，是因為這顏色的布料可以大量廉價取得。

為了進一步確保有一個統一並且目標一致的戰線，軍官團大體上的成員都傾向於來自清教，並且採取嚴格的反對英王的立場。就像克倫威爾的鐵騎軍，這使得他們可以呈現出統一戰線，並對敵軍實施猛攻。

軍隊以前聽命於不穩定的指揮體系，現在全都服從單一的指揮架構，而這個架構本身最終是向國會負責。國會選擇領導新模範軍的人物，正是托馬斯・費爾馬克思勛爵（Thomas Fairfax）。

身為北部聯盟的指揮官，費爾馬克思不但在北部為國會打了場成效良好的仗，他也被視為忠心不二、能力卓越的指揮官。托馬斯勛爵是費爾馬克思爵士的兒子，也是政治上的好選擇。原本上議院的貴族們看到自己對軍方的影響力日減，越來越擔心，但是托馬斯勛爵是自己人。透過他的父親，他跟貴族夠親近，不是下議院的一員，也適合統帥部隊。這令兩院都感到滿意。

至於在軍隊方面，費爾馬克思當然受到部下所敬重。他是個有完整歷練的軍人，曾經在荷蘭軍隊待過，還是個沒有架子，不會扭揑做作，說話很直接的人。他的部屬清楚知道，在攻擊最激烈的時候，費爾馬克思會跟士兵們併肩作戰，他們也信任他的領導能力。

如克倫威爾所主張的，新模範軍的職務分配，不再取決於特權、社會地位或財富。取而代之的做法是，各個職務由最適任的人選來擔綱。雖然費爾馬克思可以選擇任何一位他所屬意的上校或團級軍官，但還是必須要把他的建議名單送給兩院審議。不管怎樣，任何被認為不稱職的軍官，現在是可以解除職務了。令人驚訝的是，有些在其他地方找不到職缺的中士或下士，卻願意留下來擔任基層的士兵。

兩院同意他的指揮官名單後，費爾馬克思現在開始把注意力轉移到集結軍隊的這件事情上。然而，在召回所有以前由艾塞克斯、曼徹斯特和沃勒等人所統帥的部隊以後，人數還是不足。因此再發佈命令，要多徵召四千人。不久新模範軍就有兩萬兩千人，包括了十一團的騎兵，每一團有六百人；十二團的步兵，每一團有一千兩百人；還有一個由一千人所組成的重騎兵團。

到一六四五年夏天，在集結新模範軍之後，費爾馬克思看到讓部隊牛刀小試的機會來了。查理一世把他的兵力分散，企圖既保住英格蘭南部，又想要再度拿下北部。這意謂英王在牛津的基地所留下的防衛力量會變得單薄。對費爾馬克思來說，機不可失。

國會軍攻擊牛津，大量的國王軍儘速前往馳援。費爾馬克思頓時明白，要是他動作不快一點，他的兵力會居於劣勢。他要求克倫威爾支援，但是依照自我否定條例的規定，國會議員不得擔任軍職——雖然在這段期間他一直抗拒這個條例。儘管如此，費爾馬克思緊急寫信給國會，要求任命克倫威爾為臨時的馬軍中將，他說道：

他受到全軍官兵普遍的尊重和喜愛，他個人就任的價值和能力，在過去的職務中所展現的極度小心謹慎、勤奮、勇氣和忠誠，以及上帝持續伴隨著他和祝福等，使得我們將其視為對您等和公眾的責任，而提出我們的懇求。

面對這樣的狀況，國會同意破例讓克倫威爾執行以三個月為一期的任務，而且只要國會同意，他的任命可以延長或終止。

六月十三日六點鐘，當費爾馬克思在位於基斯林伯里（Kislingbury）的總部召開作戰會議時，外頭突然人聲鼎沸：「鐵騎軍……鐵騎軍到了。」克倫威爾和他的六百人用最快的速度騎過聯盟的諸郡，耀武揚威地抵達戰場。隨著克倫威爾的到來，戰爭計畫的時程因此加快。戰鼓奉命敲起，集結步兵，號角響起要騎兵上馬，全軍準備朝內斯比（Naseby）這座小市集村落推進。

同時間，查理一世也召開了他的作戰會議。會議上，他和魯珀特親王針對要跟新模範軍接戰，還是撤退等待時機爆發了爭執。最後決定接戰，主要是英王認為新模範軍缺乏經驗，沒有在戰場上跟其麾下老練的軍隊交過手，實力有待確認。這是在這支軍隊有機會茁壯以前，一次把它毀滅的機會。

隔天早上近五點時，國會軍抵達內斯比，濃霧瀰漫，視野很差。儘管如此，越過原野時，可以看出國王軍在歸土山（Dust Hill）的山頂等待著他們。克倫威爾勘查過地形後，準備進攻。克倫威爾意識到他的三千五百名騎兵——穿戴皮革外套，頂著顯眼的鍋盔，拿著手槍跟彎刀——面對著一片極端潮濕又多沼澤的土地。他對紐貝利的作戰還記憶猶新，知道這對攻擊方非常不利。他也無意率領人馬攻上歸土山，因為這會讓國王軍掌權相當程度的優勢。轉向費爾馬克思，克倫威爾指向一片稱為紅山（Red Hill）的地方，說道：「我懇請您，讓我們後退到那座山，此舉可以引誘敵軍攻擊我們，他們要是這麼做的話勢必會全軍覆沒。」

魯珀特親王注意到新模範軍向左方移動。他擔心會遭到優勢兵力包抄，並且急於發動攻擊，他突然喊出戰呼，叫道：「瑪麗皇后！」這是對亨利埃塔·瑪麗亞（Henrietta Maria）的英式致敬。新模範軍吼叫回應：「上帝與我們的力量！」在這時候，雙方迅速接戰。

火槍齊放之後，兩軍隨即纏鬥，展開肉搏戰。國王軍勇猛攻擊，兵力居於優勢的國會軍的步軍起初遭到逼退。國王的大臣愛德華·沃克爵士（Edward Walker），對現場做了如下的描述：

雙方的步軍要到進入馬槍的射程時，才能夠清楚看見對方，在僅僅一波齊射之後，我方拿著刀劍和火槍攻過去，並且順利砍殺對方，情況相當有利，我看到他們的旗幟倒下，敵步軍陷入混亂。

魯珀特親王的騎兵佔據上風，但是他們接下來犯了一個要命的錯誤。在擊潰了一群國會軍之後，他們追擊敗軍到戰場之外，直到抵達十五英里外的輜重車隊那裡。不同的是，克倫威爾和他的人馬——其中包括我的祖先約翰・土伊斯勒頓上校（John Twistleton），和約翰・費恩斯——留在戰場，重新集結。這顯示出新模範軍的專業度，而這也會是其成功的關鍵。

現在兵力高出於國王軍剩餘的騎兵三倍，克倫威爾引誘敵方軍容不整的馬軍攻上山頭。國王軍騎兵中了計。當他們迫近時，克倫威爾威名遠播的鐵騎軍從火槍的煙霧裡衝出來，並且開火射擊，接著兇殘地用劍砍倒國王軍。在短暫卻血腥的交戰之後，國王軍騎兵潰不成軍。

克倫威爾現在改用他的鐵騎軍對國王軍的步軍進行包抄。他們從敵軍的後方攻擊，國王軍因此驚慌失措。有些試著逃跑，其他的則是投降。大多數投降者都面對殘忍而毫無憐憫之心地殺害。

當國王看到戰爭已經敗北，而他也要失去王位之時，他騎馬往前衝，打算率領護衛投入混戰。康沃斯勳爵（Earl of Carnwath）猛地抓住國王坐騎的轡繩，厲聲叫道：「您這去是要送命的！」失去了國王，就沒有了繼續作戰的理由。面對不可改變的命運，查理一世除了逃往安全的地方，別無選擇。

當戰場的煙霧消散時，查理一世所見是徹底的毀滅。他麾下有一千多人被殺，更多人是身受致命的重傷而躺在戰場上，同時有五千五百名戰士淪為俘虜。國王已經失去了他的精銳戰士，以及大多數經驗豐富的部隊。

新模範軍在一天之內所大規模削減的國王資產，遠比過去三年的舊部隊所達成的還要更多。跟過去的作戰不同，國王軍都無法在不受干擾的情況下撤出戰場。不會再出現那種荒謬的撤出，以待日後的改天、改地再戰的情況發生。此外，克倫威爾的部隊並不脫離戰場追逐敵軍，反之會留在戰場持續戰鬥。

一六四六年五月，當查理一世僅存的稀少兵力淒涼孤單地作戰時，國王除了把自己交託給蘇格蘭軍之外毫無選擇，只有如此他才能夠不受國會的控制。不過，蘇格蘭人很快就把他出賣給英格蘭，隨即就要接受審判。在他等候判決時，只有威廉・費恩斯上議院議員——儘管他在內戰時支持國會——支付皇子們的開銷，使得他們可以在父王不在時得到良好的照料。查理一世被宣判叛國，一六四九年一月三十日處決。這是英國第一次，也是唯一一次的共和國制。同時，克倫威爾跟新模範軍在一六五一年的伍斯特戰役（Battle of Worcester）取得另一場著名的勝利，有三名費恩斯家族的人在場，協助迫使查理二世（Charles II）流亡海外。

除了獲得軍事指揮官的美名，克倫威爾接著展現他傑出的政治手腕，於一六五三年十二月十六日宣誓成為護國公（Lord of Protector）。跟國王不一樣，護國公必須取得樞密院的多數投票支持，並且照說應該要遵守命令，不過大體上他實施了軍事獨裁。在這個職位上，克倫威爾的權勢靠的是他在新模範軍所持續受到的擁戴。

身為護國公，克倫威爾有兩項主要的目標——治癒內戰後的英國，並且確定達成信仰和道德方面的改革——他在一六五八年九月三日星期五過世。據說死因主要是尿道感染所引起的敗血症。經過在西敏寺精心策畫的葬禮過後，由他的兒子理查（Richard）繼承護國公一職。

跟父親不同，理查在國會或軍中都欠缺權力基礎。由於這方面的弱勢，他被迫於一六五九年五月下台，進而結束了英國的攝政時期。由於欠缺明確的領導階層，各個派系開始爭權，最後查理二世在一六六〇年結束流亡，恢復君主體制，重新成為國王。他最初的行動之一，就是任命我的祖先威廉——他曾經積極投入對抗他父王的計畫——擔任內廷宮務大臣，並掌管樞密院。威廉會被人稱為「老狐狸」（Old Subtlety）不是沒有原因的。

由於渴望要報仇，查理二世在亡父十二週年的一六六一年一月三十日這天，下令把克倫威爾的屍骨從西敏寺挖出來。屍體接著被掛在倫敦的泰伯恩刑場（Tyburn），然後已經腐爛的頭顱被砍了下來，插在西敏寺大廳外面的柱子上展示。之後，這顆頭顱被不同的人所擁有，甚至還公開展示過好幾次，最後才在一九六〇年埋在劍橋大學的錫德尼．薩塞克斯學院（Sidney Sussex College）的教堂門廳地板下方。

至於新模範軍，查理二世在返國後不久就把它解散了。雖然名義上已經解散，但它已經很清楚地展現出一支職業型的軍隊可以達成怎樣的成就，並就此啟發了歐洲諸國。雖然英國解決了陸軍的危機，但海軍不久之後也會陷入類似的混亂。一支來自歐洲大陸的精銳部隊，將利用這些狀況，發動歷史上最毫無節制的突襲行動……

第十五章　荷蘭海兵團（一六六七年）

當夏天的薄霧飄過閃爍的泰晤士河河口時，英格蘭終於恢復了平靜。過去悲傷絕望的兩年，倫敦遭遇了瘟疫跟大火，導致許多人喪生，英格蘭的海軍也在第二次英荷戰爭中重挫。但是現在倫敦正在重建，戰爭眼看已近尾聲，這兩個國家在和平談判。查理二世終於可以喘一口氣。不過，荷蘭的大議長約翰·德維特（Johan de Witt），卻有不同的想法。他一方面進行談判，另一方面卻得到消息，有可能可以用一記猛擊把整支皇家海軍掃除。由於跟英國的長期爭鬥，他越來越傾向於奮力給英軍致命的一擊。

第一次英荷戰爭起於貿易爭端，在克倫威爾的共和國初期爆發。當我還是個小朋友，住在南非的開普敦（Cape Town）時，就得知有關這件事的一些背景。在學校，我們讀到英國軍艦先是在一六〇一年駛進桌灣（Table Bay），然後二十年後，為國王詹姆士一世（King James I）拿下了開普敦。不過，荷蘭人在三十年後來了，他們漠視英國方面的主張，著手建立貿易基地。在當時，一路往南到厄加勒斯角（Cape Agulhas）都充滿了獵物，四處跋涉的荷蘭人也因此大開殺戒。他們也殺了很多住在沙漠的科伊桑人（Kalahari San），或布西曼人（Bushmen）。荷蘭人在全世界重複這種侵略性的行為，成為英國強大的競爭對手，最後導致雙方產生衝突。

雖然這場衝突在一六五四年結束，任何一方都談不上是贏家，德維特持續努力，要把荷蘭變成歐洲的貿易超強國家之一，同時還展開大規模的造船計畫。不久荷蘭擁有歐洲規模最為龐大的商業艦隊，進而掌控了西非海岸，再次威脅到英國的貿易。一六六五年開始了第二次英荷戰爭，在接下來兩年的艱苦戰鬥中，雙方都飽受重創。

一六六五年八月，英國艦隊在挪威的卑爾根港（Bergen）遭到荷蘭海軍擊敗，但沒有多久又會再蒙受更大的損失。一六六六年六月，在所謂的「四日海戰」（Four Days' Battle）中，英國艦隊被米希爾・德魯伊特（Michiel de Ruyter）所率領的艦隊痛宰——他是荷蘭史上最教人敬畏的海軍將領之一。除了英國艦隊中最引以為傲的皇子號（*Prince Royal*）被迫投降，皇家海軍又損失二十三艘軍艦，一千四百五十人受傷，一千八百人被俘。相對的，荷蘭只損失四艘軍艦，一千三百人受傷。

過去十年間，荷蘭海軍變得更強，英國海軍則是陷入混亂。在共和國與攝政時期的後期，海軍方面的債務迅速增加，而且經費耗盡，這有一部分是跟維持克倫威爾的新模範軍有關。由於國家投入於建造新船的經費少得可憐，有些人長達四年沒有領到薪餉。不久政府所拖欠的薪餉金額就衝到四十萬英鎊。到一六六六年二月時，皇家海軍負債兩百三十萬英鎊，卻只有一百五十萬英鎊是可以支用的。

由於海軍發放的不是該給的薪餉，而是票券，要找到水手自願加入海軍，因此變得更為困難。接下來每一個郡都接到人員配額的命令，但是很多人逃跑躲起來，想要避開兵役。即便水手加入了艦隊，他們還是有潛逃的可能。查塔姆造船廠（Chatham Dockyards）的廠長彼德・佩特（Peter Pett）看不下去，被迫寫信給海軍大臣薩姆爾．佩皮斯（Samuel Pepys），訴說被徵召來的人所陷入的困境。他提到他們是「那些可憐的生物，除了把充斥害蟲的船給填滿，也不適合做什麼事情了」。英軍指揮官喬治．孟克（George Monck）也抱怨說他「一輩子不曾跟更差勁的軍官一起戰鬥過，在這些人當中，舉止還像人的，不超過二十個」。

也難怪有些英國海軍人員會叛逃，轉為替荷蘭賣命，畢竟薪餉不穩定，生活條件又差。有些人這麼做是出於認同上的原因，但是許多人則是為了金錢。荷蘭海軍會給薪水，但是英國不會。許多被荷蘭海軍俘虜的英軍拒絕被遣送回國，還表示願意為荷蘭效命。光這一點，英國海軍看起來不會是荷蘭人的對手。

在四日海戰敗戰的羞辱之下，英國的國威大傷，似乎已經沒有東山再起的可能。不過，在迅速進行的重建和招募行動之後，英荷敵意再度點燃，於是在一六六六年七月發生了聖詹士日海戰（St. James's Day Battle）。幾乎不可能的事情發生了，英軍這回讓荷蘭嘗到意外又羞辱的敗戰，超過五千名荷蘭軍人陣亡或受傷，而英方的傷亡僅有三百人。

但是正當查理二世打算好好利用這次重大的勝利之時，倫敦在一年之內遭受到第二次的重大災難。這個都市才剛從致命的黑死病中恢復——在高峰期，黑死病一週內造成七千人死亡，迫使成千上萬居民逃離，倫敦成為一座鬼城。可想而知，疫情重創經濟，連帶也傷害到海軍。才剛滿一年多一點，災難再度降臨，一六六六年九月二日，大火橫掃整座城市。

火災造成巨大的毀壞。四天之內，估計有七萬名居民無家可歸。超過一萬三千棟房子燒毀，包括像海關樓（Custom House）和皇家交易所（Royal Exchange）等重要貿易建築。大火造成的損失估計有一千萬英鎊，在當時是個無法想像的天文數字。

面對這場災難，英國不再有經費繼續戰爭。不過，由於雙方的損失不斷上升，荷蘭也是很想結束這場衝突。基於對和平的渴望，荷蘭跟英國遂在布拉德（Breda）研議簽訂一些條款。在他們這麼做的同時，查理二世把海軍艦隊都送進造船廠，同時把船隻上的大部分一流船員都解僱，以節省開銷。然而，少了以上這些，現在唯一可以保護位於查塔姆造船廠內的英國艦隊，就只是一條橫越麥德威河（River Medway）的鐵索。相關的消息很快就傳到了德維特耳中。

荷蘭大議長曉得，由於查理二世把他的注意力跟財務資源轉移到重建倫敦方面，因此艦隊變得易受攻擊。這不但是消滅英國海軍的機會，也是迫使查理二世在和平談判時聽從擺佈的機會。這是個難得又風險高的機會，一個可供新成立的荷蘭海兵團利用的機會。

兩年前，地位崇高的威廉・約瑟夫・范根特男爵（Willem Joseph Baron van Ghent）中校曾經和德魯伊特一起帶了個點子來找德維特。為了對付經過特別訓練的英國皇家海軍——一六六四年才成立——他們想要建立一個由精良的「船上陸軍」所組成的團級單位。這個團會有自己的指揮權，而且完全執行在海上的任務，裝備有軍刀和燧發槍。

德維特對這個想法很感興趣，指派范根特為荷蘭海兵團的首任指揮官。不過，奉命率領八百官兵在泰晤士河行動的，是個名叫托瑪斯・朵爾門（Thomas Dolman）的英國人。令人遺憾的是，有關朵爾門的資料甚少，只知道他是奧利佛・克倫威爾和喬治・孟克的友人，因為拒絕接受英王在一六六〇年的復辟，轉而投向荷蘭。雖然孟克跟朵爾門曾經是朋友，不久他們將會在衝突時對上彼此。

一六六七年六月六日的早上，一個由六十二艘巡防艦、十五艘駁船，以及二十艘火船所組成的龐大荷蘭特遣隊駛進了謝佩島（Isle of Sheppey）和穀島（Isle of Grain）之間的泰晤士河河口。這支艦隊的到來立即造成惶恐。當有關攻擊的消息傳到附近的查塔姆造船廠時——英國艦隊中的大多數船隻都以此為基地——佩特廠長馬上發出警訊。但是已經有點太晚了；英國方面毫無防備。

在幾乎毫無抵抗的情況下，荷蘭海兵團挺進謝佩島上的謝爾內斯堡（Sheerness Fort），該地守護著通往麥德威和查塔姆造船廠的路徑。在迫近時，詹姆士・范布拉克爾（James van Brakel）的憤怒號（*Vrede*），朝英軍統一號（*Unity*）開火，迫使它往上游後撤。同時，朵爾門和手下八百名海兵攻上岸，朝這座堡壘攻擊過去。不過，他們發現這個蘇格蘭兵防線的大多數軍人都已經逃走，只留下七人。荷蘭海兵很快就俘虜了他們，奪下堡壘內的大砲跟倉儲，再降下英國國旗，代之以荷蘭國旗。麥德威現在是毫無防衛能力。除非英軍迅速採取行動，不然他們就會失去整支艦隊。

在接獲命令處理眼前的災難時，喬治・孟克發現情況比他原先所想的還要糟糕。發出警訊以後，在查塔姆預期會出現八百名造船廠人員，卻只來了十二人。此外，在三十艘用來防禦的單桅帆船當中，只有十艘可用，其餘二十艘被用來撤離幾個官員的個人物品。難以相信的是，沒有彈藥或炸藥，也沒有砲台奉命保護封鎖麥德威的那一條六吋粗的鐵索。情況顯示，孟克什麼事都無法做了。

由於荷蘭艦隊朝鐵索前進，孟克把火船鑿沉在鐵索前方，希望藉此擋住荷軍。他也確定已經把查理五世號（*Charles V*）、馬賽厄斯號（*Matthias*）和蒙茅斯號（*Monmouth*）泊在鐵索後方採取守備位置，並且下令英國艦隊旗艦皇家查理號（*Royal Charles*）駛向上游，避開戰火。不過，佩特廠長找不到足夠的人員來旗艦。他們只能祈禱那條鐵索撐得下去。

然而在荷蘭艦隊裡面，有一位想要證明自己的艦長。之前他因為允許手下在謝佩島進行掠奪而被逮，詹姆士．范布拉克爾現在要求恢復指揮權，承諾他會切斷橫跨泰晤士河上的那條鐵索。這似乎是項自殺任務，但不管怎樣，他得到了許可。不久，范布拉克爾的憤怒號帶著兩艘火船，蘇珊娜號（*Susanna*）和愛國號（*Pro Patria*），駛到荷蘭艦隊前頭，直接朝鐵索而去。英國守軍的回應是一些砲台發射了一連串的砲彈和槍擊，但是憤怒號繼續前進。

來到統一號側面時，海兵們在憤怒號的桅杆上就定位，然後射擊下方逃竄的英軍。同時間，范布拉克爾則是下令要近距離朝對方一砲接一砲發射。面對這樣的火力，統一號放棄抗拒，荷蘭海兵團猛攻登上敵艦。

范布拉克爾拿下統一號時，荷軍火船蘇珊娜號駛向鐵索，但遭受到攻擊之後燃燒了起來，陷入火海。然而，在英軍歡呼時，愛國號穿過黑煙，切斷了鐵索，彷彿它不過是條細繩而已。當該艦來到馬賽厄斯號旁邊時，荷蘭海兵把它引燃，接下來則是爆炸聲，整艘船都炸開了。通往查塔姆和英國艦隊的這條大河，現在是通暢無阻了。

這是荷軍殷切等待的信號。快速前進之下，荷蘭艦隊開砲把英軍旗艦查理五世號打得千瘡百孔，燒了起來。英軍水手嘗試搭上小艇逃生，有些人則是跳入海中，開始朝岸邊游過去，海兵隊員則是對水中游泳的他們一個、一個地射殺。

看到這一幕，范布拉克爾搭上一艘帆船離開統一號，前往燃燒中的查理五世號。他爬上船首，抽出指揮劍，下令號角手爬上去取下英國國旗。又一艘英國的主要作戰艦落到荷軍的手中了，只是他們滅不了火，遂決定把船給炸了。

當時目睹這一切的皇家海軍史學家寫道：

當時在查塔姆下方目睹到的那一刻，在海軍歷史上是很難再找到相類似的了……河上充斥著流動的小艇和燃燒的殘骸；槍砲的隆隆聲幾乎沒有間斷過；傷患的尖叫聲壓過戰鬥的嘈雜、號角的鳴響、鼓聲的輪動，以及荷蘭軍隊一再勝利的歡呼；籠罩在這一切之上的，是屍布般的黑煙，隨著夜晚逐漸降臨，只有各方的火光、大砲及槍枝的閃光可以照明。

統一號被拿下，鐵索斷掉，馬賽厄斯號和查理五世號起火燃燒，在這一切之後，荷蘭軍隊把注意力轉移到最大的戰利品：皇家查理號。英軍並沒有打算奮不顧身地保護艦隊中最重要的船隻。反之，在戰況變得激烈之前，水手們不是選擇跳船，就是投降。荷蘭方面只憑九名海兵隊員，就拿下了英國最有名望的戰艦。

這次災情是如此慘重，薩姆爾．佩皮斯寫到：

我們全都心痛不已；消息正確無誤，荷蘭人已經切斷了我們的鐵索，燒掉我們的船，特別是皇家查理號，我不清楚是否還有其他更重大的事件，但這可以確定會是令人極為傷心的一件。事實上，我是這麼擔心這整個王國垮了，今晚我決定跟家父及我的內人研究，如何處理我身上的那麼一點點錢。

聽到這則消息，倫敦居民陷入全面恐慌。隨著流言傳說荷蘭人正要從敦克爾克（Dunkirk）運輸一支法國軍隊全面入侵，許多富裕的市民隨身帶了他們最珍貴的財產逃離都市。那些別無選擇只能留下的人們，準備用他們的性命保護家園。

這個時候，范根特的分遣艦隊登上皇家橡樹號（*Royal Oak*）、忠誠倫敦號（*Loyal London*），和皇家詹姆士號（*Royal James*），越來越多的英國船艦不是沉沒、燃燒，就是被俘獲。孟克能做的很有限。一方面，他下令把一些船進一步拖往上游，遠離狂暴的荷軍。另一方面，部分船隻則被蓄意破壞，藉以減緩敵軍前進的速度。突襲結束時，英軍方面已經鑿沉三十艘船艦。

擋下荷軍攻擊的，並非任何布陣防禦的英軍，而是退潮。在把皇家查理號和統一號拖走時，那些為荷蘭人戰鬥的英國水手們喊道：「我們好一段時間為票券而戰；現在我們為金錢而戰。」

在英國海軍史上最大的羞辱之一過後——這事情是緊接著瘟疫和倫敦大火後發生的——查理二世無力對抗德維特。英國海軍只留下他們最大型的戰艦當中的一艘，短期內這個國家虛弱到足以陷入險境。查理二世接著下令儘快完成和談，條約在七月三十一日簽署完成。根據其中的條款，荷蘭取得圭亞那，荷蘭人也可以把來自荷蘭、德國以及南非的產品賣到英國。

在取得如此盛大的勝仗之後，荷蘭舉國歡騰。舉辦了許多向艦隊致敬的慶祝活動，許多海軍將領被譽為英雄。作為紀念，德魯伊特和范根特甚至出現在用來記述這些事件的珍貴琺瑯金色聖杯之上。皇家查理號因為吃水太深，不適於荷蘭的淺水海域，荷蘭海軍並未真正使用它。直到一六七二年為止，這艘船都被停在船塢做為觀光景點。

在這些事件後大約兩百五十年，魯德亞德・吉卜齡（Rudyard Kipling）為佛萊契（C. R. L. Fletcher）所著的《學校教的英格蘭史》（*A School History of England*），寫了一篇「麥德威的荷蘭人（一六六四至七二年）」的詩詞：

如果戰爭可以靠饗宴贏得，
或靠歌唱取勝，
或靠熟睡找到安全，

英國會有多麼強大！
但是榮耀跟主宰權
並非藉此維繫。
它們靠劍跟槍，
而荷蘭人懂這一點！

該用來養我們的錢
您卻用在個人享樂，
這樣您怎會有水手
幫忙打您的仗？
我們的魚跟起司都已腐爛，
造成了壞血病——
捱餓的我們無力為您效命，
而荷蘭人懂這一點！

我們在每一座港口的船

既不完整也不完備
並且，當我們要修補破縫
卻找不著填絮；
或者，如果找得著，填縫工，
還有木匠，
因為沒薪水都跑了。
而荷蘭人懂這一點！

光是火藥、槍砲和子彈，
我們都幾乎拿不到；
買它們的錢用在歡樂
在白廳的飲宴，
而身著襤褸緊身上衣的我們
必須從一艘船划到另一艘
跟友人乞求零碎的物品——
而荷蘭人懂這一點！

沒有國王會在意我們的警告，
沒有朝廷會支付我們應得的需求——
我們的國王跟朝廷為了享樂
真的把泰晤士河賣了！
因為，現在德魯伊特的頂帆
正在毫無防備的查塔姆誇耀，
我們不敢用我們的艦隊面對他——
而荷蘭人懂這一點！

雖然我不能胡說曾經摧毀某個國家的艦隊，但我倒真有一次使得橫越歐洲的所有運河交通癱瘓。某次在施萊河（Schlei）跟皇家蘇格蘭近衛龍騎兵團執行獨木舟訓練時，我的一位下士意外發射了一枚照明彈到一艘巨大的蘇聯油輪的甲板上。我們的照明彈發出嘶嘶聲響，並且在救生艇甲板上猛烈燃燒了起來。不一會兒，高音警報器和危險信號系統——這系統橫跨歐洲，安裝在基爾運河（Kiel）沿岸——開始閃爍並發出警報聲，彷彿第三次世界大戰已經爆發。擴音器發出聲響，然後一個不知來自何處的男性，開始用英國式鐵路人員的那種含糊嗓音對我們講話。我只有兩個字聽得很清晰：「英國軍人」。他一定是看到了在一艘獨木舟上戴著英式貝雷帽或襯帽的人。我下令立刻中止練習，確保我們能夠全身而退。

不久消息傳來，由於那枚照明彈，橫跨歐洲的所有運河交通停擺了五個小時，這項延誤代價甚高。六個月以後，有一位林務員在運河岸邊找到一頂皇家蘇格蘭近衛龍騎兵團的貝雷帽，並且把它交給警方。我立即接到指揮官的召見命令。當他知道是我跟弟兄讓一枚照明彈落在油輪上時，問說知不知道要是那高度易燃的油輪爆炸的話，會有什麼後果？我刻意裝傻，他便告訴我說，這事情很可能導致跨國性的意外事件，冷戰也可能急轉直下。由於這件事，我被罰了一大筆錢。

對英國海軍來說，荷軍的突擊行動大大地敲醒了他們。英國海軍現在別無選擇，必須重建一支擁有更新、更大船艦的艦隊。隨著時間過去，這會使皇家海軍成為十八世紀一支主要的戰鬥部隊，更進一步使它取得全球海洋的掌控能力。然而拿破崙的崛起，將很快構成另一個新的威脅。如果英國要擊敗對手，那麼在一支新的精銳部隊帶來勝利之前，它將必須再次面對難堪的羞辱……

第十六章　英國輕步兵（一八〇九年）

就像是舊約聖經裡的場景，成千上萬衣衫襤褸、面容憔悴的人們從大雪覆蓋的高山走出來，蹣跚地走向西班牙的柯倫納港（Corunna）。他們的鬍鬚糾結，赤腳踩著血跡，而且發出陣陣臭味。要不是因為他們骯髒、破爛的紅色制服，這些人很容易被誤認為是一群乞丐。這就是英國陸軍的戰力，要是無法很快就回國，他們有可能會全軍覆沒。

幾週以來，他們都在逃離拿破崙的軍隊，在情況危急之下，撤退了兩百五十英里以上好抵達海邊。他們的指揮官約翰．穆爾爵士（John Moore），期望會有一支運輸艦隊在等待著他們。不過，當抵達港口時，發現那是一座空港。看來沒法子回家去，而拿破崙的人馬在後面苦苦逼近。如果等到船隊終於來時他們還活著的話，那就必須戰鬥。雖然英軍看起來已經什麼都沒了，但穆爾還有一張牌沒出：英國輕步兵。要避免被徹底殲滅，就要靠這些人，因為他們是英軍唯一的希望。然而，要不是受到法國人所激發的靈感，以及約翰．穆爾爵士的智慧，當初輕步兵是不太可能成立的。

法軍非常擅長運用輕步兵。靠著所謂的「獵兵」，拿破崙自一七九九年掌權以來就締造了許多的勝利。這段期間的英軍是落伍的。儘管在戰場上具有更高的機動性，英方卻不曾認真考慮過運用輕步兵。

令人難以相信的是，有些英軍指揮官之所以不喜歡輕步兵，是認為在戰鬥時採取掩護位置，就某方面來說是可恥的行為。然而，如果英軍想要勝過拿破崙跟他的輕騎兵，就必須認真思考建立輕步兵戰力。英軍想到要來做這件事的人，就是約翰．穆爾爵士。

穆爾生於一七六一年，父親是個蘇格蘭醫生。一七七六年加入陸軍，升到第五十二團的中將。說到他對軍事戰術的知識，以及他跟部屬的良好關係，無人能及其右。不過，也就是因為他在輕步兵方面的經驗，才成為理想人選——在擔任聖露西亞（St. Lucia）的軍事總督時，他曾經運用過類似的部隊。

一八〇三年英法戰爭爆發後，穆爾被任命為一個位於肯特郡肖恩克里夫軍營（Kent, Shorncliffe）新建成旅的旅長。該旅的設立，是要做為常設的輕步兵部隊的基礎，穆爾以他原本指揮的線列步兵團——第五十二牛津郡（52nd Oxfordshire）——進行訓練。他接下來選了同為蘇格蘭人的肯尼斯．麥肯齊上校（Kenneth Mackenzie）來接掌。

在肖恩克里夫，教導步槍射擊術被視為最重要的事。從完美無瑕地照顧他們的武器，到高效率的裝填彈藥，這些部隊不斷練習遠距離、靜止，以及移動中射擊目標。部隊長們都會做射擊紀錄，以記載部屬的進展。

速度對輕步兵也是極其重要，因此訓練持續下去直到受訓者熟練到覺得平淡無奇的地步，每個士兵要熟知所有程序。最重要的是所謂的「持續射擊」，也就是雙人射擊，一人在射擊時，另一人裝填彈藥，確保循環不會中斷。散兵作戰時還要練習「連鎖規律」，第一槍發射時，在每一隊就會有另一個人接續發射，如此可以維持射擊，不會中斷。

殿後掩護訓練也具有關鍵性，目的並不在於攻擊，而是拖延。他們也學會在殿後被敵軍追趕時，必須一分為二，利用散兵來保護他們。由於散兵會需要迅速移動，並且有時候要在沒有接獲直接命令時就做出反應，他們甚至被鼓勵要培養主動性和自主能力。將來，這些訓練證明對英軍的存活有著莫大的重要性。

不過，在肖恩克里夫，或許最為重要，同時也是所有事務當中居首的，是灌輸遵從紀律的觀念。富勒上校（J. F. C. Fuller）在他所著的《約翰．穆爾爵士的訓練方法》（*Sir John Moor's System of Training*）中，講到這一點：

> 如果要尋找文字記載說明訓練紀律的方法——也就是使得輕步兵師為人所知的方法——我們可能會徒勞無功；真正的紀律體系是無法用一本書寫出來的。建立部隊的紀律、團隊的精神，以及效率，是部隊長基於日常工作中持續對細節的關切及督導，官兵的主動性，對工作的投入，一步一腳印的逐步修正，以及最重要的自力更生的能力和官士兵之間良好的同袍情誼，而不是基於侃侃而談者所善意提出的規則，以及教條主義者的條例。

灌輸紀律的觀念，可能聽來令人覺得嚴苛，但是穆爾溫暖的人格特質，以及個人魅力，確保情況絕對不會是如此。穆爾的一位友人，亨利．班伯瑞爵士（Henry Benbury）是這麼談到他：「我很了解他，而且喜歡他，他總是對我很好……他絕對值得尊敬，正直又慷慨；完全沒有不良的動機，而且只要職責所在，他絕對不會因為任何情感因素而動搖。」威廉．納皮爾爵士（William Napier）——他的兄弟查爾斯就是穆爾訓練出來的——也有類似的看法：「他可以讓最冰冷的人性溫暖起來。」

當穆爾在肖恩克里夫培訓輕步兵時，歐洲正如火如荼地投入拿破崙戰爭。拿破崙已經迫使奧地利、俄羅斯和普魯士等帝國退出戰爭。到一八〇八年時，他看上了葡萄牙跟西班牙。雖然英軍順利把他趕出葡萄牙，但法軍進入西班牙領土，佔領了馬德里，並且立拿破崙的大哥約瑟夫為國王。雖然此事激起西班牙各地的反抗，卻沒有出現有組織的抗法行動。君主專政瓦解，主權被地方上的執政團所承襲，它們都是一些毫無章法的抵抗而已。

許多西班牙人現在把最後的希望放在英國身上。不過，在葡萄牙的勝利之後，卻引起了公憤。英軍指揮官——諸如威靈頓公爵（Wellington）——奉命返國說明為何他們允許法軍撤離，而沒有逼迫他們投降。在這些人返回英國後，約翰．穆爾爵士就被派去西班牙接手統領三萬軍隊。

同一時間，拿破崙本人正前往西班牙。他為葡萄牙的敗仗感到生氣，現在則是擔心他的兄長可能會因為國內各地的叛亂行動被迫離開葡萄牙。他斷定錯在當地的指揮官們，決心親自處理眼前的情況，打算藉由新投入的部隊，只花兩個月就拿下西班牙。

穆爾奉命率領兩萬人前進西班牙抗拒這項威脅。這不但是英國最大的地面部隊，也差不多就是英國僅有的軍隊。同時，大衛・拜爾德將軍（David Baird）所領導的一萬五千名增援部隊也在海上，朝柯倫納港前進，這是西班牙西北角的一座港都。後續部隊是穆爾的輕步兵師，包括有第五十二團的第一營，第四十三團的第一營，和第九十五團的第一營，這些人都受過完整的訓練，當下由羅伯特・克勞福德將軍（Robert Craufurd）指揮。

穆爾絕對有理由相信，投入這些部隊，加上有他的輕步兵師加入，不久就可以控制馬德里，並且把拿破崙趕出西班牙。然而這場對抗不久就變成一場災難。穆爾跟拜爾德都在前往馬德里途中遭遇困難，其中包括了道路品質惡劣、嚮導不可靠，以及天候不佳，解放西班牙首都的任務注定要失敗。拿破崙有超過二十五萬軍隊供他調遣，並且在穆爾和他的部隊抵達之前，已經再次拿下馬德里。對此，穆爾毫不知情，拿破崙卻曉得英軍正在前來的途中，也做好了相應的準備。

當英軍跟法軍在薩阿貢鎮（Sahagun）附近接戰時正值天寒地凍，快要凍僵的騎兵用麻木的手指，勉強抓住韁繩和軍刀，而馬兒一再在結冰的地面打滑。儘管努力要擋下法軍，穆爾得知拿破崙和他軍隊的主力現在正一路前進，打算消滅英國僅存的部隊。這將是一場災難性的打擊，肯定會使英國退出戰爭並聽任拿破崙的擺佈。

穆爾認為，除了撤退到柯倫納港把部隊送回英國以外，別無選擇。但是這趟行程並不簡單。他們需要跨越兩百五十英里的冰凍山路，而法軍會不斷尾隨追擊。在這樣的情況下，他把保護英軍安全的任務交給他在肖恩克里夫訓練出來的輕步兵。他們將會擔任後衛，擊退並延緩拿破崙的軍隊，讓英軍的主力可以平安抵達柯倫納港。

就這樣展開了英國軍事史上最艱苦的撤退行動之一。在嚇人的天候裡，滿載雜貨和輜重的貨車由疲憊的牛跟騾拖上蜿蜒的山徑，而士兵們不眠不休地前進。穆爾決心要及時抵達柯倫納港，但是狀況太差，有些人倒下死在雪地，他們的紅色外衣不足以抵抗酷寒。至於那些還能夠繼續前進的人，有些因為鞋子解體，被迫赤腳行走，忍受凍傷。任何想要幫忙攙扶受傷同袍的人，就必須承受落後脫隊的風險。雨、大雪和雨雪交替，每個士兵都濕冷到骨子裡。存糧幾近耗盡，飢腸轆轆的他們情況更加惡化。

這種情況足以使最冷靜的人也會崩潰。我記得有一回在南極探險時，我的隊友跟我在深及膝蓋的雪地跋涉，同時抗拒著華氏零下一百二十度的風寒。氣溫是這麼低，連我們雙眼自然流動的液體都不斷凝結。在這種情況之下，要不對同伴發怒是很不容易的，連最微不足道的小事都可以令隊友反目成仇，幾小時不講話。探險家艾希利．切里－傑拉德（Ashley Cherry-Garrard）提過史考特艦長及他的隊友那趟南極之行失敗的事：連最要好的朋友都很容易惹火對方，為了不吵架，他們幾天不交談。我了解他們的感受。有一次我們的夥伴麥克．斯特勞德不知怎地把我們僅有的兩個真空熱水瓶給弄破了，這意謂我們不再有熱開水可以喝。麥克的解決方法就是改用尿壺喝茶或壓縮的能量飲料。就算我沒有因為麥克弄破熱水瓶而惱怒，但想到要用之前我用來裝尿的瓶子喝水，卻把我逼到了忍耐的極限。我記得我說：「這跟野蠻原始已經差不多了。」不過，必須承認我發現壓縮能量飲料的味道卻沒甚變化——原本就難喝得不得了。

當英軍往柯倫納港行進時，這些欠缺必要衣物、裝備跟糧食以應對眼前磨難的官兵，我只能想像彼此之間必定也是相處不好，這將會使狀況更為惡化。

在濕寒的情況下跋涉數百英里，還會使你的身體承受可怕的壓力。有一回，我的雙腳又冷又紅腫發炎，儘管我很認真包紮，到那天結束，當我把敷料取下時，我小腳趾的前半外皮和一些組織都脫落了，骨頭也露了出來。我別無選擇，只好一步一跛地繼續行程，而前方是數百英里的痛苦路途，這當然也測試著我的耐力。緩緩加深的飢餓，和能量的大幅消耗，這兩者加起來當然也是逃不掉的磨難。在我們橫越南極一千七百英里的跋涉中，麥克和我連續九十三天每天要拖四百八十五磅重的雪橇前進十六英里，所做的測試也顯示出一些令人驚駭的結果。血液樣本顯示我們整個酶系——控制我們吸收脂肪的一切——都在改變，而我們記錄下胃腸賀爾蒙的級數，比之前科學所知的要高出兩倍。此外，由於身體脂肪消耗殆盡，心臟跟身體的其他部分都不停失去肌肉跟重量。處在類似的狀況之下，也難怪有這麼多的士兵會在前往柯倫納港的跋涉途中坐了下來，並在雪中死去。

還好擔任後衛的情況會好一點。五十二團一營和九十五團一營由艾德華．佩吉（Edward Page）統領，而第一旅——現在包括四十三團一營，五十二團二營，和九十五團二營——由羅伯特．克勞福德指揮。輕步兵把穆爾在肖恩克里夫所教導的紀律跟技能發揮到最高極限。當成對進行小型散兵戰鬥時，一個人在填充彈藥，另一個人就會用步槍發射。他們部署在高地，從山上的岩塊衝出來又躲回去，持續騷擾急著要前進的法國騎兵。

從他們看守埃斯拉河（Esla）渡河處的據點，第四十三團的兩名士兵，約翰．沃爾頓（John Walton）

和理查·傑克森（Richard Jackson），突然看到法軍的前衛迫近。傑克森要跑去告知克勞福德將軍時，法國騎兵用刀對他揮砍，造成十四處刀傷。他不願意就此倒下，步履蹣跚地走去並發出警訊。這時候，沃爾頓被留下來獨自防衛過河的橋梁。他射擊後又迅速尋找掩蔽，重新裝填彈藥，他的衣服被軍刀割碎，就連刺刀也彎了。儘管如此，他就是設法撐著拖延法軍，直到克勞福德到來。

很快輕步兵旅就在這道河的兩岸布陣。九十五團的班哲明·哈里斯（Benjamin Harris）回憶說，雨下得極大，以至於雨水從他們的步槍槍口流出。法軍看到輕步兵部署完成，而且之前又被沃爾頓隻身擋下，他們不想接戰，而是等待主力部隊到來。克勞福德不願意讓這種事情發生。工兵上尉伯戈因（J. F. Burgoyne）奉命去橋上安放炸藥，並且炸掉它。在他做這件事時，拿破崙跟他的部隊到了，只是來得太晚。伯戈因引爆炸藥，橋被炸得飛高。拿破崙只能眼睜睜看著英軍後衛逃離，他們為部隊爭取到更多前往柯倫納港的時間了。

當輕步兵旅沐浴在光榮當中時，英軍主力可就完全不是這樣。大雪逼迫他們在阿斯托加鎮（Astorga）停了下來，英方和西班牙的軍隊，照理說是盟友，卻為了搶奪最好的紮營地點打了起來，而成群的紅衣士兵梭巡在街頭飲酒作樂，酒後鬧事、劫掠商店和民宅。英軍群體迅速瓦解，紀律在葡萄酒跟蘭姆酒之中消失得無影無蹤。目睹這個景象，穆爾懷疑他們是否到得了柯倫納港。要是法軍被趕上，他的部隊顯然無力應付拿破崙。為此，他下令炸毀彈藥跟其他的儲存品。這些東西不只會增加他們的負重，而且穆爾寧可把這些貨車付之一炬，也不願意讓它們落入敵軍手中。後來，穆爾還基於相同的理由，被迫把裝有兩萬五千英鎊的木桶抛下山去。然而，當英軍艱苦掙扎之際，輕步兵旅的後衛又給了法軍重重的一擊。

由於法軍洶湧向前而來，輕步兵旅被迫後撤到貝納文特（Benavente）。這麼做時，他們受到拿破崙手下惡名遠播，擔任帝國護衛的六百名輕騎兵猛烈追擊。這些輕騎兵被認為是歐洲最優秀的騎兵，領軍的是拿破崙最欣賞的將領之一，勒費弗爾-德斯努特（Lefebvre-Desnouettes），他們想為了取悅主子而掃除英軍後衛。

不過，帕傑特（Paget）發現了這個狀況，還因此設了個陷阱。由於一時的衝動，這些輕騎兵變得不夠謹慎，他們湧向貝納文特，而帕傑特的第十輕騎兵團正躲在那裡等待他們。在法國輕騎兵搞清楚發生了什麼事之前，這個陷阱已然啟動。帕傑特的騎兵奔馳衝向受到驚嚇的法軍；鋼刀跟鋼刀鏗鏘交撞，英軍的刀劍如此銳利，一劈就讓法軍身首異處，同一時間輕步兵則發出一陣陣的射擊。

法國輕騎兵遭到擊潰，逃了兩英里回到河邊。由於被迫撤退，法軍騎兵衝入冰冷的河水中，希望游到安全的地方。但因為制服沉重，很多人因而淹死。英國輕步兵還另外取得一項重要的成果，他們擊傷並俘虜了勒費弗爾-德斯努特。大約有七十五名法國輕騎兵跟他一起被俘，另有五十五名倒在戰場上，或死或傷。相較之下，英方的傷亡約在五十人左右。

拿破崙吃了一驚。他最欣賞的將領成為俘虜，而英軍的後衛竟然成功地讓他的軍隊無法前進。這段期間，英軍的主力正緩緩穩定地逼近柯倫納港。但是現在的焦點，則是要如何保住英國的這一支精銳部隊。幾乎所有的輕步兵都在側翼或後衛戰鬥。雖然他們已經締造了卓越的戰果，遲早拿破崙的人馬會壓制、消滅他們。穆爾因此下令克勞福德的第一側翼旅（1st Flank Brigade）脫離前往維戈港（Vigo）。這麼做，他們不僅協助守護主力的北翼，運氣好的話，還可以引誘一些法軍散開，同時也可以確保輕步兵的存活。

雖然輕步兵要對抗的只有道路跟天候，接下來橫越崎嶇冰凍的地勢，卻構成最為嚴峻的考驗。他們能夠在抵達維戈時，看起來還勉強像支軍隊，而不是一群游離的暴民，固然這跟部隊的特質有關，還有是靠克勞福德的努力。他一邊逼迫他們前進，一方面靠執行極為嚴格的紀律使他們聚在一起。當一個名叫豪溫斯（Howans）的步槍兵抱怨被克勞福德聽到，還因此下令鞭打他三百下。九十五團的班哲明·哈瑞斯（Benjamin Harris）在回憶錄《哈瑞斯步槍兵的回憶》（*The Recollections of Rifleman Harris*），稱許克勞福德的領導統御，其中包括了這類的賞罰：

> 要不是擁有像克勞福德將軍這種稟賦的人，是無法拯救這個旅使其免於消滅的；雖然他對兩個人實施了鞭刑，但藉由他的部隊管理，卻使數百人免於死亡……他彷彿是個擁有鋼鐵意志的人：什麼都嚇不了他——什麼都不能夠使他放棄追求他的目標。他很能適應戰爭的環境，勞苦跟危險似乎只會從他的身上召喚出更強的意志，去克服它們……我想，就算我活到一百歲，也永遠不會忘記克勞福德。他從頭到腳都是個軍人。

英軍步履蹣跚，終於在一八〇九年一月十二日抵達維戈，看到海的當下，使他們振奮起來。威廉·

蘇堤斯（William Surtees）在他的《步槍旅二十五年》（*Twenty-Five Years in the Rifle Brigade*）回憶道：「那些沒有鞋子或襪子的人，那些之前像跛鴨般拖著瘀痛或割破腳走路的人，現在卻因為快樂而試著要手舞足蹈。」克勞福德和他的手下終於在一月二十七日回到英國，確保輕步兵至少可以存活下去──撇開其他不談。

隨著克勞福德和他的部隊朝祖國前去，穆爾把確保後衛的責任託付給愛德華．帕傑特（Edward Paget）的師，以及第十五輕騎兵團。這個時候，由於天寒地凍、飢餓，加上精神失常的人數增加，英軍的素質日益低落。當他們穿過市鎮時，西班牙的居民經常會避開英軍，後者現在與其說是軍隊，還不如說更像是一群野蠻人。那些留下來的村民，經常被搶劫或虐待，有時候甚至遭到謀殺──酒醉的英軍像暴民般劫掠市鎮，譬如在維亞夫蘭卡（Villafranca）。穆爾拚命設法不讓部隊完全脫序，向衣衫襤褸的英軍發表感人的演說，想激起他們的職責感、榮譽感，和對國家效忠的心情。為了強化他演說的力量，在集合的部隊眼前，一個參與劫掠的士兵遭到當眾絞刑處決。但是沒有用──掠奪的行為並沒有終止。這令穆爾感到沮喪，他對部隊說：「士兵們，如果不改善你們的行為，我寧可當個擦鞋匠，也不要當你們的將軍。」

那些不肯服從命令的人，藏在酒窖或癱躺在醉酒的昏盹中。他們不久就會付出了最後的代價。有超過一千名這樣的人被軍隊拋下，被法國騎兵捕獲，最後被毫不留情地砍殺。

回到殿後部隊那裡。在卡卡比洛斯（Cacabelos）那裡的庫阿河（Cua River）的渡橋處爆發了戰鬥。

柯爾貝爾將軍（Colbert）率領法軍的前衛進攻，然後遭遇躲在橋對面石牆後的輕步兵猛烈射擊。傾盆大雨中，一槍接一槍，頓時壓制了法軍的前進，這使得一位在場的英軍說道：「我從來沒有看過人們有比這更英勇地騎馬衝向死亡，我們從左右兩方大量殺戮敵軍，而他們卻很規律地倒下。」

輕步兵對法軍的大屠殺造成死傷慘烈，據二十八團的掌旗官羅伯特·布拉肯希（Robert Blakency）說，道路「完全被他們的屍體塞住」。陣亡者當中，包括了柯爾貝爾在內。當這位將軍揮舞軍刀騎馬過橋時，帕傑特把眼睛轉向射手托瑪斯·普倫柯特（Thomas Plunkett），他最厲害的神槍手，表示要是他能夠射殺柯爾貝爾，就會給他獎賞。普倫柯特從牆後站起身來，舉起他的貝克式步槍（Baker），然後從四百公尺的距離，射穿法國將軍的腦袋。當一位號兵長衝去要幫助柯爾貝爾時，普倫柯特重新裝填彈藥，衝出去把他也射殺了，證明他之前的第一擊並非僥倖擊中。看到這個情形，任何曾經有過橋念頭的法國人，都往後撤退了。

靠著後衛這些重大的付出，英軍最後在一八〇九年一月十一日抵達柯倫納港。儘管看來落魄得嚇人，他們卻很開心能夠到達目的地。整體來說，撤退期間穆爾損失大約五千人，另有三千五百人在維戈上船。看到大海，有些人發出吶喊，就好像「看到了神」一樣。天氣已經好轉，現在幾乎跟春天沒有兩樣。但是有一個問題。穆爾期待可以賴以返鄉的船艦還沒有到。在船隻到來之前，他們只能忍受等待的煎熬。拿破崙的軍隊不斷接近——儘管後衛表現極佳，在撤到柯倫納港之前，他們把距離當地四英里，位於埃爾布哥斯（El Burgo）的橋梁給炸了。

船艦還要三天才會到，穆爾別無選擇，只能做好準備，讓他的手下跟埃爾布哥斯鎮進入戰爭狀態。他用庫存品重新裝備新的步槍給他的士兵，接著摧毀任何可能會對法軍有用的東西，包括一萬兩千桶火藥，和三十萬發步槍子彈。接下來的爆炸極為巨大，甚至對當地造成一些結構性的損壞。

最後，一百艘運輸船和十二艘戰艦在一月十四日於龐大的歡呼聲中到達，而法軍這時候還沒有抵達埃爾布哥斯鎮。英軍開始拚命把物資裝上船，任何不適於這趟旅行的馬匹都必須射殺。就在他們準備離開時，穆爾獲知法軍已經在兩英里外迅速逼近。必須要把他們擋下來。

穆爾很快就把手下三分之二的部隊做好部署——主要是還持有槍枝的步兵和支援的騎兵——防衛梅荷山（Monte Mero），柯倫納港南方兩英里處的一座低矮的山脊。雖然英軍過去有些時刻眼看死亡近在咫尺，面對法軍的槍砲聲，他們卻突然又找到了剩餘的力氣，畢竟船艦已然到達，家鄉已經不遠了。三十二團的一個軍官，足以顯現出英軍整體的士氣若何。撤退行動已經使他筋疲力竭，幾乎站不起來，但是他的友人幫他找了張扶手椅，好讓他可以觀看戰鬥的情形。

儘管非常努力，眼看英軍不久就要被壓制了。當四十二營被逼退時，穆爾激勵道：「我英勇的高地弟兄們！勿忘埃及！」這句話讓大家又重拾活力。該營一躍而起，發出呼叫聲往前衝。穆爾在馬鞍上驕傲地看著，突然間他被硬扯下馬。他被擊中了，肩膀以下的左手臂被打掉了。四十二營官兵迅速把他用毯子包好，運往柯倫納港。

當穆爾在生死間掙扎時，他在肖恩克里夫培養、訓練的輕步兵卻表現出色，足以令他引以為傲。

九十五團一營和五十二團一營排出前哨戰的陣勢，一路掃過山區，展現致命的神準射擊，直到彈藥用罄。由於他們的努力，英軍俘獲了七名軍官，以及一百五十六名敵兵。更重要的是，他們成功擋下法軍直到天黑，英軍因此才可以登船。但是穆爾並沒有加入行列，因為他在不久之前過世了。不過，他活著看到法軍被擊敗，而且他的軍隊安然存在。就在過世前，他說道：「希望英國人會感到滿意。希望我的國家能夠給我公正的評論。」

艦隊把穆爾手下兩萬六千士兵載回國，其中有許多人後來會再次投入戰鬥，一八一四年更在半島戰爭當中扮演關鍵的角色，幫助英軍獲勝。事後證明，這是法國的重大慘敗，法軍及其盟軍至少有九萬一千人陣亡，二十三萬七千人受傷。但是真正決定性的重擊會在一年後的滑鐵盧戰役出現，在那裡穆爾的五十二團一營加入威靈頓公爵的部隊。過去這個營並非什麼重要的部隊，但是現在今非昔比，這個輕步兵營是滑鐵盧最大的營級單位，共有一千一百三十人。

一八一五年六月十八日，當拿破崙手下的中衛對英軍陣線發動攻擊，眼看就要取得一場著名的勝利之時，英軍五十二團推前，對他們的左翼進行一陣又一陣的射擊。威廉・黑伊（William Hay）——從右方觀看的一個輕龍騎兵——後來回憶說：「大量的槍擊射向正該射的地方，法軍沿著山坡邊倒下，可以說，滑鐵盧之戰贏了」。由於五十二團快速前進，迫使拿破崙近衛軍全面撤退。根據威靈頓所說，這場戰爭是最為驚險的戰爭」。在滑鐵盧戰役獲勝之後，靠著五十二團的努力，當然還有皇家蘇格蘭灰騎兵團，英軍終於打垮了拿破崙。在被放逐到南大西洋遙遠的聖赫勒拿島（Saint Helena）後六年，拿破崙過世，享年五十一歲。

在滑鐵盧戰役五十三週年慶時，五十二輕步兵團的喬治・高勒（George Gawler）上校寫信給他的兒子，聲稱這場勝利起於穆爾在肖恩克里夫所進行的訓練：

這場真正奇妙、徹底擊敗的戰役，在上帝庇佑下獲勝（當然是靠英軍的堅毅），但也是靠馳韁式訓練體制（Pliable Solidarity）。直到一七九二年的法國大革命為止，緊韁式訓練體制（Stiff Solidarity）依然是歐洲軍隊的特色。然後，不受約束的長褲漢——那些法國人——不得不聚集在一起，儘量避開緊韁式訓練體制，採用強調熱忱的訓練方式。在英國一些有足夠知識的人——先是來自肖恩克里夫的約翰・穆爾爵士——構想出馳韁式訓練體制。靠著這個體制，老公爵把每一支跟他敵對的部隊都打敗，從來不曾輸過一場仗。到那天結束為止（滑鐵盧），我們既順利又迅速地調度那些建置完善的營級單位，就像我們在南海城共用靶場（Southsea Common）所應該做到的那樣。雖然從那一天開始，法軍的熱忱就像蘇打水般，必須要被大量地堵住。一旦這種密度被猝然地破壞了之後，一切都會在煙霧和混亂之中消散。

雖然有些人曾經嚴厲批評穆爾在柯倫納港的撤退行動，但此舉讓英軍主力及其輕步兵得以存活，再度集結，並且在後來取得勝利。史學家約翰・福蒂斯丘爵士（John Fortescue）曾這麼描述穆爾：「即使沒有石碑豎起，也沒有文字記載，他的成就還是會跟我們同在；因為沒有誰——不論是克倫威爾、馬博羅（Marlborough），或威靈頓——能夠像約翰．穆爾這樣，為英軍留下如此強烈的印記。

輕步兵不但證明了他們在戰場上的價值，未來還持續有優異的表現，尤其是在美國內戰期間。雖然武器和戰術會繼續改革戰場的形貌，但毫無疑問，有些時候是沒有任何東西可以取代勇氣的。在美國，一個精銳的部隊會因為他們無畏逆境的大膽勇猛行為，而成為傳奇的一部分……

第十七章　鐵旅（一八六二年）

從林肯總統一八六〇年試圖禁止奴隸制度之後，在支持奴隸制度的南部邦聯，和反對奴隸制度的北方聯邦之間，就爆發了戰爭。儘管聯邦在初期獲得一連串的勝利，在一八六二年，李將軍麾下的南方軍隊橫掃肯塔基州，越過波多馬克（Potomac），進入馬里蘭（Maryland），朝馬里蘭州的菲德理克（Frederick）推進。突然之間，聯邦的末日似乎變成是真的有可能會發生的一件事。

如果聯邦要繼續在東岸的戰爭，就必須運用任何必要的方法阻止李將軍推進。這項沉重的責任落在喬治・麥克萊倫將軍（George B. McClellan）身上。儘管局勢對他不利，卻握有一件對他很有幫助的東西。麥克萊倫的部屬拿到一份命令，上面詳述南部邦聯的計畫和駐軍位置。靠著這個東西，麥克萊倫現在認為他佔有上風，並且期望以布恩士波羅–黑格斯敦（Boonsboro-Hagertown）地區的李將軍部隊為目標。但是這並不容易。北軍必須先穿過南山（South Mountain）的三道峽谷，才能接近波多馬克：福克斯峽（Fox's Gap）、特納峽（Turner's Gap），和克蘭普頓峽（Crampton's Gap）。如果能夠拿下它們，北軍就可以迫使南軍陷入危險的境地。

要執行這項重要的任務，麥克萊倫所找的人之一是約翰・吉朋（John Gibbon），以及他手下全由西部人所組成的部隊。一年之前，這群衣衫襤褸的人們呼應威斯康辛州亞歷山大．威廉斯．蘭道爾（Alexander Williams Randall）州長的召喚，組成一支全威斯康辛州人的部隊，協助聯邦的戰事。沒多久，第二、第六，和第七威斯康辛團，以及第十九印第安納志願步兵團，都來到華盛頓報到，開始他們三年的役期。

他們最初的指揮官是魯夫斯．金恩准將（Rufus King）。他把這些人先派去防守國會山莊。不過，一八六二年五月約翰．吉朋接管之後，該旅納編吉朋第四砲兵營的B砲兵連，這些來自威斯康辛的士兵不久就被投入內戰中一些重要的戰役。

吉朋於一八四七年畢業自西點軍校，參與過墨西哥戰爭，以及在佛羅里達塞米諾爾（Seminole）對印地安人的戰爭。之後，他回到西點擔任講師。內戰開始時，儘管他有南部北卡羅萊納州的家族根源，但他還是升了上尉，並且加入聯邦的B砲兵連，他的三名兄弟則加入南軍。

當他接掌威斯康辛州的這個旅時，吉朋對他們並沒有特別的好感。這些人易怒又不守規定，而且制服破爛又不合身。簡而言之，他們看起來不適合上戰場。跟之前的約翰．穆爾很像，吉朋第一個目標就是收緊紀律。這做法不大受到支持，他最初的努力也沒有使他得到部隊的喜愛。一個威斯康辛的士兵說：「我們被迫只能服從嚴格的軍規，吉朋將軍就是要把我們變成正規兵。」另一個士兵提到吉朋時說：「大概沒有哪個旅長更令人在暗中討厭。」然而吉朋灌輸紀律的行為，並不是那麼嚴苛。

每個軍人都奉命要一週洗澡一次，每天早上五點還有部隊檢閱，每個人——不管他喜不喜歡——檢閱完必須立刻喝一杯熱咖啡。此外，之前不參加早點名的團部軍官，現在都必須參加了。

吉朋也設法處理手下儀容不整的問題。所有士兵現在都可以領到一件有九個鈕扣孔的暗藍色長外衣，加上白色亞麻綁腿和白色的棉手套。不過，他們不久之後是以大號的一八五八年哈帝（Hardee）大盤帽為其特色，使得這些來自西部的人們在戰場上一眼就被認出。

雖然許多吉朋的改革措施招來怨懟，新制服可是大受歡迎。「我們有全藍的外套，優質的黑色帽子，上面還裝飾有號角、金屬軍徽和鴕鳥羽毛，」一個第七威斯康辛團的士兵在家書中提到，「當你要把我們從正規軍之中分辨出來時，靠的就是我們好看的外表。」

然而，這支衣衫襤褸的軍隊後來表現傑出，靠的不是外表，而是無限的勇氣。在蓋恩斯維爾（Gainesville）——普遍稱為布勞納農場（Brawner's Farm）——遭遇南軍，接下來在曠野所發生的戰鬥極為凶狠。由於無處掩蔽，雙方只能互相射擊到最後。第六威斯康辛團的魯夫斯・道威斯（Rufus Dawes）在回憶錄中寫到：「在蓋恩斯維爾那一晚的經驗，根除了我們對戰鬥的渴望。在未來的日子裡，我們依然會願意投入戰鬥，但是不會期待。」傷亡非常慘重。由於不願意離開戰場，該旅有超過三分之一的人——七百二十五人——陣亡。以下是個英勇的例子。查爾斯・阿普索普・漢米爾頓中校（Charles Apthorpe Hamilton）雙腿都中彈，但繼續坐在馬鞍上，他的靴子則是溢出血來。同樣的，托馬斯・艾倫少校（Thomas Allen）頸部和左手臂都中彈，但是他繼續戰鬥。

威斯康辛人在這種情況下的勇氣令我感到震撼。當我在阿曼執行任務時，只要想到有可能會被殺或受傷，就足以使我輾轉難眠。我特別害怕子彈、砲彈碎片或地雷爆炸，毀了我的生殖器或使我失明。這種情形我看過太多次。靠上帝的福佑，我在阿曼唯一一次受傷，是手指彎曲了。然而這些可怖的意象完全主宰了我的腦袋。為了應付這種恐懼，我學會冷酷地壓抑自己的想像。關於恐懼這件事，你只能去防堵，而不是去治療。一開始就不要讓恐懼有出現的機會。如果你在一艘獨木舟上，在離岸之前，絕對不要去聽前方急流的聲音。矇著頭做就是了，把眼睛閉上，然後出發。如果恐懼朝你襲來，它無法掌控你，因為你的心思都集中在當下如何活下去。我不知道有沒有任何威斯康辛人跟我有類似的感覺：必須要用一些精神控制的把戲擋下恐懼，然後不管怎樣，往前去。

儘管行為英勇，也只有當事人才能夠目睹這些大膽的事蹟。南山之役會改變一切，並且製造出傳奇。當吉朋的威斯康辛旅出發時，以為他們已經佔據優勢，可以壓制住南軍，卻完全不知道李將軍已經強化了南山的防禦，並且在等候著他們。

威斯康辛人在下午三點半左右抵達南山，吉朋和他的部屬發現兩側是陡峭而上，長有樹林的稜線，此外還有石牆障礙、深谷和農舍。穿過這地方就會到達目標——特納峽——一條狹窄的隘道，國家公路（National Road）便是經由此處。只有一條路進去，一條路出來。他們非拿下這個地方不可。

太陽開始落到大山背後，形成了橘色的薄霧，吉朋登上坐騎，行動的時候到了。騎到最前線上的高地——在那裡他可以俯瞰自己所有的部隊——突然吶喊道：「衝！衝！衝！」

聽到這個命令，部隊開始朝大山攻過去，預期不會有激烈的抵抗。突然間，空中傳來隆隆猛烈的步槍聲。他們遭到了伏擊。南軍一直在等待，現在他們從木塊、籬笆、岩石，和灌木叢後冒了出來。

砲彈在周遭炸開，人們倒在一處處的血泊當中，但威斯康辛人並不後撤。他們朝著陡峭的山側持續向上前進，並且對著南軍的躲藏處密集開火，然而又受到來自樹林中的攻擊。威斯康辛人現在停了下來。這一切都出乎所料。他們暴露在開闊地形，如果繼續下去，會被全滅，但是在掃除樹林裡的敵軍以前，他們也無法推進。然而這個死亡任務必須要衝過開闊的原野朝樹林而去。當一夥人馬筆直衝向林地時，所有的槍砲齊發，其他人則對一間農舍射了些砲彈，有些槍擊就是出自那裡。此舉讓該旅獲得寶貴的時間向前推進。

面對愈來愈猛烈的槍擊和更多的傷亡，該旅又前進了約四分之三英里，把南軍的前哨部隊逼入越來越窄的峽谷。南軍待在一道石柵欄後面，朝前進的威斯康辛人猛烈射擊。後者一個接著一個倒了下去，彷彿是被行刑隊槍決。然而，威斯康辛人毫不退縮，拒絕接受失敗。

他們從左右進攻，完成對石柵欄的側翼包圍，迫使那裡的南軍逃亡。但是四十碼外的石牆和小丘，有上千枝步槍從這兩處射擊過來，點亮了逐漸籠罩的黑夜，也暫時擋下了威斯康辛人的前進。

雖然已經因為攀爬和不停歇的戰鬥而筋疲力竭，聚集起來的威斯康辛人現在向前衝，伴隨著炸藥與煙硝味，以及從燒聲喉嚨發出狂野的叫喊。當這場戰鬥轟隆隆來到高峰時，槍擊的火光照亮了整個山區。攻擊十分猛烈，威斯康辛人的步槍都變得過燙，無法再裝填彈藥，同時也因為充斥太多的積碳而無法安全使用。有些人甚至已經用光了彈藥。在這個緊要關頭，困在藏有強大敵軍的暗夜裡，面對艱苦的戰鬥跟龐大的傷亡，他們似乎不得不投降了。但是吉朋完全沒有這個念頭。在缺乏槍枝的情況下，吉朋轉向部屬，喊道：「用刺刀守住陣地。」

這些衣服又爛又髒，沾染血跡的威斯康辛士兵，上了刺刀，衝向推進中的南軍。一個又一個人被步槍擊倒，但是那些衝入南軍陣線的人們極為凶狠，迫使敵軍後撤到一面石障後方。這次攻擊教南軍震驚，而他們也彈藥用罄。現在李將軍別無選擇，下令立即撤退。

沿著破碎的西部戰線，消息傳來說這場仗已經打贏了。在帶有煙霧的黑暗中，冒出三次為「獾州」喝采的呼叫聲。在確定勝利，拿下特納峽後，他們現在必須把注意力轉移到幫助許多受傷或陣亡的弟兄——屍體散落在山邊各處。魯夫斯．道威斯參與了這項可怕的任務：

好些個垂死的人很可憐，懇求給他們些水，但是沒半滴水了……也沒有任何酒。凱洛格上尉（Kellog）跟我到處尋覓，但是徒勞無功，找不到半口水給一個高貴的傢伙，他因為腸部的傷口，非常痛苦，已經快死了。他認出我們，謝謝我們努力設法幫他，但是他無法說話了。在寒冷堅硬的石塊間，面對這可怕的死亡，戰爭恐怖的面貌展現在我們的眼前。臨終之人受著苦痛，徒勞地掙扎要寫封道別信給遠方的家人，最終死亡帶給他的解脫。這一切都在黑夜中上演……

這次攻擊行動中，吉朋損失了四分之一以上的兵力。不過，那些過程是不會被遺忘。麥克萊倫和一些其他的軍官，目睹了這一切——一開始沿著山邊向上推進，儘管敵軍火力增強，卻不退縮，頑固地前進，始終是前進，朝向黑暗，最後則是出現對方步槍陣線的火光。

正當第一軍的約瑟夫．胡克將軍（Joseph Hooker）向麥克萊倫將軍詢問進一步的命令時，麥克萊倫問道：「在隘口打仗的那些人是誰？」胡克回答說是吉朋將軍的西部旅，麥克萊倫答道：「他們必定是鐵打的。」從此以後，吉朋的部隊就被人冠上「鐵旅」（Iron Brigade）的稱號。幾天之後，《辛辛那提每日商報》（*Cincinnati Daily Commercial*）使這個稱號遠近馳名：

> 前一場可怕的戰鬥使這個旅只剩下骷髏；剩下的人連湊成一個團都很勉強。第二威斯康辛團幾週前還有九百多人，現在集合起來不過五十九人。該旅盡責打了些最艱難也最漂亮的仗。稱之為西部的鐵旅，當之無愧。

一八六二年十二月在弗雷德里克斯堡（Fredericksburg），還有一八六三年五月在錢斯勒斯維爾（Chancellorsville），鐵旅繼續以其面對敵軍優勢兵力時，卻能毫不畏縮而贏得喝采。不過，在一八六三年一月一日到三日的蓋茨堡戰役（Battle of Gettysburg），真正鞏固了鐵旅的名聲，使其成為史上最勇敢的軍隊之一。

在所羅門．梅瑞迪斯將軍（Solomon Meredith）統領下，鐵旅現在是北軍第一軍第一師的第一旅，也負責守衛第一師的師旗。有一位（鐵旅的）黑帽兵驕傲地宣稱，這身份是「用血買來的，並且視其為極端神聖」。

當李將軍的部隊東移，去賓夕凡尼亞州蓋茨堡這座小鎮找一間鞋店，北軍則朝他們前進，鐵旅居先。儘管敵軍有兵力優勢，鐵旅卻毫不猶豫投入這場行動。不久他們就跟敵軍正面交鋒，如一位目擊者所記錄的，「一支又破爛又骯髒的藍色軍隊，撞上一隊又骯髒又破爛的白胡桃色軍隊」。

鐵旅橫掃南軍。雖然只是暫時挫敗，南軍開始投降或撤退到威洛比小徑（Willoughby Run）。這場在蓋茨堡西方的第一階段戰鬥，由聯邦獲勝，鐵旅功不可沒，但是更出色的表現還在後頭。

兩小時的平靜之後，南軍於下午三點施放密集砲彈，再度發起攻擊。鐵旅回應以如雷般的反擊，有一陣子，「沒有任何叛軍可以活著過河」。不過，所羅門．梅瑞迪斯在這個階段受傷了，被他的坐騎倒下壓傷骨頭。雖然北軍的前方穩固，側翼卻開始支撐不住，迫使北軍撤退到神學院山脊（Seminary Ridge）一處圍欄構成的障礙處。

從這個脆弱的障礙物後方，鐵旅擋下了不斷壓迫而來的一波波兇猛的攻擊，也擋下了敵軍的戰線，北軍同時則逃往墓園嶺（Cemetery Hill）。不久，雖然左右方都遭到包抄，但許多人依然撐著，他們拚死戰鬥直到確定北軍主力已經安全為止。

鐵旅編制一千八百人，有一千兩百人傷亡，損失慘重；但是靠著把南軍阻擋在蓋茲堡的西邊，他們使剩餘的北軍可以在鎮南的寇普嶺（Culps Hill）、墓園嶺，和墓園山脊建立強固的防禦據點，南軍無法把他們驅離這些地方。在決定這場戰役的最終結果，還有北軍的最終勝利時，英勇鐵旅扮演著極為重要的角色。

不幸的是，蓋茨堡是鐵旅最後一次的作戰。在這場戰役之後，由於他們蒙受了龐大的損失，聯邦派來許多其他州的部隊取代了他們。雖然在最後朝里奇蒙（Richmond）推進的行動中，他們在葛蘭特將軍（Grant）的領導下，做出很有價值的貢獻，但這支重新建成的部隊已經不再能夠被視為是全由西部人所組成的那一支鐵旅了。

戰爭於一八六五年四月九日完全結束，在當初的一千零二十六人當中，回到威斯康辛州的不到兩百人。威廉·福克斯上校（William F. Fox）在他所寫的《美國內戰的各團損失錄》（*Regimental Losses in the American Civil War*）裡說，就入伍的人數比例來說，在聯邦的軍隊當中，威斯康辛第二團在戰鬥中陣亡的人數百分比最高。但是人們不會忘記他們的犧牲奉獻。

「在所有為我們的國家犧牲的英勇軍隊當中，」底特律《自由新聞報》（*Free Press*）報導說，「鮮少有——如果有的話——團級部隊可以為了延續無價的公民自由這個遺產，以及一個睿智的好政府，締造更輝煌的紀錄，展現更英勇的耐力，付出更大的犧牲。」《密爾瓦基哨兵日報》（*Milwaukee Sentinel*）的一個特派員呼應了這些想法：

> 說實在的，自從叛變興起，威斯康辛州、密西根州，和印第安納州提供了這場戰爭當中最勇敢的士兵，並且艱辛地扛下了責任。他們的子弟從來毫不遲疑……（並且）有信心正義會得到伸張——結果證

明他們是對的。

這種在戰場上的英勇行為是巨大的資產。加上精彩的戰術，可以使一支部隊攻無不克。這種結合非常必要，特別當一群人必須選擇去對抗一大群的戰車，或者眼睜睜看著他們的國家輸掉當代最重大的戰爭時……

第十八章　暴風突擊隊（一九一四年）

當一九一四年七月二十八日戰爭在歐洲爆發，並從巴爾幹半島擴展成全球性衝突時，好些戰線的戰鬥迅速轉成壕溝戰。特別是在西部戰線，人們在非常糟糕的情況下戰鬥；傷亡高得驚人，戰事進展緩慢得教人痛苦，任何一方看來都無法打破僵局。

發動毫不留情的步兵刺刀攻擊完全沒用，機關槍可以一下子就讓數千人倒下，奪不到任何半點土地。另一方面，嘗試用大量的砲彈消滅敵軍，也證明一樣行不通。敵軍只要躲在地下的掩蔽壕，等砲擊停歇，再站起來把攻過來的步兵一掃而空即可。這可以從凡爾登會戰（Battle of Verdun）的悲慘結果看出，在那裡有三十三萬七千人陣亡，似乎雙方都只有一個戰略可用：投射比對方更多的火力。在阿拉斯戰役（Battle of Arras），當時我二十一歲的約翰叔叔也就是在這種情況下陣亡，當時他正率領戈登高地步兵團（Gordon Highlanders）二營的一個連對抗壕溝中的德軍。

儘管有驚人的傷亡數字，僵局卻似乎無法突破。每過一天，雙方的防禦據點就變得更為強固，帶刺的鐵絲網，還有被砍倒，帶有削尖樹枝的樹木，以及尖銳的金屬樁都被安裝在整片無人地帶。不過，英軍正要發動強力的突破攻擊，並且使用戰場上未曾見過的最威猛武器。

一九一七年十一月二十日，超過一千門火砲突然朝防守康布雷（Cambrai）的德軍壕溝開火，接著上場的是煙霧和英軍令人毛骨悚然的掩護彈幕。儘管有這樣的屠殺式攻擊，但都比預料之中的來得輕。但是接下來的就不同了。在猛烈轟炸的掩護之下，三百七十六輛Ⅳ型（Mark IV）戰車突然隆隆大作、重重地駛過無人地帶，引領壓垮了防線一道道鐵絲網的奇襲，並輾壓著德軍的防線。戰車的裝甲使其無畏槍彈跟彈片，戰車上的武器則能摧毀德軍的機槍陣地，自身卻毫髮無傷。

大多數德軍不曾見過類似的東西。康布雷會戰是第一次大規模使用戰車的戰鬥，它們看起來是有夠嚇人的。當德軍看到這些嚇人的殺人機器朝他們猛衝過來時，只好拚命逃竄了。

二十四小時之內，英軍把德軍逼退五英里——這在西部戰線是前所未有的成就——並且摧毀了兩個德軍步兵師。在三年的壕溝戰之後，英軍終於可以輾壓德軍了。當這項重大的消息傳來，英國的許多教堂鐘聲響起，這是大戰爆發後的第一次。

德國現在只能眼睜睜看著敗戰到來。它沒有戰車，而且看起來這種新的機器可以橫掃一切，使壕溝戰成為過去式。但是在英方發展戰車時，德國人也在研究如何清除壕溝。現在是面對嚴峻考驗的時刻了。「暴風突擊隊」（Sturmtruppen）是他們最後的希望。

暴風突擊隊的起源可以回溯到一九一五年三月二日，當時德方的戰爭部下令陸軍第八軍成立一支突擊分遣隊（Sturmabteilung）。它的用意就是要偷襲，從敵軍陣線的弱點進行突穿，不浪費生命或時間去攻擊敵軍的防禦重點。理論上，等到守軍清楚發生了什麼事時，他們的前線都已經被包抄與孤立，等著被接下來一波波的德方正規軍掃蕩。在卡索爾少校（Calsow）的領導下，這支初成立的新部隊之後聚集在瓦恩（Wahn）的砲兵射擊場，花了兩個月磨練突擊壕溝的戰技。

這些德軍配發克虜伯輕火砲（Krupp）——之後稱為「突擊火砲」——以及攜帶式鋼盾。他們學習如何清除無人地帶的帶刺鐵絲網以及其他的障礙物。不過，這些訓練都沒有派上用場。他們並沒有被派去率領攻擊行動，而是去防守德軍壕溝陣線的一部分。結果傷亡數字很高，德軍發現在接近前線的地方使用突擊火砲並不合適。每回開火一次，它顯眼的砲口就會發出閃光，這讓敵軍很容易找到它的位置。卡索爾少校被解除了職務，由近衛步槍營（Guards Rifles Battalion）三十七歲的羅爾上尉（Rohr）接替。

就訓練部隊而言，羅爾有權自由發揮。他接獲的唯一指示，就是「依據他在前線為近衛步槍營作戰時所學到的」來訓練他的部隊。這對這支攻擊分遣隊的未來有著深遠的影響。接下來的幾個月當中，羅爾會把它蛻變成精銳的步兵單位。

武器是羅爾最優先處理的事項。羅爾的想法不侷限在刺刀或大砲。他認為一個突擊營需要有一系列可以在各種狀況下使用的武器。他取得一個機槍排（兩挺一九〇八馬克沁（Maxim）機槍），一個壕溝迫擊砲排（四門輕迫擊砲），和一個有六具小型火焰噴射器的火焰噴射器排。

隨後羅爾所教導的課程，也大幅脫離了一九一四年最初使用的壕溝清除戰術。一班班的小隊被視為獨立的戰術單位，各自行動去完成預設的目標。在越過無人地帶時，這些班之間各自前進。各班也無任何預定的隊形。人員以最能夠順應、利用地勢的方式移動。

雖然這種做法看來雜亂，但每一次的攻擊都有周詳的準備。為了確保對戰場及其上的許多障礙物有詳細的了解，突擊隊會得到大比例的地圖，而在陣線後方的訓練區，也蓋有包括了壕溝和鐵絲網，與敵軍陣地實際大小相同的模型，以進行排演，有些還使用到真槍實彈。

為了確保行動隱密，裝備也經過改良。棄用德國步兵長期以來沉重、平頭釘的長統靴，取代的是繫鞋帶的半長統靴，和奧地利山地部隊同款的布綁腿。為了有助於爬行前進，野戰服也有改變，增加了膝部跟肘部的皮革片。放棄用來支撐步槍彈藥袋的皮帶跟肩帶，改採一對跨肩的袋子，好裝著突擊隊最喜歡的武器——手榴彈。

不過，這並不意謂步槍已經不是他們武裝的主要選項。起初羅爾採用俄製七點六二公厘步槍給他的部隊使用。一九一五年時，德軍曾在波蘭跟烏克蘭大量取得這類槍枝，之後進行改良，提高它的機動性。這些槍管被截短，而準星也被移除，因為只需要用來攻擊一千公尺以內的敵人，這東西就顯得多餘。不過，隨著時間過去，又被毛瑟卡賓槍（Mauser）取代，後者更輕又更容易使用。

至於在敵人壕溝裡進行近距離戰鬥，衝鋒隊使用裝有大幅擴充三十二發彈鼓的魯格手槍（Luger）。如隆美爾（Erwin Rommel）所評述的，「在近戰中，誰的彈匣裡還有多一發子彈就是贏家。」突擊營配發有全世界最早可用的衝鋒槍——MP18，這種槍擁有許多後來在二次世界大戰時主要近戰武器的特色。不過，這些槍械要到一九一八年才會登場，那時候一戰已近尾聲。

儘管有各類的槍枝供他們選用，噴火器證明是突擊隊最嚇人的武器。越過無人地帶，一個人背著燃油桶，另一個則把管子瞄向敵軍，噴出燃油的火焰可達四十公尺遠。第一次是在凡爾登試用到法軍身上，由於噴出的液態火焰所造成的恐怖，德軍攻擊部隊在拿下目標點時，省了不少力氣。這也難怪，當燃油火焰像瀑布般流過胸牆時，沒有人會願意留在壕溝裡。

為了保護突擊隊，羅爾測試了各種防衛身體的護具。起初有用到突擊分遣隊已經有的可攜式鋼盾，以及令人想到中古時期的鋼胸甲。不過，羅爾很快發現它們使突擊隊無法快速移動。羅爾在所有行動中都採用的防護只有一種，就是「煤斗」頭盔，這成為兩次世界大戰中德軍的特徵。

一九一五年十月初，突擊隊攻擊佛日山脈（Vosges）中的一處法軍陣地——查茲曼爾（Schratzmannle）——這也是他們的能力測試。經過詳細的演練之後，噴火器兵帶頭進攻，後頭跟著使用手榴彈清除壕溝的突擊隊員。德軍的壕溝迫擊砲和砲兵提供支援壓制法軍的槍砲。這種結合證明是無堅不摧的。

不過，直到一九一六年一月十日突擊隊才第一次被當作一支完整的部隊來使用，當時是攻打哈特曼斯威勒柯夫（Hartsmannsweilerkopf），佛日山脈的一座山脊。這場行動具有攻擊查茲曼爾時的一切元素——詳細的事先演練，獨立的小班行動，以及噴火器、機槍、步兵槍砲，和迫擊砲的密切協調。這次也達成類似的結果——掃除法軍據點，但德軍傷亡很低。之後，在義大利的卡波雷托山脈（Caporetto），突擊隊支援德-奧的聯合進攻行動，最後俘虜了二十六萬五千名義軍，幾乎使義大利退出戰場。

現在有一件事已經相當清楚，突擊隊是取得壕溝戰勝利的關鍵力量。到一九一六年十二月初，德軍的第一、第二，和第五軍團都各有一個突擊營，在同一個月當中，其他的十四個德軍軍團也會各自成立一個營。

不過，一九一七年十一月英軍在康布雷的戰車進攻使得德軍司令部大為震撼。它唯一能做的回應，就是動用突擊隊，但是在這分秒必爭的時候，不論是突擊隊或一般會跟在他們身後的步兵，都沒有機會做事前演練。只能仰賴迅速、臨陣應對，和靠本能來執行戰鬥訓練的成果。即便如此，一隊士兵在對抗戰車的威力時，真能夠發揮什麼用處？戰車的裝甲怎麼看都無法擊穿，也幾乎沒辦法進入敵軍的戰車內。但是經過不斷拼命研究之後，德國人不久就獲得了突破。他們明白，只要把手榴彈綁在一塊，瞄準戰車的履帶下手，就有可能使戰車癱瘓。

十天之後德軍展開反擊。突擊隊越過無人地帶，射出許多的砲彈跟毒氣彈。在濃煙、毒氣和大霧籠罩下，他們穿透英軍的據點，殺死目瞪口呆的守軍，迅速越過第一處壕溝網，然後朝前推進，讓後面一波波的普通步兵把剩餘的英軍給解決掉。

但是之後英軍展開反擊。他們駐守每座村落、樹林，或捨棄的交通壕，決心要使德軍為推進的每一英里路都付出代價。他們的戰車隆隆駛上戰場，企圖把德軍逼退。

這一次，突擊隊已經準備好要來對付戰車了。他們把手榴彈繫在一塊，敏捷地跑在好些戰車的兩側，把炸藥置於履帶之上。之後的爆炸使得戰車在震動之中停了下來，卡在爛泥、動彈不得。沒多久主砲也沉寂了下來，突擊隊把手榴彈塞進砲管，把它們炸壞。然後再把駕駛跟射手拖出車外射殺。

接下來的四十八小時，突擊隊不但奪回了所有之前被英軍戰車攻下的地區，還佔領了一大片協約國從一九一四年秋天起就佔有的土地。成果算是非常輝煌，尤其這發生在英軍使用戰車之後所達成的成果。就在面對徹底失敗之後的幾天，德軍現在認為突擊隊真的有可能幫助他們贏得這場戰爭。德軍統帥部打算靠著一連串大規模的操演進一步改良德軍的戰術，負責指揮的是第八軍團司令奧斯卡・馮・胡蒂爾將軍（Oskar von Hutier）。

這項改良牽涉到以下的程序：

一、短時間的砲擊，用的是大型砲彈混用許多的毒氣彈，使敵軍前線癱瘓，但並無打算藉此消滅他們。

二、在彈幕射擊下，突擊隊分散前進，盡可能避開交戰，從之前找出的弱點處，穿透協約國軍隊的防衛，並且消滅或拿下敵軍總部跟砲兵陣地。

三、接下來，配備超輕型機槍、迫擊砲和噴火器的步兵營，會以狹小的正面攻擊任何震擊部隊所遺漏的協約國軍隊的重要據點。迫擊砲跟野戰砲會就定位依需要發射，以加速突穿的行動。

在攻擊的最後階段，正規步兵會掃除任何殘餘頑抗的協約國軍隊。

到一九一八年春，由於戰術改良，加上重拾希望，德國決定派上所有突擊隊，達成他們所渴望的最終突破，這行動有個充滿反諷的行動代號：「和平攻勢」（Peace Offensive）。

經過胡蒂爾的訓練，行動從一九一八年三月二十一日凌晨四點四十分開始，先是對英軍據點的預備火力轟炸與毒氣攻擊，接下來是輕型野戰砲齊發。從這裡，突擊隊開始展開行動，目標是穿越八千公尺左右的地區，這地區介於無人地帶跟英軍的野戰砲陣地之間。他只有十二小時的日光時間供他們完成這項任務，但是突擊隊有濃霧掩護，還有大半個早上涵蓋了大部分戰場地區的毒氣相助。英軍機槍班在看到那些身穿灰衣的攻擊者之前，只有幾秒鐘的時間行動，不然德軍就攻進來了。突擊隊像鬼魅般在霧中快速前進，不管是用槍或用刀，殺掉任何擋在前方的敵人。他們從操演中得知英軍會守在哪裡，因此毫不手軟地除掉他們。

雖然突擊隊在接下來的日子裡締造了驚人的成果，但這並不足以保住勝利。這可能跟他們的戰術太過成功有關。德軍的步兵跟不上突擊隊，使前者陷入了孤立。同時，正當需要把他們的熟練、隱蔽性等專長派上用場時，突擊隊又已筋疲力竭，疲倦嚴重影響到他們的表現。雖然一個勞累的人可以被納入密集的編隊再送上戰場——那是密集隊形戰術的優點之一。但另一方面，突擊隊員必須賦予本身驅動力。到戰鬥的第三天，那種動機力已經變得薄弱，可以看到很多部隊不但停下來劫掠落入德軍手中的英軍補給站，還把擄獲的蘭姆酒拿到手上喝得酩酊大醉。

攻擊來到第九天，德軍個別士兵往前推進的意志力已經崩潰，英軍終於能夠重新組成一道新戰線，並且開始構建新的防禦體系。德軍再花了六天卻徒勞無功，無法突穿新的戰線。作戰行動在一九一八年四月五日悄然結束。

根據西線的標準，德軍在和平攻勢期間的斬獲算是豐碩的——捕獲九萬名戰俘，一千三百支槍械，二十一萬又兩千名敵軍陣亡或重傷，並且整個英國（第五）軍團被消滅。不過，代價還是很高。傷亡總數達二十三萬九千八百名官兵，有些師的兵力只剩下一半。

和平攻勢的失敗標示了一場漫長、緩慢撤退的開始，行動持續到一九一八年十一月，也預示著第一次世界大戰的結束。德國輸掉了這場戰爭，但是它的突擊隊徹底改革了軍事戰術，並且證明在對抗機器時，人還是可以發揮效果。這是許多西方人依然忽視的一堂課，如同在侵略越南和阿富汗的慘狀，在那些地方，靈巧的游擊隊戰術證明能勝過尖端科技。然而二十一年後，正當歐洲的天空正因衝突而再度變得陰沉之時，最先登場的兩台機器的戰鬥，卻決定了好幾年後戰爭的走向……

第十九章　皇家空軍與不列顛空戰（一九四〇年）

自從希特勒一年前入侵波蘭起，歐洲就已經處在戰爭當中，倫敦大體上並未受到這場衝突所波及。納粹橫衝直撞地掃過歐洲大陸，即便希特勒曾說過他有意發動代號「海獅行動」（Operation Sealion）入侵，但英國到目前為止都依然安穩挺立。

而在這一天，戰爭似乎已經不遠了。當夏日最後明媚的陽光照遍英國首都時，泰晤士河面波光粼粼，照亮了諸如白金漢宮、聖保羅教堂，和倫敦塔橋等地標。愛享受生命的人沉浸在海德公園的陽光裡，西區的戲院依然生意興隆。小說家威廉．參孫（William Sansom）回憶那段時間是「本世紀最美好的日子，一個有著溫煦清爽微風，和高高藍天的日子」。但是這和平即將被粉碎。在差不多三百年前，荷蘭人曾經搭船前來襲擊這座城市，而現在德國人打算從天空來做這件事。這是閃電戰的開始。

突然間空襲警報發出尖銳的鳴聲，驅使著倫敦市民嘟囔著要尋找防空洞。不久，數百架德軍轟炸機跟戰鬥機的影子覆蓋住了地面，它們的引擎發出的陌生聲音正充斥著在天空之中。打開機腹，隨著從空中拋下裝載的鋼鐵炸彈。幾秒鐘以後，數百枚炸彈猛烈撞擊地面，轟進泰晤士河畔的工廠。就在這個短短時間內倫敦燃燒了起來。美國的新聞記者，班．羅伯森（Ben Robertson）目擊了這場攻擊，他寫說倫敦「是三十個世代的人們用了一千年的時間來建造」，現在正受到摧毀。這是自從一六六六年的大火以來，這座都市最嚴重的火患。

造成如此毀滅性的後果，這場攻擊標示著希特勒開始設法要使英國變得虛弱，也展開了他要統治全歐洲的入侵行動。除非英國能夠防衛它的天空，否則很快就會落入德國的手中。但是，面對德國空軍的威力，很多人認為英國毫無機會。

雖然在第一次世界大戰過後德國被禁止建設軍事性的空中力量，隨著漢莎航空（Lufthansa）的茁壯，讓德國人得以繼續訓練飛行員，並且在航空科技取得領先的地位。此外，他們藉由用滑翔機俱樂部或利用在蘇聯境內秘密訓練飛行員，也已經違反了凡爾賽條約。希特勒在一九三〇年代崛起，完全漠視這些禁令，並且繼續快速擴展德國的空中武力。

曾經是第一次世界大戰時的戰鬥機飛行員赫爾曼・戈林（Hermann Goering），被任命為航空部長，而厄哈德・米爾希（Erhard Milch）則被任命為副部長。在他們的指揮下，德國有了多尼爾（Dornier）轟炸機和 Bf 109 戰鬥機，令舉世忌妒。它的飛行員不但受過高度訓練——有意參加的人都要接受嚴苛的測試幾個月——許多還曾經在一九三七年的西班牙內戰期間，獲得極為重要的經驗。最關鍵的是，到一九四〇年夏天，德國空軍數量跟英國的戰機相比，比例是高達五比一。

也難怪希特勒跟戈林對於入侵英國越來越有信心。面對這項威脅，美國駐倫敦大使約瑟夫・甘迺迪（Joseph Kennedy）把子女都撤回了美國，而敗戰的法軍總司令魏剛將軍（Weygand）則以輕蔑的語氣批評說：「三週之後，英國會像隻雞一樣被扭斷脖子。」但是邱吉爾並不這般悲觀。法國簽署休戰協議後幾天，在一九四〇年六月十八日對下議院的演說中，邱吉爾發出那著名的吼叫聲：「我們將會在海灘上戰鬥，我們將在灘頭堡戰鬥，我們將在原野跟街道上戰鬥，我們將在山野裡戰鬥；我們絕對不會投降。」但是目前，英國是必須在空中戰鬥，邱吉爾樂觀地認為他們會戰勝：

最大的問題是：我們可以摧毀希特勒的空中武器嗎？現在，非常遺憾的是，我們現在還沒有在這些海岸線的攻擊範圍內擁有至少與最強大敵人的空軍相媲美的空中武力。但是我們有非常強大的空軍，並且它曾經證明在質量方面——人員跟許多配備——遠遠超過迄今為止我們在與德國人進行的無數激烈的空戰中遇到的情況……我充滿信心，期待我們的戰鬥機飛行員——這些出色的人們，這耀眼的年輕世代——會獲得榮耀，拯救他們的國土，他們在陸地上的家，以及所有他們心愛的人們，使其免於最致命的攻擊。

在第一次世界大戰開始時，英國首開成立空中武力，稱為皇家飛行隊（Royal Flying Corps）。由於航空科技還在萌芽的階段，這支飛行隊起初只有六十架飛機的小規模兵力，但是到大戰結束時，它很自豪地擁有一支超過兩萬三千架新飛機的機隊，和一個新的名字——皇家空軍。

在接下來的數年間，英國很重視強化其空軍，一九二〇年在克蘭威爾（Cranwell）成立了世界上第一所軍事航空學校，兩年後在安多弗（Andover）建立皇家空軍參謀學院。一九二三年甚至訂下一個充滿企圖心卻難以達成的目標，就是要成立五十二個防衛國土的中隊。

不過，這項快速的進展沒多久就停了下來。隨著大戰的記憶逐漸淡去，到一九二〇年代結束時，皇家空軍依然只有二十個以本土為基地的正規中隊，輔以十一個輔助和後備單位。

一九三四年，由於拚了命要有大幅度的發展，政府支持一個五年為期的皇家空軍整體擴展計畫。一九三六年，這個軍種分出四個司令部：轟炸機司令部、戰鬥機司令部，海岸司令部和訓練司令部。道丁（Hugh Dowding）被任命為戰鬥機司令部總司令，可以直接管控戰鬥機、防空和氣球指揮部，以及皇家防空觀察隊（Royal Observer Corps）。

幾乎打從飛機被發明的那一刻起，道丁就已經是個航空奇才。在讀過伍利奇（Woolwich）的皇家軍事學院後，奉派出任皇家要塞砲兵的軍官，他很快就發展出對飛行的強烈興趣。加入皇家飛行隊才學三個月後，他就取得開飛機的資格。不久第一次世界大戰爆發後，奉命去執行任務。固定在法國執行戰鬥任務，他在最初成立的皇家飛行隊當中快速晉升。在指揮過十六中隊後，他被派到訓練司令部。在那裡的戰後期間，他從訓練、補給，研發等部門得到好些經驗，一九三三年晉升為空軍中將。

儘管如此，並不是所有人都支持道丁晉升戰鬥機司令。有人指他不擅社交，也就是這個有關於個人欠缺魅力的指控，使得後來沒被選上空軍參謀長一職，這是英國皇家空軍當中地位最高的職位。這個時候，年紀和經驗都比他少的西里爾·內維爾（Cyril Newall）被提拔到他上頭去了。道丁不久就被視為明日黃花，認定會在一九三九年六月退休。不過，他的退役獲得暫緩。由於戰爭的威脅日增，內維爾請他多待一年。正當德國打算要在一九四〇年的夏天入侵時，掌控英國防務的，是一個在幾個月之前差一點被棄之如敝屣的人。

不過，不管其他人對他的性格怎麼想，道丁可以確定的，就是他和戰鬥機司令部為這項任務做好了準備。在一九三六年，他就已經開始實施並改進一套防空措施——後來被稱為「道丁系統」。事實證明，這套系統對英國的防衛具有高度重要性。根據這個系統，戰鬥機司令部分成四個作戰區，每一區歸屬英國不同的防區。每一區有自己的指揮部，由其下達命令給以主要機場作為基地的個別防區站。在接到命令時，飛機會升空交戰。戰鬥機司令部的神經中樞坐落在倫敦郊區的賓特利修道院（Bentley Priory），該地由空軍婦女輔助隊（Women's Auxiliary Air Force）負責下達給戰鬥機飛行員最初的命令。

由於大戰初期皇家空軍嚴重人力不足，女性一開始是增補，最後是接管一些在正常時期不會交給她們的職務，其中包括雷達兵及繪圖員。從在賓特利修道院的雷達螢幕，空軍婦女輔助隊員可以看到所有入侵的敵軍飛機，並且向相關的大隊通報它們的位置。這個系統相當倚賴皇家空軍的無線電攔截站，這些攔截站利用德軍飛行員鬆散的無線電紀律，協助確定入侵敵軍的距離和目標。

雖然這一切都對防衛英國大有貢獻，少了實際用來戰鬥的飛機和飛行員的話，這些就顯得沒有任何用處了。對英國的勝利來說，最關鍵的是道丁麾下的戰鬥機，而非轟炸機——特別是颶風式（Hurricane）和噴火式（Spitfire）戰鬥機。

結合了新舊科技，颶風戰鬥機有覆以布料的木造架構，使用的勞斯萊斯PV-12活塞式引擎可以達到每小時三百三十英里以上的速度。這種新舊結合的做法相當別出心裁。由於經濟實惠，加上容易製造與保養，颶風戰鬥機成為戰鬥機司令部的主力。甚至連它上面一些顯得有點落伍的元素也會證明是頗為有用的：敵軍的砲彈可以迅速摧毀全金屬結構，但是對颶風戰鬥機卻不是那麼致命，因為它們只會穿透布料跟木架，卻不會在擊中時炸開。它也是架可怕的殺人機器。上面有八挺機槍，左右各分成四挺一組，完全適合用來對付一波波不久之後就會突然拜訪英國的德國轟炸機。

雖然在整個不列顛空戰當中，颶風戰鬥機的數目會比噴火戰鬥機多上一倍，但無論如何，會成為英國抵抗象徵的終究還是噴火戰鬥機。

發明噴火戰鬥機的雷金納爾・米契爾（Reginald J. Mitchell），是個廣受好評的飛機工程師，他是在一九三三年繪出了這架飛機的設計圖。去了一趟德國之後，他目睹了希特勒的崛起。從一開始，他就預料，另一場戰爭是勢不可免了。回到英國之後，他立刻著手設計一架在戰爭時可以派上用場的飛機。米契爾想要打造出一架平穩又能做高難度動作的戰鬥機，這飛機要能夠充份使用梅林引擎（Merlin）的動力，同時又相對容易操縱。

到了一九三六年，米契爾已經做出原型機。噴火戰鬥機特殊的橢圓形機翼，使這飛機的極速能夠超越好些當代的戰鬥機，包括颶風戰鬥機在內。皇家空軍大為驚訝。如約翰・尼柯爾（John Nichol）在他那本出色的書籍——《噴火戰鬥機：一個非常有英國風情的愛情故事》（*Spitfire: A Very British Love*

Story）——中所寫，「皇家空軍已經大夢初醒，了解現代戰爭需要什麼。他們需要一架單引擎，單人座的戰鬥機，而且這架飛機上必須有八挺機槍，足以在一次迅速的攻擊中，產生最大的摧毀力量。」

空軍部下了訂單要購買三百一十架這種新型戰鬥機。但可悲的是，米契爾在有生之年沒能夠看到他的發明投入作戰。米契爾在一九三七年，也就是四十二歲那年死於癌症。他的同僚約瑟夫．史密斯（Joseph Smith）接手擔任主設計師，進行了一連串的改良，不久噴火式就贏得了駕駛該機飛行員們的喜愛。

喬治．恩溫（George Unwin）是一位噴火戰鬥機飛行員。他興高采烈地告訴尼柯爾：

> 它是架超級棒的飛機，絕對沒錯。它的操控非常敏銳。不會起伏，不會拖帶，也不會亂衝、亂動。你只需要對它輕輕吐氣，當你想要，如果你想要轉彎，你只要緩緩移動雙手，她就過去了……她真的是完美的飛行機器。我從來沒有飛過任何更美妙的飛機了。我飛過噴射機到維諾姆（Venom），但是沒有什麼，沒有什麼能像她那樣。沒有什麼比得上噴火戰鬥機。

雖然英國已經正視飛機不足的問題，噴火戰鬥機和颶風戰鬥機的生產速度卻不如預期。量產的一大問題是組裝飛機時所遇到的困難，特別是組裝像噴火戰鬥機這種精密工程的東西，一架要花費一萬三千小時組裝完成。由於分秒必爭，資源又不多，比佛布魯克爵士（Beaverbrook）——來自艦隊街的媒體大亨男爵，同時也是飛機生產部的部長——在一九四〇年七月十日呼籲全國百姓伸出援手。他在所有全國性報紙上刊登廣告，勸英國人把他們所有金屬製品——譬如鍋和盆——捐出，好讓這些物品可以用來製造飛機。全國各階層民眾都把他們廚房裡能捐的東西都捐了。比佛布魯克也管理噴火戰鬥機基金，這樣英國人可以資助建造光是一架飛機就需要的兩萬英鎊。到八月中旬時，籌募到超過三百萬英鎊。正是由於這些請求，才得以有多出一千五百架噴火戰鬥機飛上天空，每一架機身上都自豪地寫上捐款者的名字。

即便有足夠的飛機，但還是長期缺乏技巧純熟的飛行員。幸運的是，戰鬥機司令部可以通過大英國協尋求更多人力。不久，人們為了理念，從紐西蘭、澳洲、南非、羅德西亞、印度，甚至還有牙買加競相而來。威廉・斯特拉肯（William Strachan）就是這樣，成為皇家空軍當中唯一的黑人飛行員。飛行員的來源也包括美國和加拿大，以及那些落入德國手中的佔領國，譬如波蘭，就這樣多了一百四十六名飛行員。例如，第十一大隊的大隊長——道丁的副手凱斯・派克（Keith Park）——就是紐西蘭人，而第十大隊的大隊長昆丁・布蘭德（Quentin Brand）則是南非人。

訓練這些人員並不是件容易的任務。由於皇家空軍需要迅速補充飛行員，為了讓他們飛上天空，訓練過程難免會放寬標準。光是一九三九年，皇家空軍就有兩百一十九件死亡事故，許多飛行員只在現代化的戰鬥機受訓十二個小時之後就被送上前線。相較起來，德國空軍飛行員的平均受訓時間為十三個月，飛行兩百小時以上。

但是英國沒有時間可以浪費。

一九四〇年七月，德國軍機不再以英倫海峽的英國運補船為目標，現在變成打算要攻擊英國的各大小港口。由於英國人數不足，而訓練也沒有到位的飛行員到天上跟德軍戰機空戰，雙方的飛機跟飛行員的損失都迅速飆升。在尼柯爾的《噴火戰鬥機》裡，飛行員休・丹德斯（Hugh Dundas）想起當他的機身遭機砲擊中時，所感到的驚惶無助：

煙霧瀰漫了整個座艙，又濃又燙，我看不到天空，也看不到一萬兩千英尺下方的英倫海峽。離心力把我壓到座艙邊，而且我知道我的飛機在旋轉。我完全驚慌失措，感到害怕，心中想，「基督，這就是終點了。」然後我又想，「逃出去，你這個大傻瓜；打開座艙蓋，然後出去。」

拚命使自己離開座艙，丹德斯成功展開了他的降落傘，正好及時逃出。當他向地面落下時，看著他的噴火戰鬥機撞擊下方的地面後爆炸。許多人沒有這般幸運。有些人無法逃出座艙而活活燒死。有些成功逃出去，卻被降落傘纏住，在英倫海峽淹死。對飛行與戰爭的美化很快就會消退。然而英國人還是期待，如果他們可以拖住德軍直到冬季之初，那麼德軍就很難持續他們在白天的空襲行動。

就阻擋德軍攻擊而言，英國人還有一個主要的優勢。德軍用來護航轟炸機的 Bf 109 戰鬥機，只能在它們航程範圍內行動。因此戰鬥機飛行員被迫折返回去之前，能夠停留作戰的時間很有限。如果皇家空軍能夠阻擾、延長德軍行動的時間，那麼敵軍就必須放棄其任務。

隨著飛行員作戰經驗的累積，他們也逐漸找出打下德軍飛機最有效的方法。譬如塞勒・梅蘭（Sailor

Malan）[1]在「空戰的十條規則」當中（Ten Rules for Air Fighting），就這麼列出一些方法：

一、在你看得到敵人的眼白之前，不要開火。短暫射擊一、兩秒即可，而且只有在你的瞄準器確定鎖定時才射擊。

二、射擊時，什麼都不要去想，全身繃緊，雙手握桿，專心在你的環形瞄準器上。

三、始終保持警覺。「隨時準備！」

四、高度帶給你先發制人的機會。

五、絕對要轉向去面對攻擊。

六、當機立斷。即便你的戰術狀況不佳，還是應該迅速行動。

七、在作戰區內，絕對不要直飛或水平飛行超過三十秒以上。

八、當俯衝攻擊敵人時，絕對要有部分編隊護衛你的上方。

九、主動、進取、空中紀律，和團隊合作都是對空戰有意義的元素。

十、迅速接觸——猛攻——脫離！

由於噴火式和颶風式始終掐住德國空軍，希特勒這個時候要求摧毀皇家空軍，主要目標是它沿英格蘭南岸的雷達站。雖然德軍能夠一再攻擊那些站點，但它們每次都只是停止運作幾小時，經過拼命搶修後又可以運作了。

此外，德軍也開始以英國的機場為目標。八月三十日，畢金希爾機場（Biggin Hill）遭受了慘重的打擊，五百公斤炸彈摧毀了軍械庫、儲藏室和營舍，三十九個地勤人員陣亡，二十六人負傷。隔天德軍再度攻擊，這次擊中了作戰指揮中心。自從不列顛空戰爆發至今，第一次有防禦系統當中的一個重要節點停擺。不過，到了隔天早上，在工程師們徹夜搶修之後，這地方又開始運作了。

似乎不管德軍怎麼做，沒有什麼真的能夠使皇家空軍及其體系癱瘓。面對這樣的抵抗，而秋天又要到來，希特勒變得愈來愈受挫。他知道在掌握英國東南部的空優之前，是不可能展開海獅行動的。然而似乎怎麼做都沒有用。德軍必須打一記能夠擊倒英國的重擊。因此，他們決定瞄準倫敦。這會迫使大批的英國戰鬥機升空，德國空軍希望能夠一次摧毀它們。還有，希特勒認為在倫敦的居民感覺到德國空軍的強大威力後，英國政府最後會被逼上談判桌。

一九四〇年九月七日，皇家空軍的雷達亮起，一波接一波的敵機越過了海峽。以前沒有見過這種景象。隨著空軍婦女輔助隊自賓特利修道院發出緊急命令，首都七十英里半徑內的每一個中隊的螺旋槳很快就在機場隆隆準備。但是在英軍中隊攻擊之前，第一波炸彈已經像雨水般落在沿著泰晤士河的碼頭和工廠區。當空襲警報尖叫發出警告聲時，人們從倫敦的陽光下逃去尋找防空洞。這是大戰開始以來倫敦

1 編註：原名 Adolph Gysbert Malan，南非人，皇家空軍第七十四中隊的中隊長。

第一次陷入火海；一天之內有四百四十八人喪命。隨著日間轟炸倫敦的行動，人們心中對納粹戰爭機器的恐懼就此化為真實。

不過，德國空軍無法每天都維持這種氣勢。在接下來的幾天，只能做有限的空襲，而且天氣開始轉變，已經不只一次迫使飛機停飛。英國的飛行員現在也恢復了戰鬥的活力，他們要保護朋友、家人、家園和國家的存續。他們絕對不會令人失望。

九月九日，天候改善，德機大量集結以發動另一次空襲。但這一回皇家空軍已經作好準備。德機以鉗形攻勢，分開的兩支空襲機隊越過多佛（Dover）及比奇角（Beachy Head）朝倫敦前來，空軍婦女輔助隊立即呼喚第十一大隊。戰機拉升起飛，機上的梅林引擎一路咆哮衝向倫敦，並在首都之前空域佔好位置。

德軍第一批空襲機隊遭到噴火戰鬥機圍攻，英機成群環繞，就像是大黃蜂一般，最後迫使轟炸機在坎特伯里（Canterbury），而非倫敦拋下炸彈。第二批機隊也一樣受挫。以至於在急著撤退時，德軍把炸彈灑落在首都周遭的城鎮與郊區。儘管皇家空軍蒙受巨大損失——總共十七架飛機和六名飛行員——德國空軍卻未能攻擊預定的目標。德方的損失甚至更高——二十架飛機跟十名飛行員——而且沒有達成什麼像樣的戰果。

希特勒勃然大怒。他們不能無止境地承受這種損失，而且冬天已然不遠，要取得英國制空權的機會不會太多。考慮到這一點，戈林在九月十五日下令對戰鬥機司令部進行最後一次毀滅性打擊。對德國人來說，這是唯一的機會。

那天早上，邱吉爾選擇去拜訪皇家空軍的阿克斯橋基地（RAF Uxbridge）。這戲劇性時刻發生時，他人也在場。第一波空襲在早上十一點過後沒多久被發現，一個個中隊迅速從整個東南方飛馳而過。顯然德國人是在盤算些什麼。但是英國的各中隊並沒有集結部署。有兩個中隊在前方好一段距離處的坎特伯里上方盤旋，另外有四個中隊在畢金希爾機場上方巡邏，還有另外兩個在後方負責支援。

當德軍的多尼爾轟炸機和護航的戰鬥機越過海峽進入英國，英軍中隊開始群集環繞它們，就像是一群獵犬。轟炸機的護航機逐漸與機隊脫離，戰鬥機陷入了困戰，必須要逐退前來攻擊的噴火戰鬥機和颶風戰鬥機。轟炸機相應的做法就是互相靠攏提供保護，並且繼續它們的路線朝倫敦而去。但是在它們前面的是在空中集結，強大的英軍颶風戰鬥機和噴火戰鬥機機群。英軍閃躲、俯衝，很快就打下了六架轟炸機，其中有一架是被機組員拋棄，隨之朝下墜入倫敦的市中心，撞上了維多利亞廣場。當一架多尼爾轟炸機看起來像是要朝白金漢宮飛過去時，飛行員雷・霍姆斯（Ray Holmes）前往攔截。《週日快報》（*Sunday Express*）報導了這次遭遇：

> 他朝多尼爾機飛馳而去。沒多久，他就必須脫離。但是德軍飛行員完全沒有偏移他的航線。現在只有一個方法阻止他，必須重擊這架轟炸機。在激烈的戰鬥中，他自己的飛機已經受損，由於拚命想要在入侵者闖進去攻擊目標之前給予重擊，他迴避了閃躲的本能反應。當多尼爾轟炸機的水平尾翼塞滿他的

擋風玻璃時，那是有多脆弱啊。這架強悍的颶風戰鬥機要把它像輕質木材一樣給粉碎。當他用他的左翼對準這架多尼爾雙尾翼中比較接近的那一片時，他全身冒汗。當颶風戰鬥機的機翼切過時，他只感到輕微的震動。令人難以相信的是，他竟然還活著。颶風戰鬥機略為向左偏，微微下沉。突然間這種下沉轉成垂直下衝。霍姆斯正以每小時五百英里的速度衝向地面。在一番掙扎之後，霍姆斯設法跳傘逃生。有數百名倫敦市民看到多尼爾轟炸機、颶風戰鬥機，以及降落傘著地那一幕，非常感恩。那架似乎打算轟炸白金漢宮的多尼爾轟炸機被撞落地。這是這場戰爭當中許多英勇的事蹟之一。

然而，當英國人看起來再次順利使德軍受挫的當兒，但其實這只是德國空軍在發動主要攻擊之前，企圖令皇家空軍疲於奔命的預備攻擊。當這些轟炸機折返時，之前部署的那兩百五十四架颶風戰鬥機和噴火戰鬥機也落地回到基地去重新武裝與補充燃料。就在他們這麼做之時，德軍主力在加萊（Calais）上方集結，包括有一百一十四架轟炸機和數目令人難以相信的三百六十架戰鬥機。

在阿克斯橋基地，第十一大隊大隊長凱斯．派克認為，德軍這次是把他們所有的一切投入這場攻擊。邱吉爾叼著雪茄在一旁觀看，派克迅速下令要使入侵的攻擊者誤以為他們計畫得逞。英軍只會用小部隊來應對德軍，等到他們的護航戰鬥機燃油所剩不多時，英方就會發動主要攻擊，運氣好的話，可以重挫德國空軍。

下午兩點過後不久，第一批英方的守軍跟德軍開始接觸。如派克所指示的，只有二十七架戰鬥機升空，但它們依然設法擊落了十四架德軍戰機，英方只損失一架。不過，巨大的德軍編隊中的大部分依然朝倫敦飛去。派克現在把第十一大隊中每一個中隊都拉起來，以增加攻擊的次數。但是沒有用，德軍的護航戰鬥機把它們打走了，轟炸機的三個機隊朝它們的目標而去：皇家維多利亞（Royal Victoria）和西印度（West India）船塢。

不過，在它們跟船塢之間，現在有了派克的大部隊防守——共一百八十五架戰鬥機。德軍轟炸機很快就發現受到圍擊，護航戰鬥機四散開來，不斷閃避英方的戰鬥機。再過不久，德軍護航機燃料警示燈亮起——正是派克要的——現在英軍的主力俯衝加入戰鬥。德軍轟炸機拚命地掃視下方的地面，尋找被指定攻擊的目標，但是越來越濃的雲層遮蔽了正下方城市的大部分地區。由於只有一些戰鬥機護衛，也由於無法找到目標，轟炸機群被迫返航，並且在逃離英軍攻擊時，把炸彈散落拋在達特福德（Dartford）、布羅姆利（Bromley），和西漢姆（West Ham）。

天候惡化，而且沒有進一步大規模的空襲出現在雷達幕上，戰鬥機司令部的飛行員們終於可以放輕鬆了。他們已經見證過德軍所發動過的最大一次的空襲，但這還是有代價的。在那一天，皇家空軍損失了二十九架飛機，並且有十二名飛行員陣亡。相對的，德國空軍損失五十六架飛機，並且有一百三十六人不是陣亡就是被俘，英國充斥著歡騰的喜悅。英國飛行員很清楚，儘管兵力居於劣勢，他們擋下了德軍所投過來的一切。

在海峽的另一端，氣氛低落。三個月以來，德軍一直被誤判所矇騙，誤以為戰鬥機司令部已經快要不行了，以為英軍只剩下最後五十架噴火戰鬥機。然而一次又一次，英軍堅持擋下他們的攻擊，英軍飛機的數目越來越多，鬥志也比以往還要強大。

戈林現在快沒時間了。現在已是九月中旬，夏天那幾個月常見的璀璨陽光沒辦法常在了。隨著季節的改變，德國空軍能登場的機會越來越少，希特勒也越來越沒有耐心。他的心思現在東向轉到蘇聯。戈林未能及時掌握空優以發動兩棲攻擊只是必然的結果。發動攻擊的時間一延再延，如今，考慮到德方所蒙受的巨大損失，海獅計畫在一九四〇年九月十七日決定無限期延後。

根據一九四一年空軍部所出版的手冊上有關這主題的說法，不列顛空戰的正式結束日期是一九四〇年十月三十一日。事實上，戰爭不是一刀切的事情，總會有不是那麼明顯的重疊的時候。德軍的飛機繼續攻擊、造成破壞，對倫敦的夜間空襲持續到一九四一年五月，目的是要迫使邱吉爾投降。然而英國人民並沒有拋棄他們的家園，逃離他們的工廠，也沒有要求他們的政府進行和平談判。他們依然堅強，再次看著德軍的攻擊消逝。英國贏得精神上的勝利。

就道丁而言，這場戰爭已然獲勝，現在他的戰爭已經結束了，並在一九四〇年十一月二十五日正式退休。他忠實出色的副手凱斯·派克也讓到一邊，戰鬥機司令部有了新氣象，由他的競爭對手特拉福德·利-馬洛里（Trafford Leigh-Mallory）取代他出任第十一大隊的大隊長。

德國未能成功入侵英國，這是這場大戰當中代價最高的戰略錯誤之一。保住英國的主權，確保了英倫三島四年後作為盟軍入侵歐洲的龐大海上基地。若不是如此，遠在三千英里之外，美國能否在西歐發動一場成功的戰役，是很令人存疑的。

儘管有許多人懷疑，道丁和他出色的防禦系統凸顯懷疑論者是錯的。但是這場戰爭還沒贏。在消除納粹的禍害之前，還有一連串的重大戰役要面對。當中之一後來被人們稱為「有史以來最重要的突襲」，面對幾乎不可能克服的逆境，靠的是另一支精銳的英軍單位……

第二十章　英國突擊隊（一九四一年）

在不列顛空戰未能取得制空權後，德國改變了行動方針。由於它知道英國是個島國，多少要仰賴進口食物跟物資，好讓人民有得吃，以及延續進行這場戰爭，德國現在試圖要主宰海洋。雖然德國的U艇是英國船隻的苦難根源，但它的主力艦和重巡洋艦才是真正的問題。這些海上巨獸只能用其他的大船或飛機來應付，但是在偏遠的北大西洋要投入這些武器的機會並不大。

俾斯麥號戰艦（*Bismarck*）對英國構成特別大的威脅。它，還有歐根親王號重巡洋艦（*Prinz Eugen*），像惡霸一般縱橫北大西洋。在對戰英國艦隊的驕傲時——胡德號戰鬥巡洋艦（HMS *Hood*）和威爾斯親王號戰艦（HMS *Prince of Wales*）時——德軍只花費了十分鐘時間，就把胡德號摧毀並連同官兵一起沉入海底。不過，威爾斯親王號在劣勢中對抗這兩艘德軍戰艦時，還是設法還擊。以下可以證明這是其中一個極為重要的事證。由於擊中了俾斯麥號，當這艘德艦忙於搶修時，威爾斯親王號才有時間逃離。俾斯麥號運氣好，距離法國的聖納塞港（St Nazaire）——大西洋沿岸唯一有能力處理並維修這艘德軍大戰艦的船塢不遠。但是俾斯麥號沒能夠行駛這麼遠。它在途中就被英方戰艦給摧毀，這看起來是一場巨大的勝利，但是這維持甚短。

在德國，一艘威力更強的軍艦，鐵必制號戰艦（*Tirpitz*）現在幾近完工。艦長兩百五十一公尺，航速三十五節，她要比皇家海軍的任何一艘戰艦都更為巨大、火力也更強。對首相邱吉爾來說，由於他知道這艘戰艦所形成的威脅，也明白她能對英方重要的補給線造成何種傷害，所以對他也造成嚴重的困擾。光是鐵必制號戰艦的存在，就意謂在她完工駛進大西洋的公海時，英軍必須隨時備妥四艘主力艦準備應付她。邱吉爾告訴參謀長們說，沒有比摧毀這艘德方的巨艦更重要的事情。他甚至說整場戰爭的戰略取決於她的存在。皇家海軍跟皇家空軍立即投入計畫。

有些人想的是可否在這艘船所在的港口轟炸她，或者是在她駛入大西洋時，攻擊她的弱點。不過，海軍部的某些人所思考的是更為巧妙的解決辦法，不但是要讓鐵必制號無法完工，還要讓德軍無法建造任何戰鬥巡洋艦。他們曾經注意到在俾斯麥號中彈，帶傷駛往聖納塞港時的情形。總之，這是北大西洋唯一可以處理這類大型戰艦的港口。如果毀掉這座港口，德國海軍就不太可能會讓鐵必制號戰艦在大西洋冒險，因為德方知道，聖納塞船塢是這艘戰艦唯一可以得到維修的地方，這是一記高招。現在必須盡一切方法使船塢變得無法使用。

在這時候，陸軍部參謀達德利．克拉克中校（Dudley Clarke），已經找到了解決的辦法——雖然當下並不知情。一九四〇年六月，克拉克已經規劃好成立一支進行游擊作戰的突襲部隊的雛型，他稱之為「突擊隊」（Commandos）。他的想法被上呈去到首相，邱吉爾很欣賞他所看到的報告，隨即下令：

這項冒險必須利用那些受過特別訓練，具備「獵兵」等級水準的部隊，能夠把敵軍的海岸籠罩在恐怖氛圍當中……我期待參謀本部想出一些措施，對整個德軍佔領的海岸線進行不間斷的攻擊，並對德軍造成傷害。

邱吉爾會對克拉克的想法，或者對他所賦予新名稱的部隊大感興趣，並不教人意外。波耳戰爭（Boer War）期間，邱吉爾作為報社通訊員，觀察到波耳的「突擊隊」進行一連串打帶跑的突襲行動，困住大批的英國軍隊。直到波耳人終於願意接受和平解決為止，英軍在非正規作戰方面學習到不少無法忘卻的知識。此外，在第一次世界大戰時，由於勞倫斯（T. E. Lawrence）在阿拉伯對抗德軍跟土耳其軍隊的成就，邱吉爾也看過游擊隊的突擊戰術可以有多大的功效。

不過，並不是每個人都像邱吉爾一般，對這支新部隊充滿熱誠。對許多高階的現役軍官來說，突擊隊令人反感。他們認為這支新部隊糟蹋了好軍官，也誤用了本來比較適合跟正規軍在一起的人。在這些軍官眼中，這場戰爭要用傳統的方法取勝，不是靠一些旁門左道來贏取。

然而，就在克拉克建議成立突擊隊才不過四十三天之後，海軍上將羅傑·凱斯爵士（Sir Roger Keyes）成為聯合作戰指揮官，負責所有突擊行動，以及它們跟海、空軍的協調作業。

加入突擊隊的人起初有兩個來源：來自本土防衛軍司令部和預備役（Territorial Army）的志願者。有許多人前來報名，也許是想到將來充滿「冒險的勤務」而感到興奮，也或者是為了——軍官十三先令四便士（一年六十八英鎊），其他階級六先令八便士（一年三十三英鎊）——月俸。依照當時的標準，這是很大方的了。此外，突擊隊員住的是臨時住宿處，而非軍營，因此每天可領津貼用來支應吃跟住。最棒的是，臨時居所的生活，意謂沒有營區衛兵、伙房雜役，或兵營所涉及的許多瑣碎又煩人的雜事。

他們的訓練起初頗為雜亂，不同單位之間都不一樣，最後指揮官查爾斯・紐曼中校（Charles Newman）訂下了一致的標準如下：

一、特別勤務隊的目的是要生產一群訓練精良的一流軍人，在世界上的任何地區對敵人展開主動攻勢。

二、非正規作戰需要有最高標準的主動性、警覺性和體格，加上極高的武器操作技能。要確保突擊隊成功達成目標，各階級的突擊隊員都必須能夠自行判斷；思考迅速，並且獨立行動，當面對跟原先預期完全不同的情況時，具備可靠的戰術意識來因應。

三、心理上，突擊隊裡各人，隨時都必須要有展開進攻的態度。

四、體能上，必須隨時維持最佳的體能狀態。各人受過訓練，具備能夠以戰鬥隊形迅速在任何地形越野五到七英里的能力。

五、懸崖與高山攀登，以及崎嶇山坡快速通過，也會是突擊隊訓練的一環。

六、必須擁有各類非武裝戰鬥的高階技能。

七、航海與船務能力。各人都必須熟練日、夜間各種形式的船上工作與登陸技巧，由於這種訓練，使得海上對突擊隊員來說是很自然不過的工作環境。

八、夜間感以及對夜間的自信是必要的。各人都必須受過高度訓練，擅長使用指南針。

九、地圖判讀跟熟記路線，是突擊隊訓練的其中一個重要部分。

十、突擊隊員學習使用旗語，摩斯密碼，以及無線電。

十一、各人都要有執行爆破，或藉由蓄意破壞來阻擋敵方的基本知識。各人要有自信能處理各類高爆炸藥、爆破筒，並且有能力設下各類詭雷。

十二、必須要對以下保持高標準訓練：各類型巷戰、城鎮佔領，以及以城鎮為主體的保衛戰，並且要能夠克服各類障礙——鐵絲網、河流、高牆等等。

十三、各人都要會駕駛機車、汽車、卡車、履帶車輛、火車和汽艇。

十四、必須達到高效率的野外救生能力。所有隊員都必須能夠為自己尋覓糧食、烹調，與長時間野營。

十五、各人都學會急救，能夠處理、包紮槍傷傷口，並且移動傷患。

十六、這些事是少數必須要在突擊隊員服役期間就要達到的標準。不管在任何時候，高標準的紀律是必要的，各人都要持續有使自己更有能力，使自己比其他人更優秀的慾望。

十七、一般的居住模式是，負責特別勤務的士兵會住在自己找到的臨時住所，並且由住所提供飲食，如此會每日支付六先令八便士作為開銷所用。

十八、特別勤務士兵如果無法達到這些訓練與行為的標準，最後可能會以歸建處置。

隨著德軍入侵的威脅下降，訓練的節奏加速了，並且將重點放在突襲行動上。這當中有許多是在蘇格蘭的非常規戰爭學校（Irregular Warfare School）進行，那裡是讓「特種部隊」在蘇格蘭高地作山地與水灣野外訓練的場所。耐力行軍、攀岩、全副武裝游泳、徒手或持武器殺傷、航海能力和船務、夜間行動、地圖判讀、田野求生，滲透，以及許多其他的知識都在此傳授，進度非常緊湊，只有能力最好的人才有可能留下來。

然而，一九四一年第一次執行的突擊隊行動只達到程度不一的成功，但是三月時對挪威羅浮敦群島（Lofoten）的突襲，取得不少德國恩尼格瑪密碼機（Enigma）的編碼軸，使得英方在大戰期間能夠破解好些德方的無線電通訊。儘管如此，突擊行動通常規模都很小，除了使德軍提高警覺以外，成效不彰。

正因為如此，一九四一年十月英軍上校蒙巴頓勛爵（Louis Mountbatten）被指派為聯合作戰司令部的新任指揮官，希望他能夠使突擊隊有更優異的表現。但是在歐洲跟在中東的突擊行動，大體上依然沒有達成什麼成果。

不管怎樣，大家很快就把攻擊聖納塞港船塢的希望全繫在突擊隊身上，畢竟規劃時提出的所有選項都被認為不適合。皇家空軍已經嘗試轟炸過聖納塞港，但效果不如預期，原因在於當時精準轟炸還談不上是精確的科學。此外，英方也不太願意進行大規模的轟炸行動，這有可能造成鄰近的法國居民大量的傷亡。

一九四二年一月，在排除所有其他的選項之後，邱吉爾把目光投向表現不佳的突擊隊。當蒙巴頓勛爵接到命令要規劃行動時，他明白這件任務難度極高。聖納塞港位在羅亞爾河（River Loire）地形複雜的河口上游五英里處，只能夠藉由海路穿過一道狹窄的運河抵達，運河在一九四二年安裝了幾座近岸砲台。若要沿羅亞爾河而上，必定會在登陸行動展開之前就被發現。蒙巴頓不久有了靈感。

他發現在三月底之時，春潮潮汐水位會特別高漲，足以讓一艘吃水淺的船隻通過滿佈沙洲和淺灘的羅亞爾河河口，進而避開有良好保護的運河前往船塢。這是個好得不可以放棄的良機。但是一支小部隊要如何攜帶足以摧毀整個船塢的炸藥進去？這是蒙巴頓展現出他神乎其技的時候了。

他發現，如果可以在一艘船上裝載足夠的炸藥，然後衝撞船塢的閘門，就絕對可以摧毀它。如此，坎貝爾鎮號（HMS *Campbeltown*）在艦艏裝了四噸藏在鋼鐵箱子內的炸藥。但這並不是一趟自殺任務：爆炸會在撞擊過後數小時才發生，如此船上的突擊隊員不會喪命。

為了掩人耳目，坎貝爾鎮號會偽裝成德國驅逐艦。不過，它有加裝額外的裝甲跟火砲，以應付意料中會遭受的攻擊。人們反而擔心它吃水太深，無法在淺水航行，所有任何非必要的物品都被拆除，船身要盡可能地輕。

在撞擊船塢閘門之後，參與支援的船艦會把一隊隊的突擊隊員送上岸。他們會摧毀主要的目標，然後登上等待的船艦返國。這是個高風險的計畫，成功機率不高，但是邱吉爾能做的就是這些了。他就此下達命令，行動開始了。

紐曼中校隨即被選為行動指揮官。他原本是個建築承包商，戰前是本土防衛隊的軍官。來自陸軍艾塞克斯團的他，跟較為年輕的部屬——多半二十出頭——相比，三十八歲顯得很老。不過，他的領導以及他與人合作的能力，使其成為一個既受歡迎、又受尊敬的指揮官。在奉命接掌第二突擊隊之後，紐曼花了一年時間投入人生難得一見的突擊任務：「戰馬車行動」（Operation Chariot）。

這場突擊的關鍵任務將由爆破隊負責，這些人會在船塢的主要結構安置炸藥。他們先被派到位於福斯灣岸的本泰蘭（Firth of Forth, Burntisland），接受破壞海軍船塢的特別訓練。他們學習如何處理現代化的炸藥，熟悉了他們將要安放的炸藥重量跟形狀，學會辨認安放炸藥以製造最大效果的位置。在南安普敦（Southampton）和卡迪夫（Cardiff）船塢，他們不分晝夜，在黑暗中反覆練習，並且經常假定他們當中的某些主要成員突然傷亡的情況。

他們在聖納塞港的目標是：

一、摧毀諾曼第（Normandie）船塢的兩個沉箱；
二、摧毀船廠中支援船塢的設施，譬如捲揚室和幫浦站；
三、摧毀所有的水閘；以及
四、摧毀任何在場的船隻，特別是U艇。

當爆破隊在執行他們的任務時，必須受到保護，這一點很重要。紐曼有一百多名精挑細選出來的好手，他們接受過佔據並守住關鍵爆破點的訓練，也學習要同時能夠擋下敵軍。

皇家海軍也奉命加入行動，必須把突擊隊確實送到聖納塞港，然後把他們安全載回國。獲選指揮行動的是三十四歲的羅伯特·萊德（Robert Ryder），萊德的中選令人意外。當時他正憔悴失落，在南英格蘭外觀莊嚴的房子從事文書工作，海軍部對於萊德損失前一艘船的事情還「感到不悅」。他得到一個難得可以彌補的機會。

一九四二年三月二十六日下午，滿載炸藥的坎貝爾鎮號偽裝成德國驅逐艦，帶著她那由多艘小船所組成的艦隊離開法爾茅斯（Falmouth）駛入海峽朝法國而去。這是一個足以決定戰爭命運的任務。

不過，越過海峽的航程是充滿了驚險。三月二十七日早上，他們跟一艘浮上水面的德軍U艇交會。他們儘量避免衝突，確保聖納塞港不會警覺有突擊隊入侵。幸運的是，坎貝爾鎮號艦長熟悉德軍的通訊信號，這使得他們有更充裕的時間。U艇當時嘗試著要確定來者是友是敵。對方遲遲沒有回應，英軍開始緊張了起來。他們開火了，U艇緊急下潛，打算要脫離。接下來是貓捉老鼠的戲碼。護航的泰恩代爾號驅逐艦（HMS *Tynedale*）拋了一組深水炸彈，但是無法證實有擊中敵艇。事實上這些炸彈沒有擊中目標，U艇逃走了，但是她回報說有一支小艦隊好像是要駛往直布羅陀，而非聖納塞。至少目前這條路線還算安全。

隨著白天的時間過去，天色漸漸變得陰沉多雲，卻提供了突擊隊亟需的掩護。小艦隊現在持續以八節的速度朝法國海岸推進。晚間八點，她們開始直接接近目標港口了。

為了提供掩護，並且分散德軍注意力，大約在午夜時分，皇家空軍開始在聖納塞投彈。當炸彈在上方嗡嗡作響時，「戰馬車行動」的船隻駛過黑暗的海面，朝羅亞爾河河口前進。周圍很安靜，也沒有探照燈在搜索海面。

零點五十分，船隊駛入開闊的河口，經過一九四〇年被擊沉的蘭開斯特里亞號遊輪（RMS *Lancastria*）的旁邊，這是英國航海史上損失最大的一次。然而不久他們的注意力就轉移了。前方是一座座德軍的瞭望塔。不管怎樣，經過偽裝的坎貝爾鎮號及其船隊毫無阻攔地駛過它們。看來所有德軍的目光都被皇家空軍給吸引住了。護航船艦唯一要面對的事情，就是有可能會在淺水處擱淺。但是每當坎貝爾鎮號的船底碰觸到河底時，船艦本身的動都能把她推過去。

不過，聖納塞港的德軍指揮部不久就對皇家空軍的行動感到懷疑。指揮部通知各單位注意任何敵軍的船隻。情況很快就丕變了。河道兩岸的探照燈立即全都亮了起來，而且照到坎貝爾鎮號上。德軍又一次猶豫是否要開火。這船看起來就像是艘德國驅逐艦，而且他們並不想擊沉一艘己方的船隻。當被詢問目前的意圖為何之時，坎貝爾鎮號的信號員閃燈表示，由於船隊本身有兩艘船艇被敵軍所傷，因此要前往聖納塞。坎貝爾鎮號依舊獲准前進，現在距離目標只剩六分鐘，正式進入了羅亞爾河。但是德軍現在已經確信這船隊來者不善。

很快地，德軍每一座砲台跟每一門砲開火了。坎貝爾鎮號及船隊也盡全力回擊。他們只要能夠再撐幾分鐘就可以到達目標，但是砲擊彈幕毫不停歇。爆炸的碎片穿過突擊隊員跟水兵，鍋爐跟主機艙都被直接命中，有些船艦停了下來，成為了標靶。到了這時候，傷亡迅速增加，這項不可能的任務眼看就要化為烏有了。

不過，隨著坎貝爾鎮號在不停歇的砲擊下繼續挺進，突然傳出一聲呼喊：「準備衝撞！」甲板上的每一個人現在都鼓起勇氣，準備面對衝撞所會帶來的衝擊。前方，在黑夜中冒出，被砲火的閃光跟探照燈所照亮，又低又陰暗的黑色鋼鐵，就是聖納塞船塢的入口。頓時，一千噸的坎貝爾鎮號撞上保護水閘的魚雷網。這艘軍艦的動能使其闖破鋼鐵攔網，本艦在毫無阻擋的情況下快速前進。幾秒過後，在低沉的磨擦聲中，她以時速二十節衝撞船塢閘門，停止的位置非常適當，前端的四噸炸藥就貼靠在沉箱的箱面上。就算是用手來安放，也不會放在更為恰當的位置了。他們只希望炸藥會依計畫在幾小時後才引爆。

但是沒有時間想那件事情了。現在坎貝爾鎮號和船隊其他船上的突擊隊員，必須想盡辦法進入船塢，但同時，槍砲正猛烈地朝他們射來。有些人在甲板上就已經受了傷，但還是決心要掙扎前進，也有些人因為船隻無法靠岸而必須跳海。許多人中彈，有些人淹死，但是很快地一小隊一小隊的突擊隊員登上了陸地，與敵接戰，躲避子彈，衝向各自目標點，好引爆炸藥，把能摧毀的都給摧毀掉。

在西恩．雷蒙（Sean Rayment）所寫的《來自特種部隊俱樂部的故事》（*Tales from the Special Forces Club*）當中，有一部分是突擊隊員柯藍．波頓（Corran Purdon）告訴他的內容：

我們融入黑夜，整個天空似乎被曳光彈的火光所照亮。在我們周圍正進行著大規模的戰鬥。嘈雜的噪音叫人耳聾……到處都是血，但是我們沒有多想。有個小伙子，強尼．波克特（Johnny Proctor）——他有一條腿差不多已經給炸掉了——鼓舞我們前進。

戰鬥非常激烈，彷彿進入了超現實的世界。休．阿諾（Hugh Arnold）回憶道：

這是在這場大戰當中，我唯一一次覺得真實的世界變得跟你在電視上所看到的大同小異……敵軍佔有極高的優勢。我們幾乎什麼都看不清楚。探照燈的光柱把我們照瞎了。我們只能夠朝探照燈射擊。

幫浦站以及用來把船塢的水給抽乾的螺旋槳幫浦，是個特別重要的目標。不過，負責這項任務的突擊隊員遇到困難。帶隊的創特上尉（Chant）雙腿已經受傷。儘管面對劇痛跟敵軍的攻擊，創特勇敢地率領弟兄去到幫浦站的門前，把門炸開。在卡迪夫和南安普敦做過的多次演練，很快就證明具有極高的價值，因為站內的一切都跟他們所計畫的相符對應。在閃爍的光線下，創特和弟兄進入地下室，開始在幫浦的關鍵位置安裝炸藥。裝妥後，唯一還要做的，就是點燃那九十二秒的引線，然後儘快逃生。

儘管創特雙腿受傷，他還是最後一個離開，他要確保引線有被點燃。他拚盡全力，在黑暗中搖搖擺攞上著樓梯，時間一秒又一秒。就在炸藥爆炸，並在響遍整個船塢的轟隆聲中把幫浦站扯散之時，創特撲出門外。滿身是血和瘀傷，喘氣喘得很兇，他回頭看著徹底毀滅的景象而感到滿意。不久，當其他的突擊隊員炸毀捲揚室跟船塢閘門時，爆炸也一個接續一個發生，但是情況也變得越來越危險。

在外面的河道上，船隻不是沉沒，就是在燃燒，一灘灘混雜汽油跟血的火海在水面擴展，在槍聲之上還迴盪著傷者的尖叫呼救聲。岸上突擊隊員撤離的工具正在逐一遭受摧毀。

然而任務還是在繼續執行當中。萊德下令朝潛艦基地的外側閘門發射魚雷。帶著巨大的嘶吼聲，魚雷艇快速衝向緊閉的船塢，發射的魚雷衝撞向閘門。在發出預期的金屬碰擊聲後，魚雷緩緩下沉到河底，等待延時引信的啟動。

萊德完成負責的任務之後，很清楚對岸上的這些突擊隊員來說，已經不可能有任何成功脫逃的計畫了。他別無選擇，只能下令剩下的船隻撤離，把突擊隊員留下。

在岸上，紐曼現在知道只能靠自己，大部分跟他在一起的人都受傷了。走到紐曼面前，波頓表示「我說：『長官，我們已經摧毀了北面的捲揚室，準備返回英國。』上校轉向我，說道：『我擔心的是，小伙子，我們不用再去想搭船回去的事情了。看看河上的情形。』」

他們有兩個選擇：逃亡或投降。每個人都同意說投降不可能。他們選擇繼續戰鬥，然後再想辦法逃生。令人感傷的是，他們無法把受傷的弟兄一起帶走，必須把他們留在後頭面對戰俘營的日子。

紐曼把生還的突擊隊員分成二十人一組的小隊，並且告訴每一小隊他們必須自行設法逃出船塢，穿過市鎮到郊區，目標是前往西班牙，然後轉去直布羅陀。成功的機會很低，但這是他們唯一的選擇。

當小隊試圖逃出船塢時，許多人被擊倒，有些人因為受傷無法再走，只好投降。有些人找到地方藏匿，希望在這一陣紛亂結束之後再走，有些人則設法穿過敵軍進到市區，卻遇上巡邏的德軍。許多人被逮，而紐曼和包括柯藍．波頓在內的其他十五人藏在一處地窖，等待入夜。但是他們很快就被發現，就像幾乎所有四散在市區的其他人一樣。不過，有五名突擊隊員在幾乎不可能的狀況下，還是躲過了德軍前往西班牙，然後回到英國，他們是福星高照。一九四二年三月二十八日凌晨進入羅亞爾河口的六百一十一人當中，有一百六十九人陣亡，但是他們沒有白白犧牲。

隨著白天的到來，這場突襲的成果顯而易見。到處都在著火，建築物受到摧毀，船艦在港內沉沒。河面上，死者的屍體沿河漂下，被沖到羅亞爾河的部分岸邊。任何生還的英軍都被德軍的船隻載走，囚禁了起來。這時候，坎貝爾鎮號還是緊緊卡在外側的沉箱那裡，艦艏朝天，艉部則卡在爛泥當中。

隨著一小時又一小時過去，成群圍觀的德國人登上坎貝爾鎮號，其中也有來自海軍以及部分的專家。期間並未通盤檢視，他們以為這艘船的用處不過就是衝撞水閘門，他們完全沒想到坎貝爾鎮號可能載有炸藥。

到早上過了一半的時候，數百名好奇的人們前來圍觀。就在早上十點三十五分，那時候已經陣亡的提比茨上尉（Tibbits）所安置的鉛筆式雷管，引爆了船艙內四噸的深水炸彈。接下來的巨大爆炸把驅逐艦一分為二，它所緊靠的沉箱也炸裂一路延伸到了船塢裡頭。

爆炸造成的碎片如瀑布般順河而下穿過市區，船上數百名德國人則被炸得屍骨無存，他們的殘骸掛在船廠周遭的起重機和桅杆上。「戰馬車行動」達成了它主要的目標，以及其他的一些目標。

由於這一次爆炸，德軍陷入新一輪的驚惶跟猜疑。他們幾乎在每個街角都看到敵軍，有謠言說藏匿的英軍不久會湧入德軍指揮部，這謠言很快傳遍了整個市鎮。兩天過後，當定時引爆的魚雷炸開了潛艦基地的外側閘門，德軍的精神狀態更是陷入過度猜疑的漩渦。德軍為這件事情而驚慌失措，英軍也贏得了一場心理作戰。

在大戰的剩餘期間，諾曼第船塢及其港口設施對德軍毫無用處。鐵必制號戰艦從未冒險駛入大西洋，最後被皇家空軍在挪威的一處峽灣給摧毀了。突擊隊員達成了軍事史上最英勇的突擊行動之一。顯然由精銳戰士所執行的非傳統作戰可以達成重大的戰果。德軍也有意模仿，但是他們的一名高階軍官試圖從中作梗……

第二十一章　希特勒的布蘭登堡部隊（一九四二年）

頗為反諷的是，主掌德國最具爭議性的特種部隊之一——布蘭登堡部隊（Brandenburgers）——的人，瞧不起希特勒，並且嘗試從內部破壞這個政權。

威廉·卡納里斯海軍上將（Wilhelm Canaris）精通六種語言，曾經在第一次世界大戰時靠著優異的情報工作，贏得鐵十字勳章。他的名望甚高——戰後在大阪監督U艇的秘密建造——使他在一九三五年被任命為阿勃維爾（*Abwehr*）諜報局的首腦，這是在希特勒的第三帝國裡六個不同的情報部門之一。不過，希特勒的崛起令卡納里斯深感不安。他的屬下，埃爾溫·馮·維茨萊本（Erwin von Lahousen）後來在紐倫堡作證時提到他：

> 他是一個知識分子，非常有趣，具有高度個人特質而且性格複雜的人，他厭惡暴力，並且因此厭惡、痛恨戰爭、希特勒、他的體制，尤其是他的方法。

就是因為如此，卡納里斯尋覓可以瓦解這個國家領導層的方法，好防止另一場衝突。他的第一次嘗試包括進行欺敵行動，好清楚顯示出德國正動員軍隊要入侵鄰近的奧地利。不過，他意圖喚醒奧地利的努力失敗了，希特勒在一九三八年，還算是輕易地就兼併了奧地利。

雖然接下來並沒有出現全面衝突，卡納里斯認為，如果希特勒成功達成下一個目標——拿下捷克——那麼戰爭將無可避免。他偽造情報，告訴德國統帥部說捷克的軍隊不但是比原先所預想的龐大許多，他們還做好準備應付入侵行動。為了協助自己的蓄意破壞行動，他還招募同樣反納粹的軍官進到諜報局。同時，有關建立一支擅長滲透與破壞行動、新的德國特種部隊的計畫也正在進行中。

儘管輸掉了第一次世界大戰，這場衝突卻向許多德國人證明了一件事，受過游擊戰訓練的精銳戰士所組成的小型部隊，可以達成驚人的戰果。不但勞倫斯和他那群阿拉伯人透過這種方法在阿拉比亞打敗過土耳其和德國軍隊，德國也曾經在它位於東非的殖民地用過這種方法而取得成功。像勞倫斯那樣，保羅・馮・萊托－福爾貝克中校（Paul Emil von Lettow-Vorbeck）的殖民地警備部隊（*Schutztruppe*）就成功使用游擊戰術和當地招募的阿斯卡利人（Askaris），擊敗兵力佔有優勢的軍隊。

一九三九年的波蘭戰役，德國也嘗試過採用類似的戰術，成果卻利弊參半。國防軍最高統帥部曾經招募會講波蘭語的德裔人士組成部隊，稱為愛賓豪斯營（*Bataillon Ebbinghaus*）。這個單位執行了非正規的任務，譬如滲透、破壞、佔領道路、橋梁和類似的設施，它也藉由在敵營製造混亂，幫助德國的作戰。然而他們所採用的非傳統方法，以及所造成的重大傷亡，加上殺害平民在內的意外事件，證明是超過了普魯士貴族的統帥部的容忍極限。不久之後，後者解散了這個單位。儘管如此，有些德國人依然相信，這類的特種部隊對於德國取得的成功是相當重要的。

這類人當中的一位，就是西奧多．馮．希佩爾博士（Theodor von Hippel）。希佩爾不但曾經在東非於萊托－福爾貝克手下做過事，也從勞倫斯上校及其成就當中吸取教訓。現在希佩爾想要效法他們，建立德國的第一支「特種部隊」，這些人要在敵國陣線後方行動，且擅長於心理作戰。但是他的提議遭到部隊上司否決，其中包括了卡納里斯。他不但對希佩爾不信任，認為這個人以及他的提議有支持布爾什維克的傾向，他還告訴後者心理跟意識形態的作戰應該是執政黨的事情，跟軍方無關。

希佩爾不改其志，改為求助他的前指揮官，黑爾姆特．格羅斯庫爾特（Helmouth Groscurth）。格羅斯庫爾特向來支持德裔破壞部隊的組成，他強烈支持希佩爾的建議，並且對國防軍最高統帥部施壓，要他們更仔細思考這個建議。靠著這股額外的助力，不久希佩爾就得到授權建立日後被稱為布蘭登堡（Brandenburgers）的部隊，因為是在德國的布蘭登堡州組成及訓練而得名。

部隊歸阿勃維爾指揮，而卡納里斯在接受了這個決定以後，改變原先的立場，認為這個單位有潛力幫助達成他個人製造破壞的目標。他從內部著手，一步步有系統地把希佩爾底下的納粹軍官撤換掉。同樣反納粹的維茨萊本，也就是所謂第二阿勃維爾（Abwehr II）的首腦，之後會負責布蘭登堡部隊。他是這麼說卡納里斯的目標：

就從他跟我非常詳細的談話講起，那是關於我接掌阿勃維爾的第二處（一九三九年開始）談到我（於一九四三年中旬）離開外事及防禦局（Amt./Ausland Abwehr），卡納里斯不斷地講——或者透過拐彎抹角和暗示，或頗為公開的方式——有必要除掉希特勒、希姆萊（Himmler），和海德里希（Heydrich），以及解決掉整個犯罪集團。他也同時說明我被任命為第二阿勃維爾首腦，還有組成布蘭登堡團的原因……。他要我的部門——特別是我和布蘭登堡團——扮演的角色如下：我必須準備好在某時某刻取得材料（炸藥和定時引信），以達成「行動」。另一方面，在某種程度上，布蘭登堡團，將作為特種部隊，對納粹黨主宰的某些「主要單位」（親衛隊國家安全部、無線電網路，和國防軍最高統帥部的情報單位等等）作第一時間且強力的佔領、控制。

儘管卡納里斯對布蘭登堡部隊有其不為外人知的動機，要不讓人看穿他，他就不能掌控一切。雖然他可以在高層安插反納粹人士，但無法在整個部隊都這麼做，更何況馮·希佩爾的工作就是負責招募志願者。

當希佩爾向既有的國防軍單位招募人員加入正在萌芽的精銳部隊之時，他對於想要招到的人員，已經有了既定的想法。外語能力是必要的，因為他們有可能會在敵後工作，但是任何有意加入的人，還必須夠積極，喜愛冒險，體格達標，可以展現臨機應變的能力，擅長射擊，自我克制，乃至對外國的風俗習慣有通透的了解。所以，最理想的招募對象，很可能是大學畢業生，且戰前是在民間企業工作。大體上這可以確保這樣的人會有相當的成熟度、經驗，以及自我照顧的能力。隨著戰爭蔓延，來自歐洲被佔領國，以及預定要佔領地區的民眾都成為招募對象。此外，隨著布蘭登堡部隊因為從事大膽又危險的任務而名氣日增，正規軍當中也有越來越多的士兵應徵成為他們眼中的精銳部隊。

布蘭登堡部隊一開始是在第二處的訓練學校（Kampfschule Quenzgut），就是在布蘭登堡正西方，位於昆斯湖畔（Quenzee）的一個莊園裡受訓。在那裡，布蘭登堡部隊學習如何實踐他們「視而不見」的信條。臥底的能力非常重要。他們被要求能夠流利使用滲透國的語言，並熟悉其文化，他們也研究敵軍的制服和軍階，學習操作外國武器跟運輸工具。

偽裝方面，布蘭登堡部隊通常有兩種選擇。所謂的「半偽裝」，基本上是把敵軍的大衣套在德軍制服上，並戴上相應的頭盔。「全偽裝」是把整套敵軍制服穿在德軍制服外。後者顯然更具有說服力，但對於布蘭登堡部隊來說，在脫掉偽裝之前就展開戰鬥，並不會是什麼罕見的情況。全偽裝也意味著他們在混戰中，有誤擊隊友的風險。同時，全偽裝還有其他潛在的不利後果。敵軍有可能聲稱當事人是間諜而予以處決。

固然潛伏很重要，能夠執行某些行動的能力也很關鍵，這些通常都跟蓄意破壞有關。布蘭登堡部隊學習如何摧毀各種不同的目標，譬如橋梁、發電廠、工廠與鐵路設施、船隻、電纜和無線電台。

實際上，布蘭登堡部隊是相當於詹姆士．龐德（James Bond）的角色，這湊巧是我差一點要扮演的人物。一九七〇年代初期，我收到一份來自威廉．莫里斯經紀公司（William Morris Agency）發出的電報，這令我頗為意外。對方通知我去倫敦試演龐德的電影角色。史恩．康納萊（Sean Connery）已經退休了，接替他的喬治．拉辛比（George Lazenby）已經領退休金走人，龐德電影的幕後主要推手，艾伯特．羅摩洛．布洛克里（Cubby Broccoli）正在物色新的〇〇七。我在電話上被告知說，布洛克里先生正在找一個「真正做過這些事情的英國紳士」。

「什麼事情？」我問道。

「急流中前進、攀爬排水管、跳傘、殺人，你知道的……」

我會不會演戲似乎不重要，而且可以免費飛到倫敦，所以就去試試運氣。我設法通過了所有的試鏡，心中已經做好準備要穿燕尾服駕駛奧斯頓馬丁（Aston Martin）汽車了，但是結果不是這樣。在十分鐘的面試之後，布洛克里先生覺得我太年輕，太沒有龐德味，長相不大像英國紳士，更比較像是農場工人，這評語當然是讓我的心情五味雜陳。然而，當世界錯過我的舞台風範的同時，我的堂兄拉爾夫（Ralph）倒是取得龐德電影裡一個常出現的角色，在二〇一二年接替茱蒂．丹契女士（Judi Dench），扮演ＭＩ６的頭子，Ｍ。

但是，跟龐德不一樣，布蘭登堡部隊是來真的。一九四〇年，做為德軍在西方作戰的一部分，他們參與了各式各樣的機密行動。在丹麥，他們身穿便服——在綠帶山脊（Green Belt Ridge）則是身穿丹麥軍服，靠滑翔機——佔領了靠近邊境的主要道路和渡河點。接下來的那個月，他們也協助在挪威的高山部隊取得荷蘭和比利時的橋梁。

當德軍在一九四一年轉向東進時，布蘭登堡部隊依然為在巴爾幹和南斯拉夫的傳統作戰行動提供重要協助，甚至在波斯、阿富汗、印度和北非那麼偏遠的地方，從事秘密任務。這個單位的第一次主要任務是在巴巴羅薩行動（Operation Barbarossa）時期——在進攻蘇聯方面佔有重要的角色——事實上，是他們拿下邁科普油田（Maykop）這件事，才真正確立布蘭登堡部隊成為希特勒軍隊中的精銳部隊——儘管卡納里斯努力要用他們來完成他自己的目標。

到一九四二年，希特勒進行戰爭的能力，已經一次又一次因為欠缺資源——特別是燃油——而受限。戰前，德國的石油供應有三個源頭：

一、從海外進口原油或石油產品；

二、德國和奧地利在地生產；以及

三、國內——主要是靠煤——生產的合成油。

在最後一整年的和平日子當中，德國所消耗的石油總數達四千四百萬桶，其中百分之六十得自國外進口。戰爭爆發不但提高了需求量，也切斷了大多數的海外供貨源頭。一九三九年九月，德國的儲備石油急墜至一千五百萬桶，而需求卻只有往上增加的份。一九四一年，最高統帥部估計德國的石油供給會在八月用罄。情況變得日益嚴重。

羅馬尼亞的普洛耶什蒂油田（Ploiesti）隨即成為德國主要的石油供給來源，幾乎提供全國石油消耗量的一半。不管怎樣，還是比德國期待的要低。然而，隨著油田本身逐漸耗盡，也看不到任何可以取得更多石油的跡象。希特勒被迫把取得石油列為軍事上的首要目標，不然就得面對失敗的必然性。因此，他現在把注意力轉向蘇聯的油田。一九四二年六月他集合南方集團軍的軍官們，說：「如果無法取得邁科普和格洛茲尼（Grozny）的石油，我就必須結束這場戰爭。」

蘇聯境內已經有了德軍部隊，因此在一九四二年六月，他們開始勾勒出「火絨草行動」（Operation Edelweiss）的雛形，準備拿下高加索的油田。他們迅速掃除在通往邁科普路上抵抗的蘇軍，最後在距離目標一百五十英里之處停了下來。似乎蘇軍很清楚希特勒的意圖，他們不但在油田周圍集結了強大的軍隊，還做好了準備，一旦德軍更進一步迫近，他們會展開破壞行動，摧毀油田。現在是布蘭登堡部隊上場發揮的時候了。第三連的亞德里安・馮・福克薩姆中尉（Adrian von Folkersam）奉命滲透到蘇聯戰線後方，並且奪取油田，或者至少阻止蘇軍破壞油田。

福克薩姆——朋友稱他「阿利克」（Arik）——出生在波羅的海的貴族家庭，他們為沙皇的俄軍效命多年。不過，福克薩姆家族在一九一七年俄國大革命之後逃離俄國，定居在拉脫維亞（Larvia）。他在里加（Riga）長大，接著到慕尼黑、柯尼斯堡（Konigsberg）和維也納研讀經濟學，之後擔任《里加中評論》（*Rigaschen Rundschau*）的記者，然後加入納粹衝鋒隊（Sturmabteilung）。福克薩姆是以魅力著稱的指揮官，同時也擁有許多必要的條件。他被編入布蘭登堡部隊的第二連，該連包括了來自波羅的海、蘇聯和非洲的德國人。黨衛軍五〇二獵兵營的沃夫岡・荷夫斯（Wolfgang Herfurth），後來描述為什麼認為福克薩姆會是理想的布蘭登堡部隊成員：

他話不多，並且有能力勝任多方面的任務。他可以清楚分辨何者重要與不重要。他對上級的命令總是有自己的看法，會仔細研究、檢視其可行性。有時候沒有經過同意，就修改了命令。他完全相信他的家族傳統跟血統，支持由精英領導的理想，也喜愛斯特凡．喬治（Stefan George）的詩詞，這些作品可以使我們更接近人性。他會運用操演以及高難度的問答比賽，來細心調教他的下級指揮官。他相當重視針對個人的訓練與強化。雖然他很有自信，卻不是一位傲慢的上級長官。

為了執行任務，福克薩姆挑選了六十二人，主要是來自波羅的海那些有德語與文化根源的非德國公民——這些人的俄語無懈可擊——加上精選一些來自蘇台德地區（Sudeten）的德國人。他決定要官兵穿全套的蘇軍制服，而不是採取通常內著德軍制服的偽裝措施。由於計畫深入敵軍陣線，攜帶任何足以辨識的德軍裝備，只會帶來不必要的危險。他們攜帶第一二四內務人民委員部（NKVD）步槍旅所屬部隊的裝備，福克薩姆則偽裝成圖爾欽少校（Truchin）。由於任務十分危險，每個士兵都帶有一粒氰化物膠囊，以便被俘虜時吞下，畢竟這比俘虜後必然要面對的折磨較能令人接受。

由於德軍推進神速，蘇軍第九軍團的相應撤退，其戰線充滿漏洞。這使得福克薩姆的人馬可以在雪白的月光下，穿過一畝畝的向日葵田野而不曾與敵軍遭遇。然而不久他們就在費爾德瑪沙爾斯基

（Feldmarshalskiy）這座小村落遇到蘇軍。這是他們的第一次重大考驗。

沿著狹窄的道路走下去，布蘭登堡部隊別無選擇，只能加入混雜了各個部隊——從各自原單位失散——正在撤退中的蘇軍。儘管這些人為蘇聯而戰，各人卻背景不同，包括來自庫班河哥薩克（Kuban Cossacks）、烏克蘭、成群的吉爾吉斯（Kyrgyz）、喬治亞、高加索、土庫曼（Turkmen），以及俄羅斯跟西伯利亞的單位。透過仔細觀察，福克薩姆的斥候發現，只有俄羅斯跟西伯利亞人急著回去戰鬥。剩下的不是寧可轉投德軍，就是想要解甲返鄉。福克薩姆感受到，在場那些人數少得可憐的蘇軍軍官正努力要維持住局面。

在黑暗中抵達村落以後，福克薩姆看到沿著敵軍的馬匹和駱駝，是卡車和燃料補給車。判斷這些對他們的任務有所幫助，加上聽過人們之間的對話後，他曉得要如何取得它們。

一副凶狠的模樣朝空中開槍之後，福克薩姆和部屬很快就向前把吃驚的蘇軍解除武裝。福克薩姆穿著內務人民委員部的制服，跳上卡車的引擎罩，開始大聲滔滔不絕地對群眾講話，指責他們不應該在面對敵人時逃亡。然後下令將所有哥薩克人跟其他人分開，並且加上他自己的一支小隊，帶著這批人走出村落，宣稱要把這些叛徒跟懦夫迅速處決。

在脫離了紅軍所能夠窺視的距離之後，福克薩姆嚴詞詢問哥薩克的領隊，詢問他們是否真的打算叛逃投向德軍，這使得俘虜中起了騷動和懷疑。當福克薩姆明白他們是真的有此打算，他的作為教他們吃驚。福克薩姆提供機會給他們前去德軍駐地的阿納帕（Anapa），而他的部隊則會向空中舉槍齊發，好讓聽到的人誤以為那些人的確被處決了。雙方達成協議，在哥薩克人離開，以及接下來的對空射擊過後，福克薩姆帶著他的手下回到村落。在那裡，他們下令要在場的俄羅斯和西伯利亞的軍官們前往蘇軍戰線，福克薩姆的手下則開始佔據現場的卡車。

這趟行程是既長、又熱、還灰塵瀰漫，南向的主要道路不久就塞滿了難民和撤退中的軍隊。抵達庫班河河畔的阿爾馬維爾（Armavir）時，布蘭登堡部隊被真正的NKVD的部隊擋住了，後者正努力要使騷動不安的蘇軍恢復秩序。帶著他特有的自信跟魅力，福克薩姆從卡車上轉身下來，把他偽造的文件交給負責的NKVD上校，並且聲稱他在為阿列克謝．扎多夫（Aleksei Zhadov）出任務，後者是史達林格勒（Stalingrad）第六十六軍團的司令。上校不願意承認說他不知道這則命令，斥責福克薩姆說他比預期的慢了一天，並且指示他前往邁科普，並且警告他要提高警覺，防範偽裝成紅軍步兵的「法西斯間諜」。福克薩姆面帶微笑地回答說，他絕對辦得到這一點。

在終於要抵達邁科普時，他們沒有遇到更多的意外事件，福克薩姆直接駛去獅穴：紅軍總部。帶著特有的自信，他向負責當地防衛的NKVD佩紹爾中將（Perscholl）自我介紹，令他驚訝的是，福克薩姆受到溫馨的接待。有關於他處決哥薩克叛軍的消息，在他到之前已經先傳過來了，儼然使他成為一個貨真價實的愛國者。

由於這個理由，布蘭登堡部隊分配到一間徵用來的別墅，以及鄰近的車庫，讓他們於停留期間使用。佩紹爾甚至邀請福克薩姆共進晚餐，在那一頓豐盛的餐點，他們還享用了大量的伏特加，福克薩姆成為當地最受歡迎的客人了，但是並沒有忘記自己的任務。

接下來幾天，福克薩姆及部屬偵察有關邁科普的防禦，福克薩姆利用他的ＮＫＶＤ職務，下令把反戰車陣地撤離主要道路，說服佩紹爾相信德國的裝甲部隊會採用「較不顯著的」軸線進攻。

到八月八日傍晚，德國裝甲部隊就在二十公里外，邁科普的蘇軍陷入混亂。現在佩紹爾已經帶他的參謀們離開了，到處見脫離指揮的散兵游勇在搶劫。福克薩姆執行任務裡最後一個階段的時機已然成熟。

他把部下分成三隊。第一隊人數最多，由隆朵夫斯基上士（Landowski）負責指揮，任務是南下前往涅夫使特戈爾斯克（Neftegorsk），防止任何準備摧毀油田設施的行動。他們必須把真正負責摧毀設施的部隊消滅掉，取而代之，偽裝成負責該任務的蘇軍。第二隊人數較少，由弗朗茨・考德萊（Franz Koudele）帶領，負責切斷邁科普守軍跟外界之間的電話與電報聯絡，以確保該地無法取得增援。福克薩姆領導第三隊，負責去找從比利斯（Tbilisi）和巴庫（Baku）抵達的兩支作為增援的蘇軍近衛旅，試圖說服他們撤離當地。

當德軍開始砲擊邁科普，第二隊引爆一個小型砲兵通訊中心的炸藥。爆破結果卻被蘇軍誤以為是德軍運氣好而擊中的。此時，福克薩姆努力說服防守的砲兵，德軍的威脅是來自南邊，福克薩姆要他們放棄防禦陣地，而他「英勇的」ＮＫＶＤ的人馬，會掩護砲兵的撤退。他接著去找其中一個前來增援的旅長，努力使這位蘇軍將領相信說，前線現在是在南方。對方先是懷疑，然後轉成敵意，但是接下來砲兵南撤的消息傳來，這對福克薩姆有利，於是有第一個旅奉命撤退，它的行動也使鄰近的部隊開始離開據點，朝南方而去。

這個時候，考德萊正裝腔作勢設法進入了中央通訊中心，硬要負責軍官清空該棟建築，並且撤離到阿普斯契取斯（Apschetousk）的新防禦陣地。一當這些蘇軍的接線生離開，考德萊的人馬就接手電話跟無線電，轉傳邁科普被切斷聯絡、受到包圍的假情報，改要蘇軍前往陶普斯（Tuapse）。到中午之時，當德軍裝甲部隊抵達邁科普北郊時，布蘭登堡部隊撤離這房子，並且用手榴彈把蘇聯的設備搗毀。

在東南方，隆朵夫斯基衝到各個設施，下令駐紮當地的蘇軍撤退，由他和他的人馬接手爆破事宜，並擔任「後衛」。一位守軍軍官不相信，試著打電話給陸軍總部進一步徵詢。布蘭登堡部隊的運氣好，考德萊小組已經接掌通訊設施，這位蘇軍軍官無法接通總部。

到八月九日，布蘭登堡部隊已經達成其所有目標，取得驚人的成功。油田安然無損，蘇軍已經離開，德軍第十三裝甲師可以一路暢行衝進邁科普，取得他們所要的東西。福克薩姆的人馬依然穿著蘇軍的制服，小心翼翼地走向接近中的德軍部隊，並表示要「投降」。幸運的是，前鋒部隊已經被充份告知有關他們的行動，所以沒有發生意外。現在福克薩姆的任務結束了，由於他的付出，在一九四二年九月十四日獲頒騎士鐵十字勳章。

雖然布蘭登堡部隊在邁科普的表現使希特勒得以繼續這場戰爭，卡納里斯依然決心要阻止他。一九四三年，他直接跟英美聯絡，試圖使他們相信在德國境內存在有值得重視的反希特勒力量。關於結束戰爭，他的建議包括了除掉希特勒，或把他交給聯軍。他的所有建議都遭到拒絕。他決定自己來辦這件事，終於在一九四三年和一九四四年試圖刺殺希特勒。之後，希特勒發現卡納里斯涉入以他本人為目標的陰謀行動。

卡納里斯被逮捕，送到弗洛森比爾格集中營（Flossenburg），在那裡他被迫捱餓，固定遭到毆打、嘲弄、折磨和羞辱。不過，他從未洩漏任何足以危害同志的情報。一九四五年四月九日，在兩位黨衛軍軍官負責的違法審判之後，卡納里斯和幾個同僚被剝光衣服送上絞刑台。就在黨衛軍衛兵的嘲笑與羞辱聲中，他們被吊死，屍體被留下來任其腐爛。兩週之後，美軍解放了這座集中營。

在宣布勝利之前，聯軍正準備要對諾曼第海岸發動史上最大的兩棲入侵行動。如要成功，必須佔據德軍陣線後方的岸防砲，才不至於發生大屠殺之事。邱吉爾再次找上他的特種部隊……

第二十二章　傘兵部隊（一九四四年）

到一九四三年，隨著美國加入對德國的戰爭，開始有了如何從納粹手中奪回歐洲的各種想法。許多人主張在法國海岸發動兩棲登陸，把納粹從那裡趕走。不過，這件事還有待商榷。一九四二年八月，一場對法國沿岸城鎮第厄普（Dieppe）的突襲行動，已經清楚顯示攻擊敵軍佔領的港口時所可能涉及的多個問題。德軍的海岸防衛把入侵部隊困在岸邊的同時，敵機槍射擊使得位於開闊、缺乏掩蔽的官兵大量死傷。考慮到這一點，如果以後要進行海灘登陸，必須先去除防禦的德軍。但是要怎樣辦到這件事？幸運的是，德軍提供了靈感讓人想到要如何執行這有史以來最重大的突襲之一。

一九三五年，蘇聯紅軍邀請外國武官參訪基輔軍區（Kiev）一千兩百名傘兵從一群圖波列夫飛機（Tupolev）跳傘的操演。訪客們看到大批傘兵跳離四引擎的巨大轟炸機，降落在周遭的原野上。觀看的英國賓客認為操演不過是新奇有趣而已，德國人卻深深為此著迷。他們立即想通運用速度和出人意料的元素來擊敗敵人的可能，也就是以最料想不到的方式和地點，對其展開攻擊。

到一九三九年大戰爆發時，德軍擁有一個完整、包含九千名空降獵兵（Fallschirmjäger）的傘兵師，和另一個運用滑翔機或運輸機來空降的師級部隊。一九四〇年，他們將投入第一次重大任務，一小隊一小隊的傘兵落地拿下在挪威和丹麥的戰略目標。雖然成果有好有壞，不過不久之後，他們在低地國家才真正展現了實力。

比利時重兵防守的艾本艾美要塞（Eben-Emael），佔據荷比邊界的重要戰略位置。從那裡一二〇公厘和七五公厘的火砲控制了亞伯特運河（Albert）上的三座橋。這些橋梁對於德國入侵能否成功極為重要，可是這裡卻是公認很難攻克的要塞。一九四〇年五月十日夜晚，七十八名空降獵兵完成了許多人認為辦不到的事情。

靠著滑翔機靜悄悄降落在平坦的草地頂上，小部隊運用錐形炸藥癱瘓了火砲，且威力一路轟進碉堡裡面去。在衛戍部隊有所反應之前，他們已經被困住了。經歷三十小時的戰鬥之後，要塞的六百名守軍投降，有一百人傷亡。在人數較少的德軍這邊，有六人陣亡，十九人受傷。這段期間，其他傘降部隊已經完整拿下三座橋中的兩座。

在他們北方，德軍用其餘的空降部隊奪下馬士河（Maas）上的戰略性橋梁，此事導致鹿特丹的迅速投降以及荷蘭的戰敗。這項出色的表現使得希特勒深信傘兵的功效，也激起英國新首相的想像力。

一九四〇年六月二十二日，邱吉爾寫了份備忘錄給參謀本部，指示他們成立一個編制至少有五千人戰力的傘兵單位。這是個不可能的任務。德國花了四年的嘗試與錯誤改正，才使其傘兵團達到這麼高的水準。英國現在卻試著要用幾個月的時間達到類似的水準。可想而知，在陸軍部和空軍部都會有人對這個想法存疑。

軍方資深將領的保守想法認為，該把一切力量用來訓練陸軍，以應付德軍入侵的立即威脅，同時也強化空軍的力量，以防衛國家的領空。他們還認為德軍空降行動在歐洲成功了，但不會再發生的。但是首相發出了指令，而且必須要執行。

因此，陸軍部發出公告給各單位徵求人員。為了獲得足夠數量的志願者，負責招募的各單位也去拜訪全英國的各個部隊。許多人實際上是真的搶著要這些機會。跟本土防衛的工作相比，傘兵團似乎要刺激得多，也更有機會在戰事上對英國做出更具體的貢獻。額外的薪餉——每人每天兩先令，軍官則是四先令——也是進一步的誘因。

所有有意加入的人，一開始都要在德比郡接近切斯特菲爾德（Derbyshire, Chesterfield）的哈德威廳（Hardwick Hall），空降部隊的訓練站經過篩選。每個人都需要接受嚴格的健康檢查，凡是曾經斷過腿骨、有假牙，或需要戴眼鏡的都不合格。為了發現會不會暈機，還有一項測試，要把人員放上一個從屋頂懸掛下來的擔架上，然後劇烈晃動二十分鐘。這些招募的方法還頗為粗糙，但是在這個萌芽的年代，許多事情就是靠嘗試與修正錯誤而來。

對那些通過初期測試的人，軍中的體能訓練教練會負責他們為期兩週的艱苦鑑測。這包括高強度的體能測驗、攻擊課程，以全副武裝反覆在周遭地區的道路和野外行軍。這項辛苦的鑑測最後是以七項不同的高難度測驗，包括以完整的戰鬥隊形在十六分鐘內跑兩英里作結。只有那些被認為有足夠耐力、自我紀律，以及身心具有良好調適能力的人才能通過篩選，許多人——正常情況下是大多數的人——都是

「回到原單位」。

但只是通過哈德威廳，不必然等於這個應徵者已經是傘兵。真正嚴峻的考驗還沒開始。

那些通過這第一階段的人們，接下來必須接受兩星期的跳傘訓練，地點在附近的中央傘訓學校（Central Landing School），接近曼徹斯特的舊林威民用機場（Ringway）。由於傘兵部隊的想法新穎，陸軍和皇家空軍的教練必須自行摸索跳傘的基本功。此外，還必須研究出適當的傘具、裝備，以及從飛機跳下的技巧。如軍事史家朱利安．湯普生（Julian Thompson）所寫：「儘管完全缺乏有關跳傘技術的實際知識，沒有教科書、相關裝備——有些情況是連進行基本訓練的能力都沒有——皇家空軍和陸軍的教練們上下都充滿熱誠和莫大的勇氣。」

在很短時間內拼湊出「課程」，傘訓階段是從一週的「綜合」地面訓練開始。受訓者學習如何離開不同類型的飛機，然後學習如何在空降與著陸時，在空中操控降落傘。機棚裡建造了各種飛機機身的實體模型，供人員練習、模擬跳傘。還有其他設施可供訓練傘降程序，和正確的降落方法。這些設備包括有懸吊用的高空鞦韆，以及供他們從某個高度俯衝而下，進行降落與翻滾的木造斜道，這些都是避免空降受傷的重要技能。

在第一週結束時，士兵要進行兩次從一個繫停、有七百英尺高的固定阻塞氣球墜下。這讓他們首次體驗跳傘落地的可怕經驗。這並不是個受歡迎的課目，從上升去到空中被風拉扯的氣球時，很多人因為太過緊張，促發了嚴重的噁心或暈眩。從氣球下方籃子中央的孔洞，人們先是下墜一百二十英尺，然後一條固定的繩子會使降落傘啪地張開。這聽起來會比從真正的飛機上跳落更為嚇人。

在林威機場受訓的第二週，受訓者開始進行一系列從飛機使用降落傘跳落的練習。那些改裝過的轟炸機，從底部切割出孔洞。傷亡是常見的事情。舉例來說，一九四〇年七月二十五日，埃文斯二等兵（Evans）因為傘繩纏住傘衣而落地摔死。

在準備要成為空勤團成員時，我有過一次相當類似的經驗。從加入位於倫敦附近波城（Pau）的傘訓學校起，我就因為本身的懼高症而感到憂心。當一位同學跟我說明為什麼學校位在接近盧爾德（Lourdes）這座神聖的都市時，我並沒有因此就比較不煩惱。「你看，波城這裡那些跛腳的人，」他試著說明他們可以藉由路上的聖水而痊癒。過沒多久，我就從一架諾拉特拉斯運輸機（Nord Noratlas）展開我人生的第一次跳傘。閉上眼睛，在我還來不及害怕之前就跳了出去。不過幾秒鐘後，在降落傘機乎成功打開之際，我抬頭看到一個纏結在我頸部附近集成一束。我瞬間感到驚惶。地面迅速迫近的速度快得令我感到不安。

事實上，我所經歷的只是一個尋常不過的問題，一般稱之為「絞纏」，通常是因為離開飛機時姿勢不當所造成的。一般的彈力過程會緩緩解開絞纏，但是我降落時轉得像個陀螺，著地受到重擊。我只有一些瘀腫跟擦傷，算是很幸運的了。幾年之後，在遠征挪威的法貝托伯瑞冰河時，我會再次從一架飛機跳下。又一次出了些狀況。從那架西斯納飛機（Cessna）跳出時，我撞到機身，身體開始旋轉。一台相機從我的厚夾克鬆開掉下，落在開傘索架上，使我沒法子打開傘衣。我驚惶中拚命去抓那個照相機，冰冷的風刮著我的臉，朝著下方堅硬的冰塊下墜中。幾秒鐘後，照相機鬆開落下，能夠把傘打開了，當看著橘色的降落傘正在我上方啪啪作響時鬆了口氣。

不過，在林威機場有很多人就沒有我這麼幸運了。到一九四〇年結束時，至少有三人在首批的兩千人當中跳傘喪命。由於這種訓練的可怕，在一九四〇到一九四一年間，有超過一半以上的人沒能通過這兩週的課程。至於那些通過的人，得到了他們渴望的降落傘徽及醒目的褐紫紅色貝雷帽。順便一提，這恰巧是小說家莫里葉（Daphne du Maurier）最喜歡的顏色，她是空降部隊指揮官布朗寧旅長（Frederick Browning）的妻子。

當取得資格的新傘兵加入各營時，他們接著就需要學習空降輕步兵所該擁有的技能。光是能夠從飛機跳下來是不夠的。這類從天而降的戰士通常會需要對抗擁有優勢兵力、裝備重武器、大砲，和戰車的敵軍——這些東西傘兵都不會有。

培養出正確的態度，是當中最重要的任務。這包括培養勇氣、主動性、自律、獨立，以及每個部隊都要有的團隊精神。維持高標準的個人軍事技能特別受到重視——射擊、熟悉武器操作，以及野外求生。高水準的體格也是必要的。招募進來的人花費許多時間進行無止境的——全副武裝——行軍，和反覆的攻擊操練。具備快速長距離越野的能力，已經成為傘兵團一件特別教人驕傲的事情。

還會針對可能的任務型態進行操演。這些通常包括空降到某個目標，然後是高強度的戰術訓練——經常是使用真槍實彈——要熟記任務內容，譬如佔領道路、鐵路橋梁，和海岸要塞——以建立橋頭堡。操演結束後，通常是以急行軍的方式返回基地。

一九四一年五月三十一日，第一批招募進來的傘兵已經完訓，參謀本部的跨單位計畫，大致規劃籌組兩個傘兵旅、一個機降旅，並同時開始建立載運部隊的滑翔機。十二月，陸軍部公布以陸軍航空隊為基幹，這當中包括新成立由皇家空軍訓練的陸軍飛行員所組成的滑翔機駕駛員團（Glider Pilot Regiment），負責駕駛已經開始生產的霍莎式滑翔機（Horsa）。這些飛機搭載正、副駕駛，加上二十八名全副武裝的士兵，或兩輛吉普，或一門七五公厘榴彈砲，或一輛四分之一噸卡車。大多數看到這滑翔機的人，都稱它「大烏鴉」。第一批的四十名成員將在下個月，於牛津附近位於哈德納姆（Haddenham）的皇家空軍初級飛行學校開始訓練。兩年之內，完訓的滑翔機駕駛將編滿新的滑翔機團，人數會超過兩千五百人以上。

雖然起初陸軍部有許多人嘲笑邱吉爾成立傘兵的計畫，英國的空降部隊不久就會扮演重要的角色，幫助贏得戰爭。一九四三年三月，摩根中將（Frederick Morgan）奉派擔任盟軍最高統帥司令部參謀長（COSSAC），負責策劃跨越英倫海峽的入侵和解放歐洲的行動——他必須參考一九四二年突襲第厄普行動失敗所造成的一切問題。在研究可能的攻擊地點時，有件事很快就變得很清楚：諾曼第地區會是最適合兩棲部隊登陸的地點。

之後指定了五處諾曼第海灘作為登陸地點，代號分別為「猶他」（Utah）、「奧瑪哈」（Omaha）、「黃金」（Gold）、「天后」（Juno），和「寶劍」（Sword）。最後選定英軍的目標為寶劍灘頭，該地從西邊的濱海聖奧班（Aubin-sur-Mer）延伸到東邊的奧恩河（River Orne）河口。奧恩河往內陸八英里是卡恩市（Caen），從該市有道路網連接到諾曼第各處。拿下卡恩市具有重大的戰略價值。

不過，這項推進顯然會有兩個主要障礙。德軍在梅維爾（Merville）的砲台可以對海上運輸的登陸部隊造成大量傷亡，甚至會在船隻登陸之前就結束這場登陸行動。取得奧恩河和卡恩運河上方的橋梁非常關鍵。它們不但提供了前往卡恩最直接的路線，也使隆美爾的裝甲師可以過河，朝寶劍海灘上英國入侵部隊的左翼駛去。如果隆美爾的戰車辦到這一點，他們很可能把整個入侵部隊一個師接一個師地消滅掉。

所以，在任何入侵行動展開以前，就有必要摧毀那些大砲，並且把橋梁完整拿下。突然之間，所有的目光都轉向了傘兵部隊。

以上沒有哪一項任務是容易辦到的。這些橋梁和砲台都有部隊駐防，情報顯示橋梁都安裝有炸藥。只要有奪橋意圖，駐守的德軍就會奉命把橋梁炸毀。如果聯軍想要發動歐洲入侵行動的話，這兩個目標都必須要完成。

由約翰·霍華德（John Howard）指揮的機降傘兵D連，被選派去奪取橋梁。命令上說：

> 你們的任務是要完整拿下奧恩河、貝努維爾（Benouville）和蘭維爾（Ranville）運河上的橋梁，守住它們直到援軍前來……奪取這些橋梁將是一次重要的行動，要成功大部分靠的是出其不意、速度和衝勁。

這個行動代號為「枯木行動」（Operation Deadstick），是由第六空降師師長格爾少將（Richard

Gale）所規劃。在攻擊開始前幾小時，霍莎式滑翔機會飛進法國，並且同時在各橋梁旁放下二十八名戰鬥人員。要達成任務，滑翔機必須像摸黑在夜間抵達，不能發出聲音或光線，必須要沒人聽到，沒人見到。

隨著枯木行動的籌備工作在進行，格爾現在把他的注意力轉到梅維爾砲台。他找來第九傘兵營進行代號「湯加行動」（Operation Tonga）。

摧毀這些大砲是件艱難的任務。保護它們的是兩公尺厚的水泥牆和上頂，另外有兩公尺厚的泥土堆在側面及建築的上方。這些大砲及其操作人員有沉重的鋼鐵門在保護，砲門也有鋼鐵簾幕，免於外界的攻擊。砲台還裝有空氣過濾系統，防止毒氣攻擊。簡單來說，除非聯軍最巨大的炸彈直接轟炸，這個掩體足以抗拒一切的攻擊。這個行動需要大量的情報和密集的訓練，才會有一點點成功的機會。

枯木行動和湯加行動被輔以詳盡的航照圖，以及法國反抗軍蒐集的情報。這使得英方可以建造橋梁與大砲的模型，以協助規劃。亨利．斯威尼中尉（Henry Sweeney）提到這個情報寶庫：「我認為我們知道所有灌木叢的高度，所有壕溝的深度，以及有沒有水在當中。」

情報顯示那兩座橋的防禦陣地有大約五十人，配有四到六挺輕機槍，一或兩門戰防砲，還有一挺重型機槍。雖然認為兩座橋梁已經做好爆破的準備，反抗軍的情報卻精確標示出碉堡的位置——引信就在那裡。如果英軍能夠比德軍先佔領碉堡，那麼他們就可以保住這些橋梁。但是要辦到這一點，他們必須迅速且隱密的行動。

不過，照片卻顯示出另一個問題。在接近橋梁之處，發現有許多小孔橫貫滑翔機的降落地點，準備豎立防滑翔機樁。這些樁有八到十英尺高，輔以引爆線，頂端還有炸藥。如果這些木樁在攻擊日之前就豎妥，代表枯木行動會遭遇重大的危險。光是要使滑翔機在黑暗中降落到確切的地點就已經是夠危險的了。

湯加行動也有問題要處理。梅維爾砲台不但估計有約一百六十到一百八十人的駐軍防守，還有深入地下的機槍陣地，周遭還有大面積的雷區和幾公尺厚、曲捲的有刺鐵絲網環繞。另外，周遭地區已經從多條水道引水氾濫。如果傘兵運氣不好落在其中，會因為身上裝備的重量而淹死——每個傘兵的重量估計有兩百五十磅左右。

儘管有這些值得關注的障礙，準備工作依然在進行，各項命令也寫好了。D連的任務是要在著陸後幾分鐘內完整奪下橋梁。同時，第九營必須在〇五二五時，第一道曙光出現之前，摧毀梅維爾砲台。在辦成之時，他們必須發信號「鐵鎚」給林仙號輕巡洋艦（HMS *Arethusa*）。如果失敗了，就發出「修」的信號。如果林仙號接到這個信號，又或者到〇五二五時還沒有收到傘兵的消息，巡洋艦就必須依照命令對砲台開火，拚命盡最後的努力，在部隊登陸寶劍海灘之前，直接命中對方。要是通訊中斷，也有備用的信號：黃色的煙霧代表成功，如果其他的一切都失敗了，手上還有信鴿可以傳送消息。

D連、第九營，和他們各自的增援部隊不久就以最高規格的隱密方式，為這場戰爭中最重要的一場行動進行演練。失敗不是他們的選項。不但有成千上萬個英軍的性命要仰賴他們，歐洲的命運也繫在他們身上。他們反覆在各種狀況下訓練，學習操作每一種可能取得的武器——包括德軍的——也在類似目標的地方一再複習各自的行動。

枯木行動的成員之一，比爾・格雷（Bill Gray），回憶道：

我們完全知道必須要做什麼。我們進行訓練和操演，次數多到滾瓜爛熟，就像熟悉我們的手背那樣。任何人都可以接替彼此的位置。每一位官兵都很清楚他那天晚上應該要做什麼……我認為就連各種可能發生的意外情形，我們都儘量以可能的方式演練過。

準備數個月之後，一九四四年六月五日終於下達了枯木行動和湯加行動的啟動命令。執行枯木行動的D連是最先展開的部隊。

到了傍晚，D連集合在霍華德少校面前，聽取出發前的勉勵演說，然後沃利・帕爾二等兵（Wally Parr）在所要搭乘的滑翔機側寫上妻子的名字，「艾琳女士」（Lady Irene）。當他們登上滑翔機時，大伙的外表著實令人畏懼。他們臉部漆黑，有的人還把頭髮刮得一乾二淨。他們盡量攜帶武器，每個人都攜有步槍、斯登衝鋒槍（Sten gun）或布倫輕機槍（Bren gun）、六到九枚手榴彈，還有四個布倫輕機槍彈匣，有些人則是帶了迫擊砲。

二二五六時，D連搭乘「艾琳女士」出發，其他的滑翔機以每一分鐘為間隔，由哈利法克斯轟炸機（Halifax）拖行跟隨在後。在「黑烏鴉」的後艙，每個人都緊繃著神經緊靠在一起。有些人因為暈機或恐懼而嘔吐，有些人則是悄悄在禱告。還有些人唱歌激勵自己和同伴。然而，不管是用何種方式自處，大家都知道這是高危險的任務，而且他們當中有許多人很快就會喪命。

當每一次探險感到怕死之時，就會想起我不是唯一對未來會死亡這件事感到恐懼的人。我會想像祖父曾經被困在加拿大北部，並走遍全世界為祖國而戰。我想到家父跟叔叔，他們都在兩次世界大戰中陣亡。我想到我的妻子、母親和姊妹，知道她們都在背後支持我。毫無疑問，這些人當中有許多人會跟我有類似的想法，想到他們的親人，而且會看看手上親人的照片。

就在午夜過後，諾曼第沿岸拍打的波浪進入眼簾。由於已經到達預定位置，「艾琳女士」脫離了轟炸機。不過，當滑翔機悄悄地滑入法國時，天上的雲層遮住了月光，導致無法目視目標橋梁和滑翔機降落區。駕駛員吉姆．沃爾沃克（Jim Wallwork）只能夠靠手錶跟指南針導航。即便是在情況最好的時候，靠這些東西來導引也是頗為困難，更何況他還不確定反滑翔機樁是否已經被豎立起來了。此外，沃爾沃克也被交付另一件極為困難的任務，要在降落的同時，剷除掉圍繞的帶刺鐵絲網，好使部隊可以更容易、更迅速抵達橋梁。畢竟要他們完整奪下橋梁，每一秒都顯得重要。

〇〇一四時，沃爾沃克突然辨識出前方貝努維爾橋的灰色輪廓。當他降下滑翔機時，它以時速九十英里迅速掠過樹林，著地時因為撞擊而彈跳，然後犁過鐵絲網圍欄，機鼻也因而毀壞。沃爾沃克和副駕駛從駕駛艙被拋出，機上的部隊則全都撞昏了。每一秒都很重要，他們得在被發現之前，趕快醒過來。

士兵緩緩醒轉，儘管有這趟顛簸，他們卻是降落在指定的降落區，除掉了鐵絲圍欄，也沒被敵軍發現。第二架滑翔機不久就降落在很近的地方，現在是展開行動的時候了。

穿著迷彩戰鬥服的他們，匆忙走出滑翔機，衝向運河橋梁，槍枝緊貼著腰間。發現他們之後，橋上人數不多的德軍迅速撤退，對著碉堡裡的同袍尖叫。這時候可是一秒鐘都不可浪費。

碉堡裡的德軍匆忙回應，英軍帶著全身的裝備衝去，然後把手榴彈拋進。接下來是爆炸聲，以及巨大的灰塵瀰漫。橋梁依然完好，但是碉堡已經被摧毀了。

D連謹慎從事，搜尋整座橋，切斷所有的引信和電線，最後發現炸藥實際上都尚未被安裝到橋上。德軍沒料到會有空降攻擊，認為如果聯軍經由海面來襲，在登陸之前，他們會有足夠的時間把炸藥裝到橋上。事實證明這是個要命的錯誤。

不久他們發出呼叫：「火腿和果醬！火腿和果醬！」這訊號是用來通知初步任務已經成功。〇〇四〇時，英軍已經擊潰了德軍第七三六步兵團的一個排，六百公尺處，位於奧恩河上的橋梁和第二座建築也已經拿下。

現在只要在突擊隊早上前來接替之前——如果他們能夠成功登陸寶劍海灘——擋住德軍的反擊，守住這兩座橋。關於這方面，現在是第九營要努力的事情了，他們必須確保能夠先拿下梅維爾砲台。

天空出現三十二架達科塔運輸機（Dakota）[1]，每一架載運二十名第九營的傘兵。每個人的野戰服左

1 編註：即 C-47 運輸機。

胸位置繪有交叉的骨頭符號，以避免被自己人誤擊。在他們下方的海峽，從索倫特（Solent）到懷特島（Isle of Wight）的遠岸之間，海面上擠滿了準備好要在D日入侵的船艦。這是戰爭史上所出現過最龐大的海軍部隊，也提醒他們這項任務的重要性。

在達科塔運輸機於第九營的目標區展開空投之前，一百架皇家空軍的哈利法克斯和蘭開斯特轟炸機（Lancaster）在〇〇三〇時朝砲台拋下了四千磅炸彈。在海岸這邊，達科塔運輸機隊可以看到橘色的爆炸光照亮了陸地。很快就傳來口令，「準備！起立！扣好！檢查裝備！」傘兵立刻回應，把開傘鉤扣上有整個機艙頂長的纜索。所有人一邊焦急等待代表跳出去的紅燈轉綠，一邊做最後一刻的裝備檢查。

突然間，德軍防空砲射出的曳光彈的紅色光芒點亮了天空。為了閃避射來的砲火，達科塔運輸機原本緊實的雁形編隊散開，傘兵們則像是布娃娃般在機艙內被拋來拋去。

由於黑暗加上受到攻擊，有些飛行員迷失了方向，也看不到指定的空降區。就像滑翔機駕駛那樣，他們唯一能做的，就是運用時間、速度與距離估算，找出他們的位置，並且希望越接近空降區越好。當估計已經來到空降區時，飛行員撥動開關，把機艙燈轉綠，空投員則是大叫「跳！跳！跳！」一個接著一個，傘兵跳入夜空，拉動他們的繩子，等待雙肩傳來令人心安的拉扯感，等待聽到上方的傘衣張開並且延展成能夠完全發揮功能的傘篷時所發出的傘布砰然聲。不過，德軍現在已經看到他們接近，飄向地面的瞬間是最容易被攻擊的時刻。

德軍開火射擊，許多人在觸及地面之前就已經喪命。那些僥倖在半空中沒被射中的人，很快就發現他們的達科塔運輸機駕駛嚴重錯估了空降區的位置。有些人落在林中，傘被樹枝刺穿，人掛在樹上，有些人則是撞上了建築物。他們離開飛機時的速度，加上陣陣的強風，使得有些人以太快的速度撞擊地面而折斷腿。最不幸的是沉入沼澤或河流，然後因為裝備的重量而溺斃。那些著陸後肢體依然完好的人，發現降落在距離目標遠得要命的位置，整個營四散在二十英里的範圍。就行動來說，這個開局算是個災難，第九營完全陷入混亂。

儘管開局災難重重，如果打算準時到達集結地點並拿下砲台，他們就必須冷靜思考。黑暗之中，一小隊一小隊的傘兵在鄉間跌跌撞撞前進，過程中還要努力避開巡邏的德軍。每個人都牢記指揮官的命令：「除非遭到敵軍近距離攻擊，任何人不得還擊。」前往集結點比什麼都重要，個人的戰鬥要儘量避免。隨著時間逼近〇五二五時的最後時間，他們必須把握住每一秒。

到〇一三〇時，有些第九營的官兵開始聚集在集結地點，但是這個景象看來頗為可憐。有些人身受重傷，顯然沒有半架運送吉普車、工兵裝備、醫療設備或戰防砲的滑翔機降落在附近。從被達科塔運輸機拋落四散各地的裝備儲藏器中，只找回一挺維克斯（Vickers）中型機槍，找不到半門迫擊砲。除了其他遺失的重要裝備之外，沒有看到海軍火砲協調組人員和他們攜帶的無線電設備，這意味著該營將無法發信號給林仙號輕巡洋艦，以向對方確定攻擊砲台的行動是成功或失敗。

在這種情況下，要去拿下砲台似乎是瘋狂的行為。但是這些人別無選擇。有成千上萬英軍的性命，取決於他們能否達成任務。

指揮官泰倫斯．奧特維中校（Terence Otway）盡可能等待更多的人手前來，直到他最後別無選擇，必須出發。現在是〇兩四五時，在總共跳出飛機的六百四十人當中，在場的只有一百五十人。依照計畫會有滑翔機搭載更多的部隊降落到砲台那裡，預計可以增加兵力，但是第九營並不知道有其中一架滑翔機已經在英格蘭迫降。

穿過灌木籬，該營僅存的官兵朝砲台前進。抵達外圍時，一小隊人員剪斷鐵絲網，在雷區中匍匐前進，好清出一條路來。由於沒有地雷偵測器，只能用雙手找出人員殺傷地雷和引爆線，因此進展緩慢。當他們找到一條引爆線時，他們會把它切斷，然後繼續小心前進。絕對不能引爆任何一枚地雷。這不但對相關人員是致命的傷害，也會使衛戍的德軍警覺攻擊行動正在發生之中。

爬過雷區之後，看到一些德軍在砲台外抽菸聊天，顯然不知道英軍傘兵正朝他們而來。對傘兵來說，德軍在砲台外是個好現象——砲台還沒有戒備。

但是突然間德軍的談話變得激動了起來。似乎有一架英軍滑翔機在附近墜毀，所有的乘員都被燒死了。德軍在機上發現了炸藥、噴火器和風鑽。現在發現自己遭受攻擊了，然而有更多亟需的英軍增援部隊也同時損失掉了。就這些傘兵而言，對成功不利的因素正在迅速增加當中。

現在接近〇四三〇時。剩下的滑翔機還沒有蹤影，而天色開始有點微亮了。由於沒有時間可以浪費，爆破組把他們的爆破筒放進內圍多重的鐵絲網當中，但是被現在已經提高警覺的衛戍部隊看到了。在敵軍的機槍射擊下，傘兵們奔跑尋找掩蔽。他們藏在樹林中或壕溝裡，突然看到一架載有重要增援部隊的滑翔機出現在上方。但是正當它俯衝降低高度要降落時，一枚防空砲的曳光彈閃過天際，直接命中，迫使它摔在梅維爾村。不久另一架滑翔機也遭到攻擊，機上的部隊坐在座位上遭受槍擊而起火燃燒。

不過，到了〇四一五時，空氣突然因為兩次巨大的爆炸聲而撕裂。爆破筒炸開了，炸藥清出了一條路，空中瀰漫著煙塵。在猛烈的射擊下，第九營的剩餘人員迅速湧向砲台，卻在越過雷區時引爆炸藥而身首異處。

當人們因為槍擊與地雷而倒下時，有些人還是能夠安全抵達砲台。他們意外發現砲台後方的鋼鐵門是半開啟的。他們把米爾斯手榴彈（Mills）和六十六枚白磷彈從縫隙塞入，突如其來的爆炸，以及接下來產生的氣體，導致幾乎喘不過氣來的德軍從鋼鐵門內衝出。現在傘兵可以進入砲台了。

可是他們需要用來徹底破壞這些大砲的裝備沒有到來。他們只能把塑膠炸藥塞入火砲內，並且拆除主要零件，希望藉此破壞得無法修復。大量的德軍增援部隊正前來要奪回砲台。同時，林仙號輕巡洋艦的人員尚未收到代表已經奪下砲台的「鐵鎚」信號。沒有其他選擇，林仙號開始轉動它的艦砲，對準砲台，而第九營的人員依然在這個範圍內。

時間緊迫。第九營必須儘快撤離砲台，同時通知林仙號任務已然成功。手邊沒有無線電對軍艦聯繫，他們點燃黃色照明彈，希望聯軍的偵察機會看到。他們也放出一隻信鴿——一直在一位信號官野戰服的硬紙板容器當中——讓牠帶著砲台已經被奪下的訊息飛走。

在做完所能做的一切之後，倖存者嘗試幫助負傷的同袍在被炸碎之前逃到安全的地方。在做這件事的同時，德軍的增援部隊到達了，阻擋了他們逃離即將會被己方軍艦炸上天的地方。他們與德軍發生肉搏戰，儘量躲到樹後或壕溝裡，想盡辦法遠離砲台。

不久他們就聽到從寶劍海灘傳來的砲聲。史上最為龐大的艦隊——差不多六千艘船艦——現在就在諾曼第岸外。戰艦的巨砲轟擊灘頭，登陸艇朝前向海岸線挺進，載著那一天會渡過海峽的十二萬七千軍人當中的第一批戰士。頭頂上方差不多五千架各式飛機——史上最為龐大的空軍部隊集結——提供掩護。這些人看向梅維爾砲台，它安靜無聲。儘管他們損失慘重——攻擊發起時有一百五十人，而現在只有七十五人——當明白已經克服不可思議的逆境達成任務之後，第九營官兵還是感到了一些些安慰。看來他們的訊息還是傳到了林仙號，艦砲並沒有朝他們開火。

當第九營達成這項不可能的任務之時，D連則是整晚面對持續的攻擊，設法要守住那兩座橋。不過他們已經使用ＰＩＡＴ火箭摧毀了第一輛朝他們駛來的戰車，該戰車卡在T字路口，阻斷了貝努維爾和港鎮（Le Port），以及卡恩和沿岸地區之間的交通。這個結果卻也傳達了一個訊息給德軍的指揮官們，在場的英軍兵力強大。這當然不是事實，但不管怎樣，這讓D連獲得寶貴的額外時間。

雖然他們持續受到德軍戰鬥轟炸機、蛙兵以及其他士兵的攻擊，D連把他們一一擊退，直到最後過了下午一點之後，突擊隊前來接替了他們。對D連的人來說，這就跟騎兵隊來解圍沒有兩樣。「每個人都扔下了步槍，」桑頓上士（Thornton）回憶道，「彼此又吻又抱，我看到人們的眼淚從面頰流下。說老實話，大概我也一樣。喔！老天，這是我永遠不會忘記的歡慶景象。」

前往卡恩的道路已經對聯軍開放，而德軍又無法把他們的戰車駛到灘頭。

在這些不可思議的任務之後，倖存的傘兵原先以為會被送回英國。但是大部分都留在法國，在接下來的數週或數月，他們像普通步兵般戰鬥，幫助英軍在八月時終於拿下卡恩，最後則是摧毀德國軍隊，引領第二次世界大戰的結束。要是沒有這些傘兵驚人的作為，D日是否能順利成功還是個問號。

這場戰爭很快就接近尾聲了，但是英國在後來還是會需要用到特種部隊。隨著時間過去，中東的行動會使其醞釀建立史上最精銳的特種部隊之一。當倫敦遭遇恐怖攻擊時，這部隊會待命行動……

第二十三章　空降特勤團（一九八〇年）

早上十一點二十五分，緊繞頭巾的六名伊朗革命分子登上位於倫敦王子門（Princes Gate）十六號的伊朗大使館的樓梯。他們的首腦，歐安．阿里．穆罕穆德（Oan Ali Mohammed）衝向警員崔佛．洛克（Trevor Lock）大喊：「不准動！不准動！」並且對空發射出震耳欲聾的機槍聲。

過沒多久，閃亮的藍色燈光圍繞著大使館，一場重大的事件即將登場。到達現場時，警方發現恐怖分子已經控制了二十六名人質，並且羅列出一連串的要求，這些包括：「我們的人權和合法權利」；獨立的「阿拉伯斯坦」（Arabistan）；釋放九十一名被囚禁在伊朗監獄的阿拉伯人，讓他們可以安全離開，前往選擇的目的地。歐安接著表示說，如果到五月一日星期四中午以前無法滿足這些要求，大使館及在裡面的所有人都會被炸死。

基於這個威脅，全區都被用警戒線圍了起來，警方狙擊手在周遭大樓制高點部署，負責人質談判的警官試圖聯絡上歐安。記者湧到現場，不久全世界都因為這次人質危機的現場實況轉播而緊張關注。事實上我還記得，當聽到事件發生時，我正在作環球遠征探險（Transglobe Expedition），正艱難地穿越溫度零度以下的環境。在通訊營地，金妮會收聽英國ＢＢＣ廣播公司的全球頻道，然後用無線電告訴我們頭條新聞。我記得那一天她告訴我們說，恐怖分子闖進伊朗大使館。如上百萬的其他民眾，這新聞令我感到震驚，但必須坦承，這新聞並沒有在我心頭盤據太久，在前方還有好幾百英里冰冷險惡的陸地要等著我越過。

然而，當在對抗零下二十度的風寒時，卻想起那個我曾經服務過的單位，它毫無疑問正在進行相應的準備工作，畢竟這正是他們專長處理的狀況。他們就是空降特勤團（Special Air Service, SAS），而且這次行動很快就可以使他們享譽全球。

SAS最初是靠著一位名叫大衛・斯特寧（David Stirling）的前突擊隊員的努力，在二戰期間成立的。一九四一年七月，當在中東執行任務時，斯特寧因為一再無法使用傳統的方式除掉軸心國的飛機而感到厭倦。他明白與其試圖在空中摧毀它們，更有效的戰略是派一支特種部隊空降到敵軍戰線後方攻擊地面上的飛機。但是沒有人在意他的想法。斯特寧決定用自己的方式來處理。

身穿蘇格蘭衛隊（Scots Guards）初階軍官制服的斯特寧，來到位於開羅的中東司令部外的檢查哨。斯特寧想矇混過關，可是被擋了下來。然而當衛兵的注意力被一輛經過的參謀車所吸引時，斯特寧溜了過去、進入大樓。

進去了之後，斯特寧走進一位隸屬行政部的少校辦公室，並開始自我介紹。斯特寧說他需要即刻跟總司令克勞德・奧金萊克將軍（Claude Auchinleck）談些事情，少校不為所動。他認出眼前的這名軍官，想起斯特寧曾經在他本人主持的某場戰術演講中打盹。在他眼中，顯然自己沒有必要浪費時間在斯特寧身上，他對斯特寧的要求聽都不想聽。當電話接著響起，衛兵報告他闖入的事件時，斯特寧知道自己要被趕出去了。他迅速溜出辦公室，來到走廊，走進他所看到的下一個房門。

這是副參謀長尼爾．里奇少將（Neil Ritchie）的辦公室。斯特寧道歉說不該以這種奇怪的方式進來，接著他告訴將軍，想跟長官討論具有重大軍事行動價值的事務。儘管——也或許是因為——這個年輕人行為大膽，將軍對他感到興趣，進而邀請他坐下，好讓斯特寧闡述他的想法。

里奇將軍聽得入神，越來越感興趣。這想法顯得合理，而這位年輕的軍官看來有足夠自信執行這個想法。將軍之後表示認同這個構想，並且同意讓斯特寧籌組他的部隊。這支部隊後來將被稱為特種空勤旅L分遣隊（L Detachment, Special Air Service Brigade），提拔斯特寧成為新單位的指揮官，他後來也在這個職務上證明了自己的價值。

到一九四一年結束時，SAS已經摧毀了將近一百架敵機——全都是在地面上摧毀——加上一些車輛和油庫。他們選擇了新格言，「敢做就贏。」（Who Dares Wins）不過斯特寧沒多久就在突尼西亞被俘，經過幾次嘗試逃亡失敗後，大戰剩餘的日子他都被關在科爾迪茨城堡（Colditz）。

即使少了斯特寧，SAS依然繼續在沙漠以及在更偏遠的地方做出更多驚人之舉。大戰結束以後，SAS保留成為常備單位，並演變為在海內外執行反革命任務的單位。

雖然經常裹著一層神秘感，英國國防部在一九六九年發行的「地面行動手冊」（Land Operations Manual）當中，說出了它的主要功能：

空降特勤團各連主要特別適合、且受過訓練和擁有裝備執行反革命行動。小部隊可以經由滲透，或使用降落傘——包括自由落下方式——空降，以避開長距離穿透經過敵軍控制的地區，以便執行以下任務：

一、蒐集有關叛軍位置與動態的情報。
二、伏擊及騷擾叛軍。
三、專責蓄意破壞、暗殺與爆破的小隊滲透到叛軍佔據的地區。
四、監視邊境。
五、隔絕叛軍與社區的聯繫。

跟友軍游擊隊進行聯絡、編組、訓練與節制，以對付共同的敵人。

一九六〇年代中旬，在我結束皇家蘇格蘭灰騎兵團指揮戰車的工作以後，我也曾申請加入ＳＡＳ。跟其他一百二十四位滿懷希望的人們，一起抵達了位於赫里福德（Hereford）的ＳＡＳ總部進行一系列的篩選測試。第一個晚上，他們讓我們知道將要面對什麼情況。在低於零度之下，我們必須游過威河

（River Wye）。之後是一些計時的鑑測，包括地圖判讀，還有負重超過三十磅的背包，快速越野行軍。剛開始那幾天，我們睡或休息的時間都很少。正當我們要安穩躺下時，一位軍官會衝進來，下達另一項「任務」。我們在雨夜行軍十五英里，然後回來作歸詢，其中包括回答一連串複雜的軍事問題。SAS隊員會像隻老鷹般，用望遠鏡在遠處監視，好讓我們連作弊都辦不到。那些試著抄近路的人，很快就會被剔除。

以下是我的小小過往。當接到規劃執行搶劫銀行的任務以後，我意外把行動計畫留在赫里福德的一家餐廳而被誤以為真。沒多久警方就接到電話，而且在我還不知情之前，這件事已經登上了全國的報紙。經過深入了解之後，警方發現這些計畫只是SAS訓練的其中一部分，讓SAS備受抨擊。《泰晤士報》（*The Times*）一篇尤其苛責的評論指出，「該單位熱情有餘，謹慎不足。」即使被人發現是禍首之後，我依然沒有被攆走，只是小小懲戒了一番。我覺得SAS的人事參謀以為我是故意把那份計畫留下來的，而且他覺得整件事還滿好笑的。要是他知道我是真的不小心才把計畫弄丟的話，我很肯定自己留在SAS的日子就會提早結束。

隨著越來越多滿懷希望的人們離開，我不久就成為最後還留下來的人選之一。唯一剩下的關卡，就是完成一個稱為「長途拖曳」（Long Drag）的鑑測。這是一次四十五英里的越野比賽，背負五十磅的背包、十二磅的工具包和十八磅沒有配槍帶的步槍。說來羞愧，我僱用一個當地的農夫——他有一輛黑色的福特安格利亞（Ford Anglia）汽車——載我經過了一大段的路程才在限定的時間內抵達。後來我深深感到罪惡感，最後卻是自我安慰地說，為了達成目標而耍點詭計也是ＳＡＳ的戰術，而且過程還沒被逮到，所以我大概真的有資格獲得那個職務，成為當時陸軍中最年輕的上尉。可悲的是，如我之前說明過的，這事沒有持續太久。在我嘗試去炸電影《杜立德博士》的布景以失敗告終之後，我被不榮譽的方式趕出ＳＡＳ。

不過，幾年以後，我用正當的方式完成了「長途拖曳」的考驗。在我從朵法爾回來後，發現了一個有趣而又超出意料之事——第二十二空降特勤團後備連的存在。該連是在戰時作為正規ＳＡＳ的增援部隊。應徵者必須通過ＳＡＳ正常的篩選過程。這給了我一個除去心魔的機會。我可以很高興地說，這次沒有靠農夫朋友的幫助而通過了鑑測。

一九七二年慕尼黑奧運會的恐怖攻擊，很快就改變了一切。由於安管措施相對寬鬆，八個巴勒斯坦恐怖分子——黑色九月（Black September Organization）成員——持槍攻佔住有以色列運動員的選手村，殺害兩個人之後，挾持其餘九人作為人質。恐怖分子要求釋放關在以色列的兩百名巴勒斯坦人後，才會釋放人質。以色列斷然拒絕，但是西德政府同意讓這些持槍歹徒和人質平安離開德國。整件事很快就在機場出了問題，德國的安全部隊在機場開火射擊，而在交火之間，所有九名人質、五名恐怖分子，和一名警察都命喪黃泉。

數億人透過電視觀看了事件的經過，這不但使西德政府難堪，也提醒其他國家有需要成立專責的反恐部隊，以應付未來可能發生的類似事件。隔年的七大工業國組織會議，西方政府達成協議，建立受過專門反恐訓練的部隊——尤其是因為大多數國家都沒有接受過訓練來應對慕尼黑這種情況的軍事人員。

英國也一樣。雖然倫敦警察廳（Metropolitan Police）可以負責這種任務，但缺乏在這方面的技能。因此，SAS在一九七三年擴編了反革命游擊戰部隊（Counter Revolutionary Warfare, CRW），現在的職責包括擔任英國的解救人質部隊。

CRW很快就在一連串的人質事件中展現了它的價值，特別是在索馬利亞的摩加迪蘇（Mogadishu），在那裡巴勒斯坦恐怖分子脅持了一架德國漢莎航空的飛機。兩名SAS成員，阿拉斯泰爾·莫里森少校（Alastair Morrison）和巴瑞·戴維斯上士（Barry Davies），之後隨同德國的攻擊隊成功解救人質。卡拉漢內閣（Callaghan）隨即留下深刻印象，很快就授權大幅增加CRW的人數，也給予額外的經費供其取得更先進的裝備、訓練、武器和通訊設備。此外也成立一支特別任務隊（special projects team），任務包括在赫里福德的SAS總部訓練新進人員執行反劫持行動。

這一切當中有一個重要的部分，就是在一棟有六個房間的「殺手屋」進行「室內近距離戰鬥」訓練。殺手屋裡家具一應俱全，並裝有以紙卡製造的俄軍（代表恐怖分子）和人質，這些東西會一再更換位置。特別任務隊分成兩個不同專長的小組：突破班負責攻入屋內；狙擊班負責狙擊手的角色，同時包圍現場，防止任何人離開（或進入）——這不但是指從地面上，也指透過下水道或屋頂。

在史提夫·克羅福（Steve Crawford）所著《近戰中的空降特勤團》（*The SAS at Close Quarters*）裡，一位成員描述了在大使館事件發生前後，該單位所進行的訓練：

在「殺手屋」裡，全程都是使用實彈，牆壁有特別的橡膠塗層，以在被擊中時，吸收子彈的撞擊力。在前往任何人質脅持的現場或其他類似的狀況之前，小隊總是會先討論他們所可能會面臨的危險。首要之事向來都是先除去具有立即性的威脅。如果你衝進房間，裡面有三個恐怖分子——一個持刀，一個持手榴彈，還有一個持機槍指向你——你向來都必須先射擊持槍的，因為他/她是立即威脅。

目的是在目標倒下之前，施以雙發快射法（Double Tap）[1]。只有擊中頭部才算數——在一間有時候可能會充滿煙霧的房間裡，是沒有犯錯的空間的。擊中手臂、腿部或身體都會被扣分，一再的訓練就是要確保有高水準射擊能力。如果隊裡尖兵的主要武器——通常是H&K MP5衝鋒槍——出了問題，他會把槍置於左側，單膝跪下，抽出手槍。他後面的那個人會佔位，直到槍枝的問題排除為止。然後尖兵會輕敲夥伴的武器，或喊一聲「歸位」（close），意謂他已經準備好繼續攻擊。通常武器上會有兩個彈匣，但靠的是磁鐵夾，而非膠帶捆在一起。雖然大多時候一個彈匣就已經足夠，兩個彈匣有其好處，這額外的重量會使武器在開火時不會上揚。

訓練的目標是要慢慢改進團隊的技能，使每一個隊員都訓練到相同的水準，用同樣的方式思考，並且知道彼此的動作。「殺手屋」有許多走道、小房間和障礙，訓練時經常使用的想定當中，會要求拯救行動在黑暗中進行（執行任務的標準作業程序，是在小隊進入建物前，先把電源切斷）。房間裡東西不多，但可以佈置成類似潛在目標的大小和布局，而且通常人質會被混雜在歹徒之間。靠著使用「真人」——

從各隊中挑選出來（身穿護具，但是沒有頭盔）——可以培養受訓者使用實彈的自信心。人質通常坐在桌子後面，或是站在某個預畫的地點，等待被「拯救」。近距離戰鬥場內也有可以由訓練人員利用電子控制的人形。舉例來說，在入門階段，當你進入房內時，會有三個人形背對著你。突然間這三個人形都會轉身，而且其中一個有武器。就在那萬分之一秒，你必須做出正確的評估，瞄準正確的「人形」作為目標——如果判斷錯誤，就會誤「殺」人質，而歹徒會「殺」了你。

教官們會設計出各種情況。舉例來說，他們可能會在解救訓練開始前幾分鐘，叫各隊領隊退下，迫使隊員自行決定如何行動。其他「好玩的事」包括了煙霧、毒氣、使隊員彼此分散的障礙，以及模仿群眾吵鬧與呼喊的擴音器。

除了衝鋒槍跟自動手槍，霰彈槍——譬如雷明登（Remington）870壓動式——以及炸藥，都會被用來炸開門鉸鏈和門鎖。他們也攜帶攻擊梯，如此可以悄悄攀牆，以及快速接近建物、車輛、船隻、飛機、火車和巴士。一旦進入，他們可以使用特製的G60震撼彈，這是設計用來使敵人在被SAS射殺前，看不見也聽不見。

特別任務隊也配有專業的裝備，可以找出建物裡面人質與歹徒的位置。舉例來說，光纖攝影鏡頭可

1 編註：每次都要射出兩發子彈來攻擊同一個目標。

以在屋內神不知鬼不覺的情況下，穿進去查看裡面的情況。此外，他們可以利用各種監聽設備，偷聽對話內容，可以確定控制人質的歹徒的所在位置。靠著這一切，特別任務隊是全世界最優秀的人質拯救隊之一，而且他們很快就要投入行動了。

事實上，在接獲官方通知以前，SAS就已經知道大使館攻擊事件的發生了。早上十一點四十四分，前D連被稱為達斯迪・格瑞（Dusty Gray）的SAS中士——當時是在倫敦警察廳擔任訓犬員——打電話到赫里福德總部，把當時他所知道的一些消息告訴第二十二空降特勤團指揮官，麥克・羅斯中校（Mike Rose）。儘管感到懷疑，羅斯沒有坐等官方證實這些消息。特別任務隊的藍隊跟紅隊很快就被派去倫敦，於五月一日凌晨抵達攝政公園（Regent's Park）的營區。

起初SAS小隊除了空等之外，什麼事情也無法做。負責處理情況的是政府、倫敦警察廳和談判官，他們都在努力想要找到一個不必屈從於恐怖分子要求的和平解決方法。當事件來到第二天時，藍隊跟紅隊討論各種可能的選擇方案。情報官也查核對使館格局與佈置的了解，想找出人質跟恐怖分子的所在位置。使館守衛這時變得相當有用，因為他對使館的布局相當了解。此外，進一步的協助也在前來的途中。

經過詳細考慮之後，歐安別無選擇，釋放了一個生病的人質。戰略上，這是個大錯誤。被釋放以後，官方向人質探詢有關歹徒人數、武器狀況，使館內格局以及人質所在位置的情報。同時，英國軍情五處（MI5）已經設法在使館牆上鑽洞——在這麼做的時候利用飛機低飛的聲音掩護——以便安裝麥克風。靠著這些情報，SAS迅速利用膠合板依照比例做好使館及內部各個房間的模型。

事件來到第三天，當藍隊和紅隊輪流在使館模型的房間練習時，在真實的使館那邊的狀況變得愈來愈緊張。歐安現在威脅要殺掉人質，要求跟聚集的媒體說話，並且提出一連串新的要求。

談判官繼續爭取時間。第四天，再有兩位人質獲得釋放，以換取讓英國廣播公司播放一則聲明。儘管如此，歐安開始明白他所提出的要求，沒有半個會得到期待的回應。顯然情況無法再繼續下去了。

這時候SAS的計畫繼續快速地進展。晚間十一點，小隊越過一個個屋頂之後抵達使館上方。小心避免發出任何聲響下，破壞了天窗的門鎖。現在只要情況需要，就可以輕易入內。他們也在幾管煙囪處固定了繞繩，這樣就可以沿著建物的後方迅速下降到較低樓層，然後從窗戶攻入。這段時間，SAS在位於攝政公園營區依比例建造的模型當中持續操演。

事件跌跌撞撞地來到第六天，由於沒有獲得任何的進展，歐安漸漸懷疑使館已經遭到滲透，開始指責警方欺騙他。他跟警方的談判官說：「你們已經把時間耗盡，所有的對話都結束了。」情況真的令人憂心了，特別是當槍聲響起，然後一具屍體被扔出來之後。不能再拖下去了。首相柴契爾夫人（Margaret Thatcher）接著下令SAS展開行動。

晚間七點二十三分，暗號「海德公園」從SAS的無線電傳了出來。這代表屋頂的人員可以攀繩而下了。幾分鐘以後，「倫敦橋」——下降的訊號——傳進了紅隊的耳裡，接下來是「上！上！上！」SAS展開拯救的任務，行動代號「寧祿行動」（Operation Nimrod）現在啟動了。

當紅二隊朝二樓陽台垂落時，紅一隊瞬間從通往二樓的樓梯井上方的玻璃頂進入，他們從那裡進入大樓，然後沿樓梯跑上，要掃蕩三樓和四樓。同一時間，藍隊從地面後方的圖書館進入。

不過，紅二隊遇到麻煩，領隊被身上的繫帶卡住了。其他人幫助他脫困時，有人的腳踢碎了玻璃窗，這讓歐安得到了警訊。當他帶著洛克警員前來查看時，紅二隊依然懸吊在大樓外側，計畫眼看就要失敗。藍四隊和藍五隊在大使館隔壁驚呆地看著事情的發生。他們本來準備好要用炸藥闖進後方的落地窗，但是這情況使得原計畫行不通，《近戰的空降特勤隊》有詳細的描述：

當在一道矮牆後方佔位時，傳來了實施爆破的訊號，我們把炸藥安置在大使館的落地窗上。就在那時，我們看到攀繩而下的人在二樓（原文：三樓）的火光中晃動。到處是嘈雜的噪音、混亂，和一陣陣衝鋒槍的火光。我可以聽到婦女們的驚叫聲。老天！我心裡想：全盤出錯了。我們不能引爆炸藥，這會傷害到攀繩而下的弟兄。我們當下改變計畫。破壞手衝向前，並舉起了鐵鎚。就這麼一下，正好敲在門鎖上方，而這已經足夠把門給打開了。人們說幸運之神永遠眷顧勇敢的人。當然是很幸運，如果那扇門之前被拴上或擋住，我們麻煩就大了。

「上。上。上。從後面進去。」一個大喊的聲音傳入我的耳裡。八個暗號同時響起，然後我們從碎裂的門開始掃蕩進去。這時候，所有恐懼跟質疑的情緒都一掃而空。我整個人好像被下了咒一般。腎上腺素衝過我的血管。嚇人！我充滿過去一生不曾有過的嚇人衝勁。我身穿著的沉重防彈衣，前後都有抗高彈速的金屬板。在訓練的時候，它恍如一噸般重，現在感覺就像是T恤。搜索與殲滅！

由於紅二隊領隊還困在繩索當中，歐安又逐漸迫近，這支小隊必須爭取時間。他們把震撼彈跟CS催淚彈扔進使館，而非依原定計畫攻入。這只是使情況變得更糟。震撼彈落到布滿打火機油的報紙上，點起火來了，這火燒到依然懸吊在半空中的領隊身上。

紅二隊慌亂割斷繩索，但是領隊已經被嚴重燒傷。雖然他們的隊長已經無法參與行動，隊員們終於還是成功進入充滿火焰、煙霧和催淚瓦斯的大使館。在他們前方的煙霧裡，其中一個恐怖分子現身了。不過，當其中一個隊員要發射他的MP5時，槍卻卡住了。這個恐怖分子瞪大眼睛，難以置信。他本以為自己死定了。

對方拚命跑，士兵在後面追著他，同時伸手奪下他繫在腿上槍套中的九公厘布朗寧手槍。但是突然間這場追逐卻變得更為緊張了。這位SAS隊員看到恐怖分子握有一枚手榴彈，而且正衝向一間滿是人質的房間。雖然煙霧阻擋了視線，他持槍瞄準，知道自己只有一次機會，沒擊中的話，所有的人質都會喪命。在「殺手屋」幾年的訓練全都湧了出來，他穩住手，扣下扳機，看著幾秒後這個恐怖分子的頭往後一仰，身體撞上地面。然而毫無喘息的空間。不一會兒槍響就從電報室傳出。三名恐怖分子開始屠殺人質，殺了一個，傷了其他幾個。

紅隊立即朝那個房間衝過去。當他們進入時，一個恐怖分子手中握著手榴彈朝他們衝了過來。他立即腦部中彈。這給了剩餘的恐怖分子一個訊號，就是他們人數居於劣勢，而且對方是這個行業中的頂尖高手，手法比他們要高明許多。然而他們拒絕投降，嘗試躲在人質當中。SAS隊員開始搜查每一個人質，當某人快速把手伸向口袋時，紅隊隊員就毫不思索地開槍擊斃他。有那麼一剎那，他們以為誤殺了緊張的人質。等到把屍體翻過來時，發現這個人手上有手榴彈。眾人都嘆了一口氣。

電報室看來已經無虞，恐怖分子遭到殲滅，而且人質安全，小隊接著逐房搜索，用槍射開門鎖，踢開門，拋進震撼彈。不過，有一聲巨大的爆炸突然迴盪在整棟大使館。紅隊保持冷靜。他們知道這只是藍三隊放在二樓後面跟樓上要炸穿窗戶突破所用的炸彈。

一位藍隊隊員向克羅福回憶道：

> 然後我們就進入了。我們拋進一些手榴彈，然後迅速跟進。當震撼彈引爆時，會有打雷般的響聲，以及使人什麼都看不見的閃光。這些東西非常好用，可以使房間內的所有人質都瞬間失去平衡。房間裡沒人，很好。我朝四處看，震撼彈點燃了窗簾，這可不大好。沒有時間停下來滅火，繼續前進。掃過一間房，然後聽到從另一間辦公室傳來叫聲。我們急忙朝聲音的來源衝過去，闖進去發現一個恐怖分子正在跟之前拿下大使館時抓到的值勤警察——洛克警員——搏鬥。

看到SAS從大樓的後面攻入時，洛克就擒抱住歐安，兩人滾到地上。SAS闖進辦公室後，叫洛克讓開。在他照做之後，他們對歐安開火，槍擊他的頭部跟胸部，瞬間殺了他。

在清除了所有房間的歹徒，也殺了歐安之後，SAS在主樓梯那裡排成一排，他們用力把人質推送下樓梯，而且儘快送出大樓後門，看起來他們任務成功了。不過，「人質」之一突然取出一枚手榴彈，伸手要去拔插梢。彼特．溫拿（Pete Winner）在格里高利．福瑞蒙-巴恩斯（Gregory Fremont-Barnes）所寫的《敢做就贏：空降特勤隊和一九八〇年的攻擊伊朗使館事件》（*Who Dares Wins: The SAS and the Iranian Embassy Siege 1980*）這本書裡，說出接下來發生的事情：

> 他移動到我旁邊。然後我看到它——一枚俄製殺傷手榴彈。我可以看到引爆器的蓋子從他的手中突出。我把雙手移向MP5衝鋒槍，把保險推到「自動」選項。由於煙霧跟昏暗，我看到大廳樓梯下方有自己的弟兄在。很糟糕！我不能夠開火。他們都在我的視線內，子彈會直接貫穿恐怖分子跟我的弟兄。但我必須要立即制止這個歹徒。
>
> 我本能地把衝鋒槍舉到頭頂上方，並且迅速猛烈一擊，用槍托的底部打他的頸背。我盡可能用力打下去。他的頭往後折，並且有這麼一瞬間，我看到他痛苦、充滿怨恨的表情。他往前倒下，滾落剩餘的幾步階梯，撞上大廳的地毯，最後身體癱軟在地。接下來震耳欲聾，兩個彈匣的子彈射進了他的身體。當他抽搐，嘔出最後一口氣時，他的手掌鬆開，手榴彈滾了出來。就在那千萬分之一秒，我的腦海因為腎上腺素而變得清澈，我直直盯著手榴彈的插梢和握把。就這麼盯著它看，不知道看了多久，而我所見

的這些卻讓我徹底鬆了口氣和感到慶幸。插梢還在握把上。一切都結束了；一切都不會有問題了。

前後一共花了十七分鐘。攻擊發起時，共有二十六名人質。攻擊之前，恐怖分子殺了兩人，釋放了五人，剩下後來被成功救出了十九人。現在全都安全完好，除了有點心神不寧之外。

如果英國SAS在突襲前籍籍無名的話，那麼現在可以確定是全世界公認最優秀、精銳的特種部隊之一，直到今天他們還享有這項榮耀。然而九一一事件不久就會永遠顛覆了世界反恐作戰的認知。在之後的日子裡，當這個世界在全面戰爭的邊緣搖晃之際，美國打算要用人數微不足道的小部隊來入侵阿富汗。這是一項會傳為佳話的作戰任務……

第二十四章　綠扁帽部隊（二〇〇一年）

二〇〇一年九月十一日，當恐怖分子劫持四架飛機，兩架撞進紐約世貿中心的雙子星塔，一架撞入五角大廈，這個世界就永遠改變了。第四架被劫持的飛機據信是要前往白宮，但是乘客擋下了恐怖分子，使它墜毀在賓夕凡尼亞州的尚克斯維爾（Shanksvile）。在這場自珍珠港以後對美國本土所進行的最致命的攻擊當中，差不多有三千名美國人喪命，超過六千人受傷。幾小時之內，賓拉登（Osama bin Laden）所代表的恐怖組織──蓋達組織（al-Qaeda），發表聲明說這件事是他們做的。美國人民被激怒了，要求立即展開報復行動。不過，要找到賓拉登並不容易。情報顯示他受到態度強硬的塔利班（Taliban）政府保護。儘管布希政府一再要求把他交出來，他們悍然拒絕。現在全部的目光都轉向了軍方。

起初是建議美國政府應該派兵六萬入侵阿富汗。不過，這種大型調動可能要費時六個月。此外，通常一般都會有入侵某國的應變計畫，美國對於阿富汗卻沒有這種計畫。有關於這個國家或塔利班的情報，既稀少又跟不上時代。考慮到這一切，顯然傳統的軍事入侵行動不但會難以發動，還會要付出高昂的代價。尤其，美國軍方已經看過蘇聯在一九八〇年代入侵阿富汗之後所陷入的混亂泥沼當中，他們無意犯下類似的錯誤。

不管怎樣，不久就有了個解決法案。中情局至少知道有個叫做北方聯盟的阿富汗反叛組織，自從一九九六年塔利班掌權以後，就一直嘗試要推翻這個政府。這支地面武裝部隊，遠比美軍了解當地的地形地貌。如果美國可以提供支援或好處，跟他們的指揮官們建立聯盟關係，這批在地部隊也許可以提供相當有用的協助。北方聯盟不光是在戰鬥方面，它還可以提供情報，指出塔利班的主要位置所在，美方可以根據情報從天空進行雷射精準轟炸。還有，他們甚至有可能幫忙找到賓拉登。

要是能夠找到賓拉登，美方的命令不是逮捕，而是處死。中央情報局反恐中心主任，考夫・布萊克（Cofer Black）就把這一點講得很清楚：「我不要逮捕賓拉登跟他手邊的惡棍。我要他們死掉……我要他們頭插在長矛上的照片。我要裝在貨運乾冰箱子裡的賓拉登的頭。我要把賓拉登的頭拿給總統看。」

看起來美國特別必要跟兩個北方聯盟的軍閥建立關係，阿塔・穆罕默德・努爾（Atta Mohammad Noor）和拉希德・杜斯塔姆（Rashid Dostum）將軍。雖然努爾跟杜斯塔姆都討厭塔利班，但他們彼此之間又經常處於交戰狀態。此外，據說這兩方都不是很值得信任。約翰・穆赫蘭中將（John F. Mulholland）在提到這一點時說：「我們對這些傢伙一無所知。」「這些人手上都沾滿血腥。他們都不是乾淨的人。」要取得他們的信任，說服他們跟美方聯手不是件容易的事情。

美方決定先派中情局到阿富汗去和努爾以及杜斯塔姆進行初步的接觸。然而有件事很快就很確定，只有一支部隊可以投入應對這高度機密的行動：美國陸軍特種部隊，又稱綠扁帽（Green Berets）。

一九五二年，隨著冷戰加溫，亞倫・班克（Aaron Bank）就打算成立一支可以在對美國有敵意的國家裡祕密活動的陸軍單位，他的靈感主要是來自戰時期的戰略情報局（OSS）和傑德堡小組（Jedburgh）的一些冒險行動。在二戰期間，戰略情報局以對德國基礎建設所進行的破壞任務而知名——因為有能力潛入敵軍據點，切斷敵人的咽喉，贏得「魔鬼兵團」（Devil's Brigade）的綽號。同一時候，傑德堡則是訓練人員滲透進入被佔領國，進而建立當地的反抗軍和游擊戰士。受到過去這些案例的啟發，班克於是著手建立第十特種部隊總隊。在採用了他們與眾不同的帽子以後，這部隊此後就以綠扁帽著稱。

綠扁帽的總部設在北卡羅萊納的布拉格堡（Fort Bragg），徵選者通常先在軍中服役數年，還必須完成空降（傘兵）學校的訓練，然後才可以接受特種部隊評估與篩選（Special Forces Assessment and Selection, SFAS）的課程。這只是一個準備性的課程，設計目的，是要分出強者與弱者。一開始就會提出這個問題：你是有多想要這份工作？

為期二十四天的評估與篩選課程，主要的測驗涵蓋了限時定向越野（包括四十七英里的野外定向，徵選者背包裝載超過一百磅的物件，要在七十二小時內完成任務）、行軍、跨越障礙，以及其他讓人受不了的體能測驗。對狀況覺知與反應的這個環節，同時也是篩選當中的一個主要部分，設計這個環節的目的，是要測試徵選者能否自行思考，適應新的狀況，跟其他人聯絡與配合，並以團體中的一分子來行動。

根據史學家狄克．庫契（Dick Couch）的說法，在每年徵選評估與篩選課程的三千名軍人當中，只有六百人達到標準。那些通過考驗者現在進入第二階段的篩選過程——特種部隊資格課程（Special Forces

Qualification Course），簡稱Q課程，這通常要花費徵選者一整年的時間——如果一切順利——他們必須通過五個訓練階段，其中包括：

一、七週入門課程，使徵選者徹底知道綠扁帽的歷史、傳統、角色，和擬訂計畫的過程。

二、利用十八到二十五週學習外語，譬如俄語或阿拉伯語。

三、掌握小部隊戰術——譬如建物掃蕩、室內近距離戰鬥（CQB）、突襲、埋伏、偵蒐、巡邏和高階射擊訓練。徵選者也接受為期三週的求生、迴避、抵抗及逃脫（SERE）訓練課程，使他們擁有足夠的技能可以野外求生，避免被敵軍捕獲。這包括五天的抵制審訊配套，稱為抗拒訓練實驗室（Resistance Training Laboratory）。

四、軍事佔領專長訓練。每一個人接受核心能力之一的訓練——武器、工兵、醫療和通訊。

五、羅賓賽奇（Robin Sage）：一個需要完全投入，為期五週的野外操練。期間，可能會成為綠扁帽的候選人，必須經過跳傘或透過直升機進入稱為「派恩蘭」（Pineland）的虛構國家，在那裡他們要找到並招募「游擊隊」，並且成功帶領解放這個國家。這項任務通常包括跟對方游擊隊首領接觸，並且說明為何結盟對叛軍有利。游擊隊首領（綠扁帽成員扮演）固定會虛張聲勢、恐嚇，並且威脅受測的年輕隊長，同時游擊隊首領會嘗試盡可能取得一切補給跟裝備，而且盡量不給予對等的回饋。事實上，這是測試心理上克敵制勝的能力。

那些成功完成Q課程的人，在一場正式大型典禮上取得他們的綠扁帽，然後再分發到各自的特種部隊總隊（Special Forces Group, SFG）。每一個總隊各有其專責區域；以第五特種部隊總隊來說，就是中東、波斯灣、中亞和非洲之角。由於這個理由，在二〇〇一年十月時，所有的目光都轉向第五總隊，看他們會如何展開對九一一事件的報復行動。

在位於肯塔基州坎貝爾堡（Fort Campbell）的總部，穆赫蘭上校在會議室聚集部屬，講出了他們想聽到的話：「各位，你們獲選負責打入阿富汗。」接著就分成十二個人一組的小隊，統稱為A特戰分遣隊（Operational Detachments-A, ODA），每一支分遣隊都有兩個合格的指揮官，一個上尉，一個准尉，還有各種專長士官各兩位，分別是：作戰與情報、武器、工兵、醫療以及通訊。如果需要的話，分遣隊可以分成六人小隊，而且維持各小組擁有全副的技能。

由馬克·納許（Mark Nutsch）[1]所指揮的五九五A特戰分遣隊，會最先奉派去跟杜斯塔姆將軍的部隊會合。不久之後，狄恩·諾索羅格（Dean Nosorog）則會率領五三四A特戰分遣隊去跟努爾會面。

納許跟諾索羅格一樣，為了能夠被賦予這項任務，都做出了很大的犧牲。就在九一一前幾天，納許在特戰第五總隊總部晉升為參謀。為了能夠執行他的職責，而且不希望錯過這一生難得的任務，他要求鮑爾中校（Max Bowers）讓他回到原單位。當世貿中心被攻擊時，納許正在度蜜月。一看到新聞，他立

1 編註：在電影《十二猛漢》裡，是由克里斯漢斯沃飾演，並改名米契·尼爾森（Mitch Nelson）。

刻訂第一班到肯塔基州的飛機，以便前往任何需要他的地方。現在這兩個人都將自己置身在火線之前，國家的希望也重重地壓在他們的肩上。

十月十八日夜裡，納許上尉跟他的十二位隊友被一架MH－47E契努克直升機（Chinook）[2]運過興都庫什山脈，那是一萬六千英尺高，由岩石構成，終年積雪的高山。目前，這十二個人代表了整個美國的戰鬥部隊去對付整個國家，還要逮捕世界上的頭號通緝犯：奧薩瑪．賓拉登。

之前已經嘗試過三次要把這個分遣隊運進阿富汗，但是惡劣的天氣，加上塔利班的抵抗，使得這些嘗試都無功而返。現在飛行中的直升機把所有的燈光都熄掉，暖氣也關了，以避開任何追熱飛彈。大雪和強風使得這趟穿越黑暗山脈的行程變得非常危險。

除了說已經凍得很痛苦，納許和隊員也很清楚他們有可能在行動中陣亡；許多人擔心在他們踏上阿富汗之前，就先被塔利班的防空飛彈給摧毀。對納許來說，最好的想定就是在接下來的一兩年間使塔利班垮台。他確定這會是一件不容易辦到的事情。跟杜斯塔姆將軍建立關係，並且從他那裡取得情報會是件困難的事，而阿富汗寒冷的冬天正快速逼近，這會使得這個國家大部分都很荒涼的地區，在春天雪融之前都會是很惡劣的環境。因此納許做好了長期計畫。

雖然他們的職責是要跟杜斯塔姆將軍及其部隊建立關係，有些隊員卻感到憂心。有些人會講俄語，還有一些阿拉伯語，但是有關阿富汗跟杜斯塔姆的情報真的太少了，許多隊員都感到準備不足。為了彌補這項欠缺，他們拚命閱讀有關阿富汗的書籍或雜誌文章。有一本深受歡迎的是《越過高山的那頭熊》

（*The Bear Went Over the Mountain: Soviet Combat Tactics in Afghanistan*），這本書詳述了蘇聯在阿富汗的經驗，如果這一回想要有所斬獲，他們必須從這本書上好好學些東西。

一九八〇年代中旬，我事實上差一點就飛到阿富汗幫助當地人對抗蘇聯的入侵。祖父曾經為大英帝國而戰，父親曾經抵抗納粹，我想要對付馬克思主義者的威脅。在德國，我曾經跟皇家蘇格蘭騎兵團一起枕戈以待，等待蘇聯發動武裝攻擊，但是這件事情始終沒有成真。為了要有機會對蘇聯採取一些真實的行動，我幻想加入聖戰士游擊隊（mujahideen），跟他們一起進行聖戰。不過，這個夢想很快就受挫了。首先，透過一些研究，我讀到原來阿富汗的當權者並不會比入侵他們國家的蘇聯人好到哪兒去。根據國際特赦組織，在蘇聯入侵之前，有兩萬七千名阿富汗公民被喀布爾政府處決，而在入侵以後，又有幾十萬人在空襲與屠殺中喪生。我當然不想再一次體會我在朵法爾時那種不知為何而戰的感覺。幸好，我得到一份職缺，為英國的西方石油公司（Occidental Petroleum）從事公關的工作，也就忘了山地聖戰的事情，準備要過倫敦忙碌的朝九晚五的生活。事後看來，那絕對是我所做過較為正面的決定之一。

綠扁帽隊員曉得，他們要能夠融入並且被阿富汗人所接受是很重要的。他們的準備工作之一，就是納許和他的好些隊友們都開始留鬍子。在阿富汗的文化裡，臉上的毛髮被視為男性成年禮的一個必要部分，任何沒有鬍子的男人都不會受到敬重。他們也有黑白色相間的頭巾，這東西可以裹在頸部和臉上保

2 編註：特戰型契努克直升機，配備在美國陸軍第一六〇特種作戰航空團。

持溫暖，北方聯盟裡也有許多人戴有這種東西。

為了要跟杜斯塔姆將軍有一個好的開始，他們帶著禮物而來：給他馬匹的燕麥、醫療物資和給他屬下的毯子，以及給杜斯塔姆將軍本人的一些伏特加酒。他們曉得杜斯塔姆將軍跟一般的穆斯林軍閥不同。舉個例子來說，他喜歡痛飲，據說他還喜歡妓女。納許曉得自己要有耐心，慢慢了解這個人，而他也記得穆赫蘭上校的警告：「不要信任任何人！」由於這個理由，他們必須仰賴自己的訓練、機智，以及手上的武器，這包括了M－4卡賓槍、手榴彈，和一把九公厘手槍。

在黑暗中，直升機終於找到在蘇夫河谷（Darya Suf）的降落區。走進寒冷的沙漠夜裡，納許和他的隊友發現中情局的麥克．斯班（Mike Spann）、索耶（J. J. Sawyer）、戴夫．歐爾森（Dave Olson），以及杜斯塔姆的一些人在等待他們。他們背起背包，跟隨這些人到幾百碼外杜斯塔姆的營地，他們會在那裡過夜，早上再跟將軍見面。

儘管有了這些友善的迎接，這些穿著沙色迷彩服的官兵，雙手還是靠近繫在他們右大腿槍套中的九公厘手槍。除了說他們曾經被警告過不要信任任何人，他們也知道塔利班有提出懸賞，每個人頭可領十萬美金。在一個像阿富汗這般貧窮的國家，這絕對是筆財富。他們必須隨時都要極端謹慎。就連制服上的姓名與佩章都已經除去，這不但是為了自身的安全，也是要讓別人無法追查到他們在美國的家人，並傷害他們。

黎明時，納許起床發現杜斯塔姆將軍和他的手下，已經從山區的藏匿處所來到了營地。道格．史坦頓（Doug Stanton）在他那一大本《十二猛漢》（*12 Strong*）裡詳述了綠扁帽在阿富汗的日子。他回憶說納許在第一次面見那個六英尺高、好交際的杜斯塔姆時，刻意遵守當地的風俗。「他把右手擱到心前，說道：『阿沙蘭姆阿來庫姆。』（As-salamu alaykum，祝福您平安）」

當杜斯塔姆將軍的手下把當地的美食——諸如開心果、杏仁和杏桃——拿出來時，納許把他們帶來的禮物獻給將軍。對方表示感謝、收下時——特別是伏特加——顯然杜斯塔姆會更喜歡炸彈。但是納許有好得多的東西可以拿出來：由美國空軍投擲準確到難以想像的雷射導引炸彈。杜斯塔姆渴望看到這些武器的運用——立刻就要。

為了辦到這一點，納許需要塔利班據點的確切位置。這個過程需要騎馬到杜斯塔姆位於山區的藏匿處。他的人幾乎沒有受過這種訓練。但是在杜斯塔姆提議後不過幾分鐘，納許有一半的弟兄已經在上馬，因為不想要使阿富汗人覺得他們有絲毫的擔心，他們必須立即展開了痛苦的行程。

他們邊騎邊學，有些人不了解胯下馬兒的個性，還差點被從山邊甩下。有些人不習慣坐馬鞍，不久就磨出紅腫、令他們疼痛的水泡。靠著點運氣跟堅持，大多數人很快就抓到控制這些動物的訣竅，這算是件好事，因為在接下來的幾週，馬匹會是這支特種部隊的主要運輸工具。

在美國公共電視（PBS）的一次訪問中，威爾·夏默斯上尉（Will Summers）憶起在這種情況下學習騎馬的經驗：

我的坐騎轉過身，直直面向山下……牠像隻貓一樣蹲伏，然後就在山邊衝過去。我想大約三到五馬的距離過後，牠的前蹄踢到東西。然後這傢伙就像閃電一般落下懸崖側方。我心中唯一想到的就是一九八〇年代的電影，《來自雪河的人》（The Man from Snowy River）。我大概就想到：「好吧，來自雪河的那個人，他就是把他的頭靠在馬背上，然後抬起腳繞住自己的脖子。」

就這樣，我的雙腳揚起，我的頭往後仰。在我的腦袋後方有像馬尾的東西。這個傢伙就狂奔下這座山的山坡，底部有個約四英尺寬，六到十二英尺深的峽谷……牠成功跳過去了……

差不多二十分鐘過後，（杜斯塔姆）將軍和他的一些隨從終於跟了上來。他停下來，看著我，表情有點奇怪，但這回有點不同。他對我說了些話。然後再度騎馬前進。然後他轉過來，又說了什麼。我知道他對他講的內容很在意。接著我們就往前走。他的口譯人員說：「將軍剛剛好好稱讚了你一番。」而我大概是說：「哇，真棒。他說了什麼？」口譯人員說：「他說你是他見過最會騎馬的人。」然後他停下來，補充一句說我是他所碰過最不要命、最勇敢的人。

當特種部隊必須使用老式的運輸模式的同時，發現跟他們一起前進的那些北方聯盟的人，看起來還真像中古時代的軍隊。這些人服裝破舊，蓄有鬍子，攜帶陳舊的武器，要不是一九八〇年代從蘇聯人那裡奪過來的，就是其他更早以前的戰爭中遺棄的。舉例來說，他們還在用上面印有「一九一三年」字樣的刺刀。但這些人還是渴望跟塔利班作戰，贏得自由。對於美國人來說，這一點使得他們顯得很重要。

經過蘇夫河谷時，他們看到許多遭受塔利班攻擊，已經空蕩蕩的村落。建築已經被燒到剩下基座，婦女遭到姦殺，男人被人斬首。這令人苦澀難耐。雖然綠扁帽是因為自己的理念而前來阿富汗，他們也是想要幫忙當地人從一些狂熱分子手中取回自己的國家。

在許多小時的奔波之後，終於抵達了山腳，納許和他的隊友現在要面對另一個嚇人的未來。他們必須策住他們的野馬走沒有護欄的小路，登上距地面數百英尺的高處。對於幾乎沒有騎過馬的人來說，這是個教人毛髮豎立的路途。然而每個人都繼續騎著馬，不久就來到了杜斯塔姆的藏匿點，從那裡可以俯視在下方延伸的整座山谷。在二十四小時幾乎沒有睡覺，又筋疲力竭的奔波之後，納許現在必須要證明自己的用處。如果他沒有成功，杜斯塔姆有可能認為終究是用不著這些美國人了。

眺望廣大的山谷，納許要杜斯塔姆指出塔利班據點的位置。在杜斯塔姆照做之後，納許還是不確定塔利班是否真的就在他所指出的地點。他受到嚴格的命令規定，要盡一切可能避免炸到平民——這不僅是因為塔利班可以藉此做宣傳來對付他們。為了讓納許放心，杜斯塔姆用無線電跟塔利班聯絡，談話中他不但言詞侮辱他們，還設法使對方確認所在位置。

這個消息令納許感到滿意，於是使用全球定位系統和一張地圖，找出據點的經緯度，然後發無線電給上空的一架 B-52 轟炸機。他交給杜斯塔姆一具雙筒望遠鏡，然後這個軍閥看著幾秒之後一枚一千兩百磅的炸彈從空中落下，夷平周遭地區。杜斯塔姆相當震撼。為了攻擊盤據山區據點的塔利班，他要花費幾週甚或幾個月的時間，並且過程中會損失許多自己的人馬。現在，不過就是幾秒之間，塔利班已經遭到殲滅。顯然納許和他的這支部隊是有用處的。

那天晚上杜斯塔姆邀請美國人共餐。隊員們坐在毛皮毯上，享用雞肉、羊肉、新鮮沙拉、米和大餅，他們刻意用右手舀出食物，左手在伊斯蘭文化中被視為是不淨的。這也是我在朵法爾學到的習慣，由於影響太深，雖然我依然習慣用右手，當我到盥洗室時，基於上述理由，我都會改用左手。我也記得進食時，一定是赤足，雙足纏在體下，以免腳底面向他人——這對穆斯林而言是不敬的行為。我有時候還是會犯錯。當我第一次跟我的弟兄們共餐時，他們很客氣，把在共用餐盤上最汁多肥美的那片肉給我。我以為不要收下比較禮貌，但我很快就得知這會是很冒犯失禮的動作。就這樣，我開心享用那片汁多肥美的肉，同時小心翼翼不要觸犯他人。不過，我的態度並不是向來都能夠對我有利。在巡邏時，村民們經常會要求跟他們共享食物，羊眼珠被認為是最美味的。我很快就學會一邊微笑，一邊把眼珠吞下。不過，由於我起初阿拉伯語很蹩腳，我學了一句各種場合都可使用的話——「憑真主的意願」（Insha'Allah）。因為這話不會顯露自己的意願，過不了多久，每當我被問到某個問題，又不知道該如何回答時，我就會用這句話回答。

跟我不一樣，納許和他的隊友很幸運，懂得討好他們的主人。在建立信任之後，杜斯塔姆透露給納許知道，如果想要除掉塔利班，他們應該以那座城市為目標：馬札里沙里（Mazar-i-Sharif）。

那裡有豐富的石油跟汽油油庫位於接近這座城市的機場，該市也鋪設有全國最長的飛機跑道，足以讓運輸和運補的飛機降落。阿姆河（Amu Darya River）上的橋梁也可以用來從烏茲別克調動人員和物資。

如果北方聯盟可以拿下馬扎爾（Mazar），那麼首都喀布爾很快就會跟著陷落，再之後是首都，然後就是整個阿富汗。

心中有了這個目標，杜斯塔姆跟第五九五A特戰分遣隊接下來幾天都在鎖定塔利班的目標，朝他們的據點投射炸彈。如一位綠扁帽告訴《美國特種行動部隊》（*United States Special Operations Forces*）的作者大衛・塔克（David Tucker）和克里斯多福・蘭姆（Christopher Lamb）：「困難處在於找出已經發展、有助於確知目標位置的基礎建設，如此你才能夠去轟炸它們。贏得戰爭，就是靠那麼一回事。關鍵在於找到目標，哪些目標，為什麼是這個目標，而不是那個目標，要成功就是要能夠辨到這一點。」

綠扁帽並無法靠本身的兵力或武器推翻塔利班。但是他們有受過建立信賴感，以及取得情報的訓練，這對於重創塔利班政權是很重要的。此刻這支部隊正在騎馬，下一刻他們轉變成在使用尖端科技，引導從兩萬英尺高空落下的炸彈。

後來，當另一隊抵達的時候，帶來了特戰部隊雷射標示器（SOFLAM），他們得到了更進一步的協助。這使得瞄準塔利班的戰車或卡車的工作，變得比納許之前使用全球定位系統裝置的方法更要容易許多。一旦雷射鎖定某個目標，炸彈就可以精確命中它。就連移動中的車輛也一樣。只要雷射一直跟著目標，炸彈就會找到這個目標。

不過，納許知道，雖然他們正在除去一些塔利班的據點，但沒有造成最大程度的破壞。他需要引誘出大批的塔利班以及他們的戰車跟卡車。這需要杜斯塔姆及其手下做好進攻的準備，並且跟他們戰鬥。

當塔利班因而集結時，納許就可以下令轟炸。之後，杜斯塔姆的人馬就可以把負傷倒地的倖存者或嘗試逃亡的人給清理掉。理論上這會是精彩的一招。在實施時，卻差點以災難的後果結束。

在戰鬥激烈時，命令變得混亂。納許才下令投彈後不久，杜斯塔姆就叫他的手下展開進攻。納許驚恐地望著阿富汗人兇猛地攻向塔利班，祈禱炸彈可以在他們抵達前觸地。如果這炸彈炸死杜斯塔姆數百名的部隊，要恢復雙方的關係會變得很困難。

當塔利班對阿富汗人開火，他們的戰車也準備要開砲時，地面突然因大規模爆炸而震動。納許透過煙霧尋找杜斯塔姆人馬的蹤影。煙塵逐漸消散過後，他鬆了口氣，總算看到他們還活著，一邊射擊，一邊刺殺，甚至把敵軍的倖存者斬首。

然而當他們一村接一村拿下來時，納許和他的隊友並非都可以隔岸觀火。有一次北方聯盟打得非常慘烈，杜斯塔姆到戰場上去鼓舞他的士兵。納許跟隊友知道他們必須跟上去。失去杜斯塔姆將會是個災難性結果。這樣，綠扁帽很可能會落入他的繼任者手中，而後者有可能會不喜歡跟美方合作。於是他們騎馬嘶吼加入戰鬥，向逼近的塔利班發射他們的步槍，把敵人逼退，確保杜斯塔姆安然無恙。這就像是第一次世界大戰當中的一幕，是皇家蘇格蘭騎兵團會引以為傲的一幕。

在不斷接近馬扎爾時，綠扁帽很快就面對一個幾十年來教阿富汗人頭痛的危險障礙：雷區。之所以沒有人陣亡，完全是運氣好。但現在是深陷在雷區當中，又沒有地雷偵測器可用，他們看來是被困住了。當阿富汗人手腳並用，在地面緩慢移動，辛苦地把一顆顆地雷從埋藏處取出，使它們失去作用時，美國人也只能敬畏地看著他們。

我在朵法爾時，阿杜在我們經常經過的地方埋下了反戰車地雷。我人在理應是安全的荒原路華車上，印象中卻沒有太擔心這件事，雖然我每天所看到的並不是這樣，地雷造成一些可怕的傷害，截斷肢體，以及使許多人喪命。

當我們獨自橫越南極時，令我害怕的不是雷區，而是某種類似的東西。麥克·斯特勞德跟我在徒步越過大雪覆蓋的冰原時，在麥克前方約十步遠，突然裂開一道縫隙。它有四十五英尺寬，一百二十英尺長。他沒有整個人掉進去是個奇蹟。但是我們依然還沒脫離危險。在我們四周，新的爆裂聲顯示還有更多的坑洞在形成，非常嚇人。我們無法留在原地，地面現在已經變得極不穩定，但是我們不知道下一個坑洞會在何處出現，也不知道這個情形會持續多久。就像雷區一般，我們只能繼續前進，無法知道何時冰層會隆隆作響，再次迴盪在我們四周。我們沒有墜入下方的冰水當中，純粹是運氣。

當納許和他的隊友繼續跟著杜斯塔姆的軍隊朝馬扎爾前進時，五三四A特戰分遣隊跟阿富汗另一個惡名昭彰的軍閥——阿塔·穆罕默德·努爾——會面的時候也到了。諾索羅格上尉不但必須跟努爾建好關係，還必須說服他跟他的競爭對手站在同一邊。雖然杜斯塔姆和努爾彼此討厭，但他們有更討厭的共同敵人——塔利班。

十一月二日，諾索羅格終於在阿克庫普魯克村（Ak Kupruk）附近，在努爾的營區見到這個滿臉鬍子的人。努爾很高興看到美國人到了。他已經對抗塔利班五年，然而西方從來沒有人聽進去他的警告，或是求救的呼喊。現在他的努力反抗，終於要得到回報了。

這些年來，他已經建立了龐大數量的密探。他們有些住在塔利班控制的城鎮，有些在塔利班當中工作。靠著這份情報，五三四A分遣隊走上跟杜斯塔姆和納許類似的路，找出塔利班的據點，然後把它們炸到灰飛煙滅，同時也朝馬扎爾前進，希望屆時這兩支部隊可以聯手擊潰塔利班。

由於有兩支特種部隊在阿富汗跟兩個軍閥一起工作，鮑爾中校來到了杜斯塔姆的營地，好監督行動進行的情況。要是有任何一方因為急於除掉敵人，而意外誤炸到另一方會是非常糟糕的情形。此外，他依然擔心這些軍閥可能會捏造據點，好除掉對手的部隊。值得慶幸的是，事情並沒有走到這一步。

雖然拿下塔利班的行動要比任何人想像的還要快，但賓拉登——綠扁帽的主要目標——依然行蹤成謎。由於懸賞金額很高，線索當然是不缺。令人憂傷的是，結果經常證明這些只是沒有事實根據的揣測——畢竟很多阿富汗人很想得到這筆賞金。不過，當塔利班政府在十一月八日宣布它已經給賓拉登公民資格時，情況看來他至少應該還在這個國家。有一些比較好的情報甚至顯示，有人看到他出現在馬扎爾鄉下。這類的消息使這兩支綠扁帽又恢復了拿下這座城市的慾望。

當馬扎爾在十一月十四日終於淪陷之時，一切都顯得有點太過容易。美方的密集轟炸行動，加上北方聯盟掃除前方的障礙，使得塔利班連大規模交戰都沒有發生以前就逃離了。努爾跟諾索羅格的軍隊最先抵達，受到成群感謝的阿富汗居民當勝戰英雄般歡迎。雖然大部分的塔利班已經離開了，一些頑固的蓋達組織成員卻寧死不屈，躲藏在一所廢棄的學校裡頑抗。

為了避免更多的流血事件，努爾派出他的一些人到學校去，試圖說服蓋達組織的戰士投降。過沒多久，杜斯塔姆和納許也抵達，得知圍攻的事情，也知道努爾的人馬在這裡。他們被告知在努爾的人馬安全撤出之前，不要攻擊，或下令轟炸那棟建築。但是鮑爾中校並不知道狀況。由於通訊中斷，隨後就是下達攻擊學校的命令。所有蓋達組織的人員都陣亡，努爾的人馬也遭受損失。可想而知，情況變得不利。諾索羅格盡最大的努力安撫努爾，防止聯盟關係在他們拿下首要目標之際瓦解。

儘管有這件不幸的事，蓋達組織眼看就要在馬扎爾被結束掉，不久美軍就在一所許多人認為曾經是學校的粉紅色大樓中，找到被他們匿藏的大量武器，包括步槍、火箭、手榴彈和迫擊砲。如此，蓋達組織已經沒有多少可以用來打仗的本錢了。

隨著馬扎爾成為一處沒有塔利班的地區，很快就有許多消息傳來，說其他城市也陷落了，其中包括了首都喀布爾。當這些美方的隊伍在這座城市建立起他們的基地以後，他們把目光轉向拿下昆都士（Kunduz），那個地方正成為塔利班跟蓋達組織最後的立足之地。當昆都士受到毫不留情地轟炸，而且所有出入的道路都已經切斷時，鮑爾打算把他的分遣隊派進去觀察並控制作戰的進行。

就在十一月二十四日凌晨，超過六百名塔利班戰士突然出現在馬扎爾，而且表示要投降。這完全出乎意料之外。沒有人能夠確定他們是不是真心要投降。最後達成的決定是把這些人運到該市的機場，而非任何可能會更適合的地方。

基於阿富汗的習俗，投降者並沒有受到搜查。在這種情況下搜查一個人，會被視為奇恥大辱，即使情況很糟糕也是如此。儘管有一些顧慮，這些塔利班戰士似乎自願在被帶走之前，交出他們的武器。諾索羅格對這一點感到很不安，但是他並不打算破壞現況。此外，他不久就要跟納許會合，並一起前往昆都士。

然而，當諾索羅格和納許帶領他們的隊員離開這座都市時，杜斯塔姆突然把囚犯轉移到恰拉疆要塞（Qala-i-Jangi），該地的牆壁要比機場更能關住他們。但是杜斯塔姆並不知道，在這座要塞裡面有那棟粉紅色的建築，蓋達組織儲存的武器就是在那裡被發現的，而且那些武器現在依然在那裡。

中情局的強尼．「麥克」．斯班（Johnny 'Mike' Spann）和戴夫．歐爾森（Dave Olson）被派駐在要塞內。囚犯抵達這裡時，中情局人員並不知道囚犯並沒有經過搜查，但是他們很快就會了解情況是有多糟。如果這些人犯逃獄，他們大可以衝入取走校舍內的武器，並且有足夠的裝備供應他們這六百人。更何況六百名囚犯在人數上遠多於當地留守的阿富汗與美軍部隊——在當時只有一百六十人左右，其中只有八個人是美軍的特種部隊。他們可以輕易奪回馬扎爾，然後從後方攻擊美軍——當時他們把重心放在昆都士。沒多久每個人心中最糟糕的夢魘都將變成真實。

在吶喊「真主至上」的同時，犯人引爆了他們藏在衣服內的手榴彈，並且闖出地下室。在試圖擋下他們前往學校的那棟建築時，「麥克」．斯班遭到殘忍的殺害，成為美國在這場戰爭當中陣亡的第一人。歐爾森設法逃脫，但是無法阻止犯人前往武器儲藏處，危機就在眼前。如果塔利班帶著他們的武器從這個要塞逃出去，戰爭會面對重大的挫折。

情勢的發展愈來愈失控，馬克．米契爾少校（Mark Mitchell）無法要求空襲，因為歐爾森下落不明，據信還活著躲在要塞裡。當他拚命想跟歐爾森連絡上時，北方聯盟的軍隊據守在四周的牆上，並且開火了。塔利班回擊，在院子裡架設迫擊砲，試圖把這些人轟掉，同時摧毀整個北方聯盟。現在時間很急迫。

米契爾瘋狂地發無線電給歐爾森，最後連絡上他了，發現他躲在要塞內逃不出來。面對六百個重武裝的人，米契爾要救出他的話，只有一個選擇。他呼叫空襲，但讓炸彈離歐爾森稍微遠一點。這個做法有風險，也可能在過程中殺死歐爾森，但是時間愈來愈急，而他們也只有這個方法。米契爾告訴歐爾森，在空襲時，要趁對方慌亂時奮力脫逃——要是他沒被炸死的話。

房子突然因為多重爆炸而搖晃，歐爾森逃出廢墟，利用煙塵的掩護，拚命想找到出口。同一時間，當更多的炸彈持續落下時，塔利班帶著武器逃往地下室，想要在那裡待到攻擊結束為止。已經有許多人被除掉，但是北方聯盟也蒙受了重大的傷亡。不過，幸運之神很快就會來到他們這一邊。

美軍轟炸機所剩油料不多，必須折返基地。少了美軍轟炸機，塔利班突然取得了優勢——只是他們還不知道。

一切摧毀地下室或把塔利班逼出來的嘗試都沒有成功，北方聯盟卻突然有了個靈感。他們把一條小河的河水導向地下室上端的一個孔洞，打算要水淹地下室，這迫使塔利班只能做出清楚不過的選擇：淹死或投降。不久，殘存的八十六個塔利班放棄了，其中包括一位投向塔利班的美國人，約翰．沃克．林德（John Walker Lindh）。恰拉疆之戰結束了，對馬扎爾的威脅也解除了，這地方現在由北方聯盟和美軍穩穩掌握。

從這裡開始，越來越多的綠扁帽分遣隊進入阿富汗，到十二月時，塔利班政府就垮台了。阿富汗戰役的第一個階段結束了，一共只花了精彩的四十八個充滿戰鬥行動的日子。如琳達・羅賓森（Linda Robinson）在她有關特種部隊的現代史《處理渾沌的高手》（*Masters of Chaos*）中所寫：「沒有人想到過，不滿百人的特種部隊加上當地的民兵，可以這麼快推翻一個政府。」

這是項驚人的成就。在美國軍方當中，沒有其他的單位像綠扁帽在這麼短的時間內達成這麼多成就。不過，主要目標——殺死賓拉登——尚未達成。最新的情報顯示，賓拉登和其他蓋達組織的主要成員在多拉波拉（Tora Bora）複雜的洞穴區。無人機——「掠奪者」（Predator）——掃過這座山脈，尋找任何有關他行蹤的線索，噴射機則一再拋下炸彈，希望能夠炸死他。這段期間，綠扁帽的多個小隊搜索了超過兩百個以上的洞穴。雖然他們找到一些武器跟之前藏匿過的地方，但他們到處都找不到他們要找的這個人。看來他已經逃過邊界，進入巴基斯坦，形同消失了。

在找了十年以後，當他最後被發現時，靠的是另一支美方的精銳部隊，讓美國終究復仇成功……

第二十五章　海豹部隊（二〇一一年）

九一一事件就快要滿九週年了，而奧薩瑪．賓拉登卻依然無影無蹤。美國政府動用了大量的資源要找到他，但是得到的是一場空。就連兩百五十萬美元的懸賞金都無法誘使任何人把他給交出來。不過，質詢拘留在關塔那摩灣（Guantanamo Bay）的蓋達組織人員，至少給了條線索——掌握了賓拉登最信賴的信差之一的身份，阿布．艾哈邁德．科威特（Abu Ahmed al-Kuwaiti）。擁有了科威特的行動電話號碼，中情局可以追查他的行蹤，這引導他們到巴基斯坦位於亞波特巴德（Abbottabad）市郊外的一棟外觀令人起疑的三層樓院子。

很快，中情局運用了所能夠掌控的一切，試圖確定這裡是否就是頭號通緝犯的藏身處。線索的可信度很高，衛星影像顯示這個院子是在九一一之後建造、加固的。它加強的安全措施包括加裝有刺鐵絲網的高牆、厚重的安全大門，而且每個陽台都有防止外人窺探隱私的簾幕。顯然是訂製給某個重要人物的藏身之處。

中情局探員租下一戶可以俯臨這個院子的房子，他們進一步發現可疑的行為。該院子沒有電話或網路連線，居民要開車出去九十分鐘以後，才會放電池到行動電話中開始打電話。所有的垃圾都在高牆內焚燒，而不是拿出去給垃圾車收走，這使得中情局探員無法測試DNA。似乎一切看起來都吻合，但還是無法確認賓拉登的身分。不過，中情局重複研判了所有可以得到的情報以後，認為有相當高的可能性他就住在那棟屋子內。但是要接近賓拉登可不是件容易的事情。

歐巴馬總統當然不想要請巴基斯坦當局逮捕他。他不確定是否可以信賴後者，也不想冒險毀掉這樣有力的一個線索。一位總統的資深顧問後來告訴《紐約客》雜誌說：「我們是真的認為巴基斯坦會立即把這個祕密外洩。」即使巴基斯坦在表面上看起來是美國的盟友，但採取軍事行動也是行不通的做法。此外，任何大規模的軍事行動只會使賓拉登警覺到美國人要來抓他了。所以，歐巴馬認為最適合的做法，就是派出一支小型的精銳部隊到巴基斯坦境內，突襲這棟房子，然後在還沒有人知道究竟發生了什麼事以前，拿下賓拉登。海軍的海豹部隊就是專為這種任務而設的。

海豹的英文字母縮寫——SEAL——代表的就是海、空，和陸（Sea, Air and Land）——海豹部隊的起源可以追溯到第二次世界大戰，當時因為情報和準備工作不足，陸戰隊在嘗試登陸塔拉瓦環礁（Tarawa）時，遭到日軍的嚴重抗擊。這場災難顯示，海軍需要發展出一支專業的戰鬥爆破部隊。這支部隊隨即在佛羅里達州的皮爾斯堡（Fort Pierce）成立。感謝甘迺迪總統對他們所進行的游擊戰非常支持，一九六二年一月一日，海豹部隊正式誕生[1]。

並不是任何人都可以成為海豹部隊的一員。遴選過程極為嚴格，對任何人來說，這都是最具有挑戰性、最殘酷的經驗。就像遴選綠扁帽那樣，有興趣的人必須先通過各種測試，才可以參與遴選和訓練的課程。應選者必須要二十八歲（含）以下，視力極佳，來自海軍的某些軍階，經由各人指揮官的推薦，並且離退役還有好長一段時間，才有資格前來試試身手。之後，他們還必須在伊利諾州大湖區的海軍特種作戰預備學校（Naval Special Warfare Preparatory School）通過非常嚴格的體能測驗。大多數到來的人員都遭到淘汰，只有少數有機會嘗試為期二十六週的遴選與訓練課程。

這個課程在加州的科羅納多（Coronado）——就在太平洋沿岸，接近聖地牙哥——進行。遴選與訓練課程很快就刷掉那些不適於特種部隊的人。只有最強大的人才能通過，有時候沒有半個參與者能夠達到標準。這個課程當中最著名的，莫過於所謂的「地獄週」了。午夜之前，教官會不斷吼叫或用裝有空包彈的M60機槍把參與者叫起床，就這樣展開五天半不間斷的操練——包括跑步、操舟，以及許多涉及到游泳的課目。整個過程，教官會喊道：「只有昨日才是最輕鬆的！」參加遴選的人，整週最多只睡四個小時，跑步超過兩百英里，並且每天做二十小時以上的體能訓練。

一位海豹部隊軍官向《海軍海豹部隊》（*US Navy Seals*）的作者漢斯．哈爾伯施塔特（Hans Halberstadt）說明地獄週的必要性：

> 當我的部隊在訓練時，我不斷告訴他們：「要知道，我無法讓你們真正感受到作戰會是什麼樣子……

---

1 編註：海豹部隊的前身，即是美國海軍在二戰時期成立的水下爆破隊（Underwater Demolition Team, UDT）。

> 因為我不能對你開槍，使你受傷。那是違法的，而且我也不想那樣做。我能做的，就是把情況變得很艱辛，並且使你非常疲累，逼你承受最大的壓力，好讓你多少體會到作戰的感覺。

在最高強度的情況下，參與者必須參與陸地上的模擬行動，其中包含了使用實彈和炸藥。他們也必須到喬治亞州班寧堡（Fort Benning）的傘兵學校，在那裡接受訓練成為合格的傘兵。在這一切都結束後還挺立的那些人，必須接受海豹資格訓練課程，讓學員獲得他們在加入海豹之後所需要的核心戰術知識。

歐巴馬總統期盼海豹部隊負責攻擊賓拉登所在的亞波特巴德住宅，因此他給威廉・麥克雷文上將（William McRaven）三週的時間規劃。麥克雷文知道這要由他手下最頂尖的部隊來執行。他親自挑選了海豹六隊當中，經驗最豐富、成員最資深的紅色中隊。他們是美國海軍特種作戰司令部轄下最精銳的反恐部隊。這些人是執行這項任務的理想人選。他們所接受的獨特訓練，善於突襲建築物，擊斃屋內的敵方戰士，而且海豹六隊也擁有必要的語言專長，以及越境到巴基斯坦行動的經驗。

羅伯特・歐尼爾（Robert O'Neill）在著作《戰鬥者》（*The Operator*）中，回憶他試圖加入精銳的海豹六隊的經驗：

> 這些人必須接受更為強化的體能測試，也就是一般的海豹隊員原本就必須通過的那些。每一段距離都會變得更長，每一次都要更快，每一次操練都要重複更多回。那是相當嚴苛的測試。如果通過了，就

會到資深軍士官面試官那裡去，在一個房間裡一小時之內他們會詢問你一大堆的問題，包括你得過哪些獎章、你懂得的戰術、你的經驗、你的上司們、你的家居生活，以及你的酒量。

才剛從阿富汗回國後不久，這支部隊就被告知向北卡羅萊納州的哈維角國防鑑測基地（Harvey Point Defense Testing Activity）報到。沒人知道要討論什麼事情，但是有些人認為，由於利比亞的情況正在惡化，這次會跟除掉格達費上校有關。這些經過精挑細選參與任務的官兵，卻驚訝地聽到指揮官說：「我們認為已經找到奧薩瑪・賓拉登了，你們的工作就是除掉他。」

全隊已經獲得充分的情報分享，很快地，行動計畫也就儼然成形了。接著就建造了一處跟亞波特巴德的院子大小相同的模型屋，用的是堆疊式（CONEX）的海運貨櫃改裝。所有的尺寸都相同，或者接近實物，訓練異常逼真，海豹隊員搭乘一般的黑鷹直升機，再從直升機快速繩降到那裡，就像他們在面對實物時那樣。

除了白天連續好幾個小時的訓練，他們也在夜間演練，好習慣戴著夜視鏡執行任務。不過，有些人開始愈來越擔心那屋子裡可能會有重裝的守衛，並且安裝有炸藥。的確有那個可能性，但是他們必須要先能夠到得了房子的上空才需要擔心這些事。他們要擔心的另一件事，也不是毫無根據，巴基斯坦空軍有可能會把直升機打下來，畢竟他們無權進入這個國家。慶幸的是，用來突襲的是嶄新、最先進的直升機。依照設計，它可以飛得很安靜，並且不容易被雷達發現，因此可能避免以上所說的噩運。

每一個因素都必須列入考量。任何事情都不可以交給運氣來決定。由於非常注意各個細節，直升機先在內華達州進行測試，好讓駕駛習慣在類似於亞波特巴德高海拔的飛行高度。

麥克雷文把攻擊計畫呈閱給歐巴馬總統，海豹部隊奉命在四月二十九日出發。海豹六隊現在準備要執行隊史上難得一次機會的突襲任務：海王之矛行動（Operation Neptune Spear）。

如果海豹部隊要達到奇襲效果的話，輕裝行動是必要的。歐尼爾在書中詳述如何把裝備減到最少。他不帶刀或手槍，身上就是一具陶瓷防彈插板、一個來勁水壺（Nalgene）、兩根蛋白棒，和一把H&K 416自動步槍，加上三個額外的彈匣，以及PVS-15夜視鏡。

訓練完畢，裝備也準備妥當。二〇一一年五月一日沒有月光的夜裡，二十六位海豹隊員在阿富汗的巴格蘭空軍基地（Bagram）登上黑鷹直升機，越過邊界，進入巴基斯坦。在市郊——如果需要的話——有更多搭乘契努克直升機的海豹隊員待命。氣氛很緊繃，飛抵目標院子需要九十分鐘，巴基斯坦方面並不知道這項任務，他們隨時都可能把黑鷹視為敵機擊落。有些海豹隊員選擇睡個覺，有些人則是專心想眼前的任務，而回想起可怕的九一一事件，也加強了他們執行任務的動力。歐尼爾記得當時是感到興奮，因為有機會可以除掉那個在全世界鼓動不知多少暴力行為的禍首，但是他心中也做好了最壞的打算——有可能賓拉登根本就不住在那個地方。

離目標兩分鐘遠的時候，機門突然打開。亞波特巴德的市區燈光在下方閃爍，過一會兒，目標房子出現了，就像在訓練設施那裡看到的那個模樣。這帶給了這些人更多的信心。他們不曾進去過這個地方，但是對這裡卻非常熟悉。

兩架黑鷹直升機現在分開朝各自的降落區飛去。但是當代號「衝擊一號」（Dash 1）的黑鷹在房子上方盤旋，好讓海豹隊員迅速沿繩而下、降落到屋頂上時，卻突然失控。由於氣溫比預期的還要高，加上院子的圍牆高達十八英尺，這架直升機陷入「渦旋」狀態，駕駛別無選擇，只能緊急著陸。在他這麼做時，機尾和旋轉翼撞上牆壁，直升機嚴重損壞，無法修復。沒有人受傷，但是那些在屋內的人們現在知道攻擊來臨了。海豹部隊的所有計畫現在都沒用了。他們沒有時間可以浪費，立刻下機，一邊開火一邊朝這棟水泥建築的一樓衝過去。

看到摔機之後，「衝擊二號」的駕駛知道他不能冒險在相同的情況下飛進院子。他把直升機降落在圍牆外面。直升機安然無恙，但是機上的海豹部隊現在必須要用炸藥炸開大門，平白損失了寶貴的幾秒鐘。終於進入後，他們朝那三層樓的建物前進，但是遭到警衛室門後的人員射擊。一位海豹隊員一邊前進，一邊朝那個開槍的人回了一槍，把他擊斃。

一路轟進大樓後，兩支海豹隊員在電源突然被切斷之前，聽到婦女和孩童的哭喊與尖叫聲。由於潛在的敵人可能埋伏在各個角落，海豹隊員迅速戴上夜視鏡。他們舉著槍，從一個房間到下一個房間，把所有的婦孺趕到一塊，並且用束帶控制他們的行動。其他人則繼續登上漆黑的階梯。到目前為止，並沒有目標的蹤影，但是中情局的情報顯示，如果賓拉登在這個屋內，必須要到三樓才找得到他。

接下來又損失了好些秒鐘，因為樓梯被人用障礙物封鎖了，海豹部隊要用更多的炸藥才能繼續向上前進。這些阻攔足以讓另一層樓的人做好準備，海豹部隊也作好萬全準備。

當他們在一片漆黑當中來到二樓時，一個人影突然衝到欄杆後，身上有把AK-47。情報顯示這可能是哈利德（Khalid），賓拉登之子。短暫的僵持之後，一個海豹隊員說話了：「哈利德，過來。」這令哈利德感到困惑，他朝欄杆四周瞄了一眼，卻給這個海豹隊員對他腦袋開一槍的機會。迅速檢查後，確定死者的確就是哈利德．賓拉登。這可以更確定他的父親確實就在不遠之處。

迅速前往三樓，清查過所有房間之後，部隊發現在窗簾後躲著兩個女人。這不是溫柔體貼的時候。所有的海豹隊員都知道，她們身上可能穿有自殺炸彈背心。尖兵迅速行動，把她們拉到地板上，打算爆炸時犧牲自己。還好，她們毫無武裝。歐尼爾現在轉向某個房間，看到賓拉登就在他眼前。他在書裡描述了這一刻：

> 奧薩瑪．賓拉登站立在床腳接近入口處，比我預期的還要高跟瘦，鬍子沒有很長，頭髮則是更白。但他就是那個傢伙，他的臉我已經看過成百億上千萬次。他前面站著個女人，他的雙手放在她的雙肩上。不到一秒鐘，我就已經瞄準那女人右肩上方，並且扣了扳機兩下。賓拉登腦袋裂開，倒了下去。我又朝他的頭部補一槍。確保他死了。

消息很快透過無線電傳到麥克雷文上將那裡：「以上帝和國家之名，傑羅尼莫（Geronimo），傑羅尼莫，傑羅尼莫，敵人已經ＥＫＩＡ（在行動中被殺）。」從摔機算起，任務在僅僅十五分鐘內完成。歐巴馬總統在白宮戰情室看著這場突襲的現場轉播，他露出微笑說：「我們除掉他了。」但是海豹隊員還得要全身而退。

在離開房子之前，海豹隊員試著快速搜刮盡可能多的證據，電腦硬碟尤其重要。期間，他們也發現大量的鴉片和一些色情雜誌。他們把部分留了下來，但把當中最重要的證據帶走了——賓拉登的屍體。

他們現在動作要快。有一位鄰居目睹了這場突襲，並且正把最新的情況上傳到推特。毫無疑問，巴基斯坦軍方很快就會來到現場。海豹隊員最不想要做的，就是跟同為盟友的一方交戰。

在為賓拉登的屍體拍了些照片以後，海豹隊員把它裝入袋中帶走了。然而，在離開之前，他們還必須把墜落的黑鷹直升機給炸毀，才不會讓最先進的科技落入巴基斯坦軍方的手中。

跳進一架等待中的契努克直升機，他們迅速爬升至亞波特巴德上空，朝阿富汗飛回去。儘管任務已經成功，往巴格蘭的九十分鐘回程，又是充滿了緊張。巴基斯坦軍方現在已經發現在國境內的那場行動，而契努克不是一架匿蹤的飛機。任何雷達都可以找到它，而且要攔截或擊落它並不困難。令人慶幸的是，海豹隊員一路飛回基地，沒有再遭遇其他意外事件。

經過專家們鑑定賓拉登的屍體之後，麥克雷文向歐巴馬總統證實任務已經完成，海豹部隊零傷亡。接著在全世界媒體面前，歐巴馬總統說出了這個國家等待了十年想要聽到的談話：

今晚，我向美國人民及全世界報告，美國已經處決了要為數萬名男女和兒童的喪命負責的恐怖分子，蓋達組織的首領，奧薩瑪．賓拉登。

對美國來說，賓拉登之死最終象徵了某種形式的正義與報復。如果說在那場突襲之前，海豹六隊是隱身在神秘之中，那麼現在全世界的每一個人可都在談論著他們，這也奠定了它作為當代精銳戰鬥部隊的標竿地位。

第二十六章　未來的精銳戰士

雖然精銳的特種部隊繼續在塑造我們所居住的這個世界，但近年來他們的角色已經多少有了改變。當然總有些狀況會需要經過特別訓練的部隊插手處理。不過到了今天，過去曾經需要這種介入的狀況，已經越來越改為用遠端的方式來處理了。

自從二〇〇三年入侵伊拉克之後，所謂的「專業保安公司」（professional security companies）的成長相當顯著。這只是傭兵的一個古怪稱呼，這些人遵守某些針對團體與個人的規定和原則，譬如只有敵方先開火，才可以展開戰鬥。靠著某些政府或富裕老闆的鉅額契約，像黑水的這一類公司設法吸收全球許多最精銳的軍人，提供他們最佳的裝備，再把他們交給願意支持最高金額的人。在今天這個時代，這類公司當然對許多政府很有吸引力，他們只需要付得起價錢，就可以運用世界上最優秀的士兵。

一方面他們不需要長期僱用這些精銳的軍人——因而減低開銷——他們也可以用這些人來執行「非官方的任務」。如果有任何差錯，就可以表示不知情。就像在伊拉克，政府可以不用把任何專業保安公司的陣亡數目列入官方的傷亡紀錄，這也使百姓不會太排斥參與戰爭。專業保安公司經常可以用來替政府做他們所不願意做的骯髒事，而一般大眾則是被蒙在鼓裡。

不過，有時候這種做法也會有吃癟的時候，最明顯的就是發生在巴格達尼蘇爾廣場（Nisour Square）的事情。二〇〇七年，據說黑水的雇員對伊拉克民眾開火，殺死十七人，二十人受傷。有關這事件的訴訟在寫作的當下還在進行之中，但這件事讓美國政府相當尷尬，也證明僱用專業保安公司有時不是解決問題的最好方法。某些個人能夠掌控這類精銳的私人部隊的這事也存在好些問題。

由於近年來科技進步神速，肉搏戰或秘密任務經常根本不需要再有人在近距離執行。以前有訓練精良的飛行員在敵國拋擲炸彈——像不列顛空戰中的德國空軍那樣——現在這是由無人機去執行，操控無人機的駕駛則是待在安全有空調的辦公室。舉例來說，近年來美國的無人機經常轟炸中東，而這些無人機的駕駛是在內華達沙漠的一處設施裡面操控。雖然無人機有可能被擊落，駕駛卻安全得很，幾乎把戰爭降格成電動遊戲。

像速不台和蒙古怯薛必須執行令人難以置信的偵察任務，以取得有關於某個目標的消息，現在這類工作大部分是由電腦駭客來進行。由於幾乎一切的資料都存在電腦裡，全世界的政府都在進行網路戰，經常是嘗試取得彼此的祕密檔案，或是使這些檔案中毒——避開了派人到敵方陣線內所牽涉的風險。用電腦作戰，他們可以瞄準電網、水網、財政系統，甚至醫院，有可能不發一槍一彈就使一個國家屈服了。

間諜當然依然在運作，但是間諜這個角色所涉及的一大部分工作，不再需要面對面的接觸，因為他們所要找的資料，大部分都在網路上。情報單位變得擅長從網路取得他們所要的資料，譬如使用稜鏡計畫（PRISM）。據前美國國家安全局（NSA）員工史諾登（Edward Snowden）所揭露的，這計畫監控網路上的一切。美國幾乎可以取得任何它想要的情報——只要這情報是存在於網路上。此外，間諜的工作要比以前容易得多。由於大多數的目標現在都把機密情報存在電腦或手機裡，駭客都可以輕易取得——不但是取得情報，也可以追蹤使用者。就是靠著追蹤幫賓拉登跑腿的信差的行動電話，中情局才能夠確定這一個恐怖分子住在亞波特巴德。

事實證明政府單位也可以藉由駭進一些諸如電視之類物件的擴音器，竊聽住家裡的談話內容。二〇一七年，維基解密（Wikileaks）宣稱中情局就是為了這種目的，使用一種稱為「垂淚天使」（Weeping Angel）的病毒侵入三星（Samsung）的電視機。二〇一八年，《連線》雜誌（*Wired*）也證明智慧喇叭——如亞馬遜智慧音箱（Amazon Echo），可以儲存一切它們所記錄的談話——也可以被間諜輕易駭入——只要他們有此意圖。溜進目標的家或辦公室，安裝竊聽器的日子看來已經成為過去了。我們現在不知不覺在替間諜做事，並且還必須自掏腰包付錢才能夠取得資格這麼做。

在今天這個時代，許多人也滿喜歡把以前算是隱私的事情公開在社交媒體的個人動態上，使得間諜更容易取得情報。二〇一三年，《*Vice*》雜誌揭露說，雷神公司（Raytheon）已經發展出一個稱為「暴亂」（Riot）的電腦程式，可以對照整理社交媒體上的「打卡」，追蹤目標在谷歌地圖上的動態。它也可以對照整理社交網路上的活動，找出目標的朋友是誰，以及這些人日常是怎麼生活的。透過額外的演算法，把這些資訊都匯整了以後，可以預測目標未來的行為。

不像過去透過刺殺高層來推翻政府——像羅馬禁衛軍那樣——現在只需要一個社交媒體帳戶就辦到

了。據稱俄羅斯藉由支持川普（Donald Trump），運用成千上萬個推特機器人帳號以及假的臉書頁面散播支持川普的宣傳，影響二〇一六年的美國總統大選。凱瑟琳・霍爾・傑米森（Kathleen Hall Jamieson）在著作《網絡戰：俄國駭客和網路小編如何幫忙選總統——我們不知道、無法知道和知道的事》（*Cyberwar: How Russian Hackers and Trolls Helped Elect a President—What We Don't, Can't, and Do Know*）書中陳述，克里姆林宮餵食的資料傳到一百二十六萬美國的臉書使用者手中。此外，在選舉期間，維基解密也公布了從民主黨伺服器中竊取到的電子郵件。這些信件據說不利川普的競爭對手——希拉蕊・柯林頓（Hilary Clinton）。許多人相信，這兩件事一起幫忙把選舉導向有利於川普，或俄羅斯的方向。

假帳號在社交媒體上散播宣傳一直是一件重大的議題。光是二〇一七年十月，大約四千六百個與俄國和伊朗有關聯的宣傳帳號經由推特發布了超過一千萬則訊息。《每日電訊報》（*Daily Telegraph*）揭露說，在位於聖彼德堡的一排四層樓高的辦公大樓裡，有數百名俄國的工作人員負責這些帳號，這是一個假消息攻勢的其中一部分，設計來損壞西方社會的組織架構。社交媒體的網路小編在某些圈子裡，是最新型的精銳部隊。二〇一八年，臉書嘗試處理這個問題，刪除了五億八千三百萬個假帳號。這個龐大的數字只是凸顯了我們所面對的問題。

就在我寫這些的時候，美聯社的一項調查顯示，俄國間諜已經製造出許多假的大頭照，在社交媒體——譬如領英（LinkedIn）——蒐集訊息。使用者的個人資料照片，實際上是電腦產生的幾可亂真的大頭照。據稱，那些接受俄國假帳號交友邀請的人士當中，其中就包括了川普的前顧問，經濟學者保羅・

溫弗里（Paul Winfree）在內。當時他正可能到聯邦儲備銀行擔任職務。中國也被指控在領英進行「大規模的」間諜活動，他們發出了數千份的交友邀請給各個目標。

布蘭登堡部隊還必須偽裝成敵軍前往後方執行危險的任務，人工智慧跟「深假」（deepfake）的成長，也可能使這類的任務變得過時。這種軟體可以完美複製人的外表與聲音之後用於偽裝。二〇一九年五月，一段有關川普的影片公布了，影片貌似是向比利時民眾提供一些有關環境變遷方面的建議。這影片惹火許多人，後來人們才發現這影片是高科技偽造技術產出的產品。由於幾乎無法分辨「深假」跟實物之間的差別，這項科技可能造成巨大的影響，因為我們有可能無從分辨新聞的真假。

即便未來的衝突會需要精銳的軍人臨陣戰鬥，但也有可能這些戰士根本就不是真人。二〇一八年，英國國防部一份標題為「未來從今天開始」（The Future Starts Today）的報告上說：「雖然構想中人類依然是決策過程的核心，越來越多由機器人或自動化系統所執行的對抗、衝突，可能會改變戰爭的性質，因為情緒、怒氣和風險所佔有的比重將越來越低。」

多國政府早就想要建立機器人軍隊，但是直到最近之前，這都只是科幻小說的題材。二〇一八年，美國國府宣稱五角大廈花了十億美金製造可以輔助戰鬥部隊的機器人。有些專家認為，到了二〇二五年時，美軍的戰鬥機器人會比真人還要多。早在這一年年初，俄國也聲稱它想要把機器人引進它的武裝部隊。看來機器戰士會比我們原先所預想的更早出現。

如果還是需要精銳的真人戰士上場的話，比較可能是在太空，而不是在地球上。二〇一九年二月，川普總統簽署了一項指令，要五角大廈成立太空軍，成為美軍除了陸、海、空、陸戰隊與海岸防衛隊之外的第六個軍種。這部隊的主要目標是取得並擴展美國在太空的控制權。這的確是精銳特種部隊的新領域。

不管未來如何改變，我確信在某些能力方面，軍方永遠都會需要經過特別訓練的精銳士兵所組成的部隊。這些人靠著他們的膽識和毅力，能夠面對危險，並且達到不可能之事。如果像我父親那樣的人可以從馬匹轉換到戰車，我有把握，今天的精銳部隊也可以做類似的突破，進而改變這個世界，並且在過程中，帶給我們更多更刺激的故事。

Paratrooper! The Saga of Parachute and Glider Combat Troops During World War II by G. M. Devlin (1979)
The Paras: The Birth of the British Airborne Forces from Churchill's Raiders to 1st Parachute Brigade by W. F. Buckingham (2008)
The Paras: The Inside Story of Britain's Toughest Regiment by J. Parker (2000)

THE SAS
Heroes of the SAS: True Stories of the British Army's Elite Special Forces Regiment by B. Davies (2007)
The Originals: The Secret History of the Birth of the SAS in Their Own Words by G. Stevens (2005)
The SAS at Close Quarters by S. Crawford (1993)
The SAS in Action by P. Macdonald (1990)
The SAS: The Official History by P. Warner (1988)
Who Dares Wins: The SAS and the Iranian Embassy Siege by P. Winner and G. Fremont-Barnes (2009)

THE GREEN BERETS
12 Strong: The Declassified True Story of the Horse Soldiers by D. Stanton (2009)
Green Berets at War: US Special Forces in Southeast Asia, 1956–1975 by S. L. Stanton (1999)
Inside the Green Berets: The First Thirty Years by C. M. Simpson III (1985)
Masters of Chaos: The Secret History of the Special Forces by L. Robinson (2004)
United States Special Operations Forces by C. Lamb and D. Tucker (2007)

THE US NAVY SEALS
No Easy Day: The Only First Hand Account of the Navy Seal Mission that Killed Osama bin Laden by M. Owen (2013)
The Operator: The Seal Team Operative and the Mission that Changed the World by R. O'Neill (2017)
US Navy Seals by M. Bahmanyar (2005)
US Special Operations Forces in Action: The Challenge of Unconventional Warfare by T. Adams (1998)

Wellington's Peninsula Regiments: The Light Infantry by M. Chappell (2004)

THE IRON BRIGADE

Giants in Their Tall Black Hats: Essays on the Iron Brigade by A. T. Nolan and S. E. Vipond (1998)
The Iron Brigade by J. Selby (1971)
The Iron Brigade: A Military History by A. T. Nolan (1961)
Those Damned Black Hats! The Iron Brigade in the Gettysburg Campaign by L. J. Herdegen (2008)

THE STORMTROOPERS

Stormtroop Tactics: Innovation in the German Army, 1914–1918 by B. I. Gudmundsson (1985)
Storm Troops: Austro-Hungarian Assault Units and Commandos in the First World War by C. Ortner (2006)
The Blitzkrieg Campaigns: Germany's 'Lightning War' Strategy in Action by J. Delaney (1996)
Storm of Steel by E. Junger (1920)

THE RAF AND THE BATTLE OF BRITAIN

Fighter: The True Story of the Battle of Britain by L. Deighton (1977)
Spitfire: A Very British Love Story by J. Nichol (2018)
The Battle of Britain by K. Moore (2010)
The Battle of Britain: The Greatest Air Battle of World War II by R. Hough and D. Richards (2005)
The Narrow Margin: The Battle of Britain and the Rise of Air Power 1930–1940 by D. Dempster and D. Wood (1961)

THE COMMANDOS

Commando by C. Terrill (2008)
Into the Jaws of Death: The True Story of the Legendary Raid on Saint-Nazaire by R. Lyman (2013)
St Nazaire 1942: The Great Commando Raid by K. Ford (2001)
The Raiders: Army Commandos 1940–1946 by R. Neillands (1989)
The Royal Marine Commandos: The Inside Story of a Force for the Future by J. Parker (2007)
The Royal Marines: From Sea Soldiers to a Special Force by J. Thompson (2004)

HITLER'S BRANDENBURGERS

Behind Soviet Lines: Hitler's Brandenburgers Capture the Maikop Oilfields 1942 by D. Higgins (2014)
Brandenburg Division: Commandos of the Reich by E. Lefevre (1999)
German Special Forces of World War II by G. Williamson (2009)
Hitler's Brandenburgers: The Third Reich's Elite Special Forces by L. Paterson (2018)
Kommando: German Special Forces of World War Two by J. Lucas (2014)

THE PARATROOPERS

Airborne: World War II Paratroopers in Combat by J. Guard (2007)
Arnhem, Jumping the Rhine, 1944 and 1945: The Greatest Airborne Battle in History by L. Clark (2009)

The Landsknechts: German Militiamen from Late XV and XVI Century by L. S. Cristini (2016)

THE NINJA

Hattori Hanzo: The Devil Ninja by A. Cummins (2010)
Iga and Koka Ninja Skills: The Secret Shinobi Scrolls of Chikamatsu Shigenori by A. Cummins and Y. Minami (2013)
More Secrets of the Ninja: Their Training, Tools and Techniques by H. Kuroi (2009)
Ninja: 1,000 Years of the Shadow Warriors by J. Man (2012)
Ninja: The Invisible Assassins by A. Adams (1970)
The Maker of Modern Japan: The Life of Tokugawa Ieyasu by A. L. Sadler (1978)
The Secret Traditions of the Shinobi: Hattori Hanzo's Shinobi Hiden and Other Ninja Scrolls edited and translated by A. Cummins and Y. Minami (2012)

CROMWELL'S NEW MODEL ARMY

New Model Army, 1645–60 by S. Asquith (1981)
The English Civil War by P. Young and M. Roffe (1973)
Cromwell: Our Chief of Men by A. Fraser (1973)
Cromwell's War Machine: The New Model Army 1645–1660 by K. Roberts (2005)
Oliver Cromwell and the Rule of the Puritans in England by C. Firth (1900)
Soldiers of Parliament: The Creation and Formation of the New Model Army During the English Civil War by C. Firth (2015)
Naseby 1645: The Triumph of the New Model Army by M. M. Evans (2007)

THE DUTCH MARINE CORPS

1666: Plague, War and Hellfire by R. Rideal (2016)
A Distant Storm: The Four Days' Battle of 1666, The Greatest Sea Fight of the Age of Sail by F. L. Fox (1996)
Neptune and the Netherlands: State, Economy and War at Sea in the Renaissance by L. Sicking (2004)
The Dutch on the Medway by C. Macfarlane (1897)
The Dutch on the Medway by P. G. Rogers (1970)
The Anglo-Dutch Naval Wars, 1652–1674 by R. Hainsworth and C. Churchers (1998)
The Anglo-Dutch Wars of the 17th Century by C. R. Boxer (1974)
The Anglo-Dutch Wars of the Seventeenth Century by J. R. Jones (1996)

THE BRITISH LIGHT INFANTRY

British Light Infantry in the Eighteenth Century by J. F. C. Fuller (1925)
General Craufurd and His Light Division by A. Craufurd (1906)
How England Saved Europe: The Story of the Great War, The War in the Peninsula by W. H. Fitchett (1900)
Rifles at Waterloo by R. Cooper and G. Caldwell (1995)
The Peninsular War, 1807–1814: A Concise Military History by M. Glover (1974)
The Waterloo Campaign: June 1815 by A. A. Nofi (1998)

Warriors of God: Richard the Lionheart and Saladin in the Third Crusade by J. Reston (2002)

THE ASSASSINS

Alamut and Lamasar: Two Medieval Ismaili Strongholds in Iran, an Archaeological Study by V. Ivanov (1960)
A Short History of the Ismailis: Traditions of a Muslim Community by F. Daftary (1998)
Eagle's Nest: Ismaili Castles in Iran and Syria by P. Willey (2005)
Hasan-i-Sabbah and the Assassins by L. Lockhart (1930)
The Assassins by E. Burman (1987)
The Assassins: A Radical Sect in Islam by L. Bernard (2003)
The Old Man of the Mountain by C. Nowell (1947)
The Secret Order of the Assassins: The Struggle of the Early Nizari Ismailis Against the Islamic World by M. Hodgson (2005)

THE MAMLUKS

From Saladin to the Mongols, The Ayyubids of Damascus, 1193–1260 by S. Humphries (1977)
The Mamluks, 1250–1517 by D. Nicolle (1993)
The Mamluks in Egyptian Politics and Society by T. Philipp and U. Haarmann (1998)

THE MONGOL KHESHIG

Genghis Khan's Greatest General: Subotai the Valiant by R. A. Gabriel (2004)
Mongol Imperialism by T. T. Allsen (1987)
The Mongol Art of War by T. May (2007)
The Mongols by D. Morgan (2007)
The Secret History of the Mongols: A Mongolian Epic Chronicle of the Thirteen Century by I. de Rachewiltz (2006)

THE OTTOMAN JANISSARIES

1453: The Fall of Constantinople by S. Runciman (2012)
1453: The Holy War for Constantinople and the Clash of Islam and the West by R. Crowley (2005)
Memoirs of a Janissary by K. Mihailovic (1975)
Ottoman Warfare, 1500–1700 by R. Murphey (1999)
The Janissaries by G. Goodwin (2006)
The Janissaries by D. Nicolle (1995)
The Siege of Constantinople by J. M. Jones (1972)

THE LANDSKNECHTS

Landsknecht Soldier, 1486–1560 by J. Richards (2002)
Pavia 1525: The Climax of the Italian Wars by A. Konstam (1996)
The Landsknechts by D. Miller (1976)

A History of Macedonia II, 550–336 BC by N. G. L. Hammond and G. T. Griffith (1979)
Alexander the Great and his Time by A. Savill (1998)
Arrian: Anabasis of Alexander translated P. A. Brunt (1976)
By the Spear: Philip II, Alexander the Great and the Rise and Fall of the Macedonian Empire by I. Worthington (2016)
Conquest and Empire: The Reign of Alexander the Great by A. B. Bosworth (1988)
The Anabasis of Alexander translated by A. de Selincourt (1958)

THE ROMAN PRAETORIAN GUARD

The Praetorian Guard: A Concise History of Rome's Elite Special Forces by S. Bingham (2011)
The Praetorian Guard by B. Rankov (1994)
The Death of Caligula by T. P. Wiseman (2013)
The Twelve Caesars by Suetonius, translated by R. Graves (1957)
The Praetorian Guard: A History of Rome's Elite Special Forces by S. J. Bingham (2012)
Praetorian: The Rise and Fall of Rome's Imperial Bodyguard by G. de la Bedoyere (2018)

THE VARANGIAN GUARD

Harald Hardrada and the Vikings by P. F. Speed (1992)
Harald Hardrada: The Warrior's Way by J. Marsden (2007)
King Harald's Saga by S. Sturluson (1966)
The Varangian Guard, 988–1453 by R. D'Amato (2010)
The Varangians of Byzantium: An Aspect of Byzantine Military History by B. S. Benedikz (2007)
The Viking Road to Byzantium by E. Davidson (1976)

THE KNIGHTS TEMPLAR AND HOSPITALLERS

Hospitallers: The History of the Order of St John by J. Riley-Smith (1999)
Knight Hospitaller (1) 1100–1306 by D. Nicolle (2001)
Knights of Jerusalem: The Crusading Order of Hospitallers 1100–1565 by D. Nicolle (2008)
Saladin and the Saracens: Armies of the Middle East 1100– 1300 by D. Nicolle (1986)
Saladin: Hero of Islam by G. Hindley (2010)
The Cross and the Crescent by M. Billings (1987)
The Knight Hospitaller: A Military History of the Knights of St John by J. C. Carr (2016)
The New Knighthood: A History of the Order of the Temple by M. Barber (1994)
The Siege of Acre, 1189–1191: Saladin, Richard the Lionheart and the Battle that Decided the Third Crusade by J. D. Hasler (2018)
The Templars History and Myth: From Solomon's Temple to the Freemasons, a Guide to Templar History, Culture and Locations by M. Haag (2008)
The Templars: The Rise and Fall of God's Holy Warriors by D. Jones (2018)
The Third Crusade, 1191: Richard the Lionheart, Saladin and the Struggle for Jerusalem by D. Nicolle (2005)

參考書目

THE ROYAL SCOTS GREYS

Royal Scots Greys (Men at Arms) by C. Grant (1972)

Swifter Than Eagles by A. Sprot (1998)

Those Terrible Grey Horses: An Illustrated History of The Royal Scots Dragoon Guards by S. Wood (2015)

THE IMMORTALS

From Cyrus to Alexander, A History of the Persian Empire by P. Briant (2002)

Herodotus: The Histories translated by A. de Selincourt (1954)

History of the Persian Empire by T. A. Olmstead (1948)

Immortal: A Military History of Iran and Its Armed Forces by S. R. Ward (2014)

Shadows of the Desert: Ancient Persia at War by K. Farrokh (2007)

The Achaemenid Persian Army by D. Head (1992)

The Persian Army 560–330 BC by N. Sekunda (1992)

Xerxes' Invasion of Greece by C. Hignett (1963)

THE SPARTANS

A History of Sparta: 950–192 BC by W. G. Forrest (1980)

Elite Military Formations in War and Peace by I. Hamish and K. Neilson (1996)

Military Theory and Practice in the Age of Xenophan by J. K. Anderson (1970)

Thermopylae 480 BC: Last Stand of the 300 by N. Fields (2007)

Thermopylae: The Battle that Changed the World by P. Cartledge (2006)

The Spartan Army by J. F. Lazenby (1985)

The Spartans: The World of the Warrior Heroes of Ancient Greece, from Utopia to Crisis and Collapse by P. Cartledge (2003)

THE SACRED BAND OF THEBES

An Army of Lovers: The Sacred Band of Thebes by L. Compton (1994)

Military Theory and Practice in the Age of Xenophan by J. K. Anderson (1970)

Sacred Band of Thebes by C. Hilbert (2012)

The Defence of Greece by J. F. Lazenby (1993)

The Rise and Fall of the Sacred Band of Thebes by G. A. Hauser (2011)

The Theban Hegemony: 371–362 BC by J. Buckler (1980)

ALEXANDER THE GREAT AND THE SOGDIAN ROCK

精銳戰士——從斯巴達到阿富汗戰爭的2500年歷史

THE ELITE: The Story of Special Forces –From Ancient Sparta to the War on Terror

作者　雷諾夫・費恩斯爵士（Sir Ranulph Fiennes）
譯者　許綬南
主編　區肇威（查理）
校對　魏秋綢
封面設計　莊謹銘
內頁排版　宸遠彩藝

社長　郭重興
發行人兼出版總監　曾大福
出版發行　燎原出版／遠足文化事業股份有限公司
地址　新北市新店區民權路108-2號9樓
電話　02-2218-1417
傳真　02-8667-1065
客服專線　0800-221-029
信箱　sparkspub@gmail.com

法律顧問　華洋法律事務所／蘇文生律師
印刷　成陽印刷股份有限公司

出版日期　二〇二一年九月／初版一刷

定價／五五〇元

ISBN：9789860629798（平裝）
9786269505517（EPUB）
9786269505500（PDF）

讀者服務

精銳戰士：從斯巴達到阿富汗戰爭的2500年歷史 / 雷諾夫・費恩斯 (Ranulph Fiennes) 著 ; 許綬南譯 . -- 初版 . -- 新北市 : 遠足文化事業股份有限公司燎原出版 , 2021.09
384面 ; 14.8×21公分
譯自： The elite : the story of special forces-from Ancient Sparta to the war on terror.
ISBN 978-986-06297-9-8 (平裝)

1. 特勤部隊　2. 軍事史

590.9　　110013726